特集

発電! 充電! 売電! kW超をインテリジェントに制御する

太陽光インバータとLiイオン電池の電源技術

　再生可能エネルギー源の本命と目される太陽光発電には，発電効率が高く寿命の長いソーラ・パネルが求められており，その研究開発が広範に進められています．太陽光発電システムとして見ると，ソーラ・パネルばかりでなく，その周辺を担う電子回路技術の高機能化，高効率化が求められてきます．

　特集では，太陽電池セルの電気的特性評価の方法，DC-DC/AC-DC双方向コンバータの設計と応用事例，ソーラ・パネルを効率良く利用するためのMPPT（Maximum Power Point Tracking；最大電力点追従）回路の実例，ソーラ発電システムの発生するノイズとEMC規制について解説します．さらに，リチウム・イオン蓄電池との併用による自立分散型エネルギー・システム，メガ・ソーラ発電システムの発電効率管理システムなどについて紹介します．

第1章	太陽電池セル評価のための電気的特性試験
第2章	双方向電源による太陽光発電のエネルギー活用
第3章	双方向コンバータの回路設計と制御設計
第4章	MPPT機能付きDC-ACインバータの設計と試作
第5章	自立分散型エネルギー・システム
Appendix	リチウム・イオン蓄電池パックの保護技術
第6章	ソーラ発電システムでのEMCについての考察
第7章	メガ・ソーラの最適な発電効率を保つためのシステム
第8章	太陽電池の三大材料とメカニズム

グリーン・エレクトロニクス No.15

発電！ 充電！ 売電！ kW超をインテリジェントに制御する

特集　太陽光インバータとLiイオン電池の電源技術

第1章　太陽電池セル評価のための電気的特性試験　大里 一徳　……………… 4
セルの効率を改善するために重要なパラメータと測定法
- 太陽電池の基礎 —— 4
- 電流-電圧測定により抽出されるパラメータ —— 5
- 太陽電池セルの効率改善について —— 7

第2章　双方向電源による太陽光発電のエネルギー活用　山崎 克彦　……………… 10
スマート・グリッド環境の効率的な構築に向けて
- 双方向電源 —— 10
- ユニット型双方向電源 —— 12
- 双方向電源のさまざまな応用例 —— 14
- EMS ソフトウェア —— 19
- コラム　MPPT機能とは —— 11
- コラム　MPPT動作可能な電子負荷装置 —— 15
- コラム　シミュレーション・ソフトウェアによるMPPTシミュレーション —— 19
- コラム　ピーク・カット/ピーク・シフトとは —— 23

第3章　双方向コンバータの回路設計と制御設計　田本 貞治　……………… 24
系統連系インバータに使用できる
- ① 双方向コンバータの回路設計 —— 24
- ② 双方向コンバータの制御設計 —— 37
- ③ マイコンの周辺回路とプログラムでの初期設定 —— 48

第4章　MPPT機能付きDC-ACインバータの設計と試作　鈴木 元章　……… 59
RXマイコンを使ってソフトウェアで制御する
- 独立型太陽光発電システム —— 59
- MPPTの概要 —— 60
- MPPT試作ボード —— 62
- MPPT機能 —— 62
- DC-ACインバータ試作ボード —— 65
- DC-DC昇圧コンバータ —— 67
- DC-ACインバータ —— 68
- 出力波形 —— 71

第5章　自立分散型エネルギー・システム　宮田 朗　……………… 72
太陽光発電とリチウム・イオン蓄電池を利用した
- 太陽光発電を取り巻く環境の変化 —— 72
- リチウム・イオン蓄電池の利用 —— 73

表紙デザイン　アイドマ・スタジオ（柴田 幸男）
表紙写真　矢野 渉

CONTENTS

- ■ 太陽光発電とリチウム・イオン蓄電池を組み合わせたシステム構成 —— 73
- ■ 太陽光発電とリチウム・イオン蓄電池を組み合わせた実際の製品 —— 77

Appendix　リチウム・イオン蓄電池パックの保護技術　鶴岡 正美 …… 81
- ■ コラム　電子回路技術者にとってのリチウム・イオン蓄電池 —— 84

さまざまな規格の意味とシミュレーションによる検討
第 6 章　ソーラ発電システムでのEMCについての考察　庄司 孝 …… 87
- ■ ソーラ発電とEMC —— 87
- ■ ソーラ発電システムでの法令，EMC規格，ガイドライン，認証試験 —— 90
- ■ 2kHz～9kHz規格をシミュレーションする —— 98
- ■ コラム　趣味の世界とEMC —— 89
- ■ コラム　メガ・ソーラ発電所 —— 96

発電量を1分ごとに計測しながらデータベース化する
第 7 章　メガ・ソーラの最適な発電効率を保つためのシステム　東 日出市 … 102
- ■ 太陽光発電の現状 —— 102
- ■ システムによる発電監視 —— 103

シリコン結晶／薄膜シリコン／化合物薄膜…
第 8 章　太陽電池の三大材料とメカニズム　豊島 安健 …… 108
- ■ 発電する電池 —— 108
- ■ 太陽電池の外見 —— 109
- ■ シリコン結晶系 —— 110
- ■ 薄膜シリコン系 —— 111
- ■ シリコンを使わない化合物薄膜系（CIGS・CdTeなど）—— 112
- ■ ワンポイント・セミナ　太陽電池に光を当てると電気が生まれるしくみ —— 115

GE Articles

数十kWの巨大電力を小さな回路でスムーズに！
解説　クールにパワー制御！三つのキー・テクノロジをチェック　田久保 拡 … 117
- ■ キー・テクノロジその1…ON/OFFスイッチング —— 117
- ■ キー・テクノロジその2…直流の高圧化と小電流化 —— 118
- ■ キー・テクノロジその3…高速スイッチングできる発熱しにくいパワー・トランジスタ —— 119

スイッチング電源向きのMOSFETと比べて早わかり
デバイス　高耐圧・大電流をON/OFFするなら！パワー・トランジスタIGBTの基礎　田久保 拡 … 121
- ■ 2大パワー・トランジスタIGBTとMOSFETの得意・不得意 —— 121
- ■ 3相インバータをすぐに作れるオールインワンIGBTモジュール —— 123
- ■ 初めの一歩…使う前にデータシートをチェック —— 123

第1章

セルの効率を改善するために
重要なパラメータと測定法

太陽電池セル評価のための
電気的特性試験

大里 一徳
Ohsato Kazunori

クリーン・エネルギーへの需要の増大に伴い，太陽エネルギーの変換を向上される技術開発がますます重要となっています．

太陽電池や光電池は，太陽光からフォトンを吸収してエレクトロンを放出する半導体材料から作られ，それを負荷に接続することによって電流が得られます．太陽光パワーからのエネルギーをより効率よく変換して出力させることが，太陽電池の研究開発の重要な課題の一つです．

本稿では，太陽電池セルの評価に必要となるパラメータについて示し，さらに太陽電池セルの効率を改善するために重要なパラメータと，その測定法について解説します．

太陽電池の基礎

● 太陽電池の動作原理

太陽電池は太陽光を電気に直接変換する電子デバイスです．太陽電池セルに光を照射すると電流と電圧が発生します．このプロセスには光エネルギーを吸収し，電子を高エネルギー状態に引き上げ，外部回路に移動させる材料が必要となり，p-n接合を形成させたシリコン半導体が広く採用されています．

太陽電池は，n型およびp型と呼ばれる2種類の半導体を積み重ねた構造になっています．n型半導体は電子が多く，p型半導体は電子が足りない状態（正孔）です．これらを接合すると，接合部分ではp型半導体の正孔はn型半導体側に移動し，n型側の電子はp型半導体側に移動します（**図1**）．

接合させた界面付近では電子と正孔が再結合し，空乏層という電子と正孔の少ない領域が形成されます．それにより空乏層では電荷のバランスがくずれ，p型側がマイナス，n型側がプラスに帯電し内部に電界が生じます（**図2**）．

ここで，接合部分に光が当たると光のエネルギーによって新たに電子と正孔が生成され，それらが内部電界により電子はn型側，正孔はp型側へと押し出され，その結果n型側，p型側それぞれに電極を取り付けると直流電流を外部に取り出すことができます（**図3**）．

● 太陽電池の種類

太陽電池の種類は大きくシリコン系，化合物系，および有機系と，使用されている材料によって3種類に分類できます．それぞれ性能，特長，用途が異なり，またすでに広く使用されているものから開発中のものまでさまざまです．

表1に，おもな太陽電池の分類とその特徴を示します．

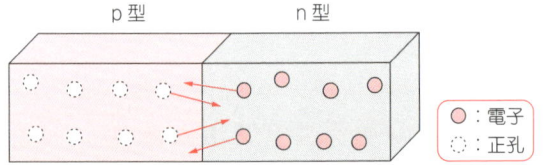

図1 太陽電池はn型とp型の2種類の半導体を積み重ねた構造

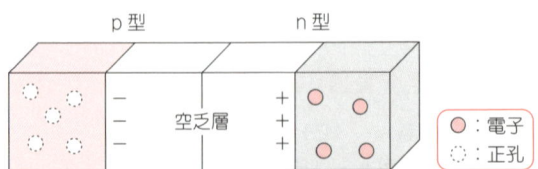

図2 p型側がマイナスn型側がプラスに帯電し内部に電界が生じる

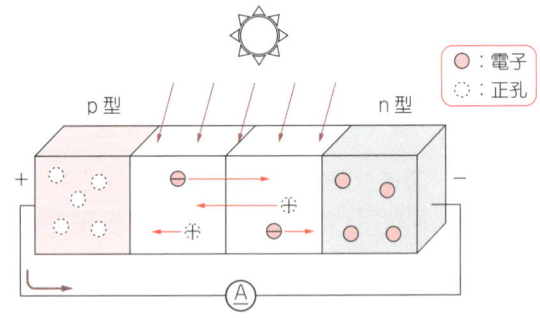

図3 接合部分に光が当たると光のエネルギーによって新たに電子と正孔が生成される

● **太陽電池セルとモジュール**

製品レベルの太陽電池は一般に，太陽光パネルと呼ばれる状態で建物の屋根などに取り付けられます．その太陽光パネルは，太陽電池モジュールを直並列に配線して構成されています．

また，太陽電池モジュールは前述した素子構造と動作原理で発電する太陽電池セルを直列に接続して出力を得ています(**図4**)．

電流-電圧測定により抽出されるパラメータ

太陽電池の重要なパラメータの多くは，そのセルの電流(I)-電圧(V)測定から求めることができます．電流-電圧測定で使用されるSMU(ソース・メジャー・ユニット)もしくはソースメータと呼ばれる測定器は，電流，電圧両方の印加および測定が可能で，かつ4象限の印加性能をもつため，太陽電池の測定のように発電によって流入する電流(シンク電流)の測定に適しています(**写真1**)．

一方，SMUの電流レンジは，一般的な仕様のもので1 A以下，または高電流レンジを有するものでも10〜20 A以下と制限があるため，測定に使用する試料は測定器の仕様を考慮に入れたセル面積(例えば数十cm角のセルかそれに相当するモジュール)のものを用いる必要があります．

これより太陽電池セルに対しする電圧印加-電流測

表1　おもな太陽電池の分類とその特徴

材　料			特　徴
シリコン系	結晶系	単結晶	● 変換効率が高い(15〜19 %) ● 信頼性が高い，使用実績が豊富 ● 高価
		多結晶	● 変換効率は単結晶より劣る(13〜18 %) ● 大量生産に適し，安価 ● 現在，最も広く使用されている
	アモルファス		● 結晶シリコンの1/100程度の負粋シリコン膜を使う ● 加工性が高く，大量生産に適している ● 軽量でフレキシブルなモジュールが製作可能 ● 変換効率は多結晶シリコンより劣る(6〜9 %)
化合物系	GaAs系		● 変換効率が非常に高い(30〜40 %) ● 高価 ● おもに宇宙用に使用
	CIS系		● 変換効率が比較的に高い(10〜12 %) ● 省資源での生産が可能 ● 安価の可能性
	CdTe, CdS, ほか		● 公害物質を含むものがある ● 低コスト，大面積化の可能性 ● 高効率化の期待
有機系	色素増感		● 低コスト製造(安価)の可能性 ● 変換効率は低い(5〜6 %)
	有機半導体		● 有機物を含んだ半導体薄膜を使用 ● 寿命と高効率化が課題 ● 変換効率が低い(4〜6 %)

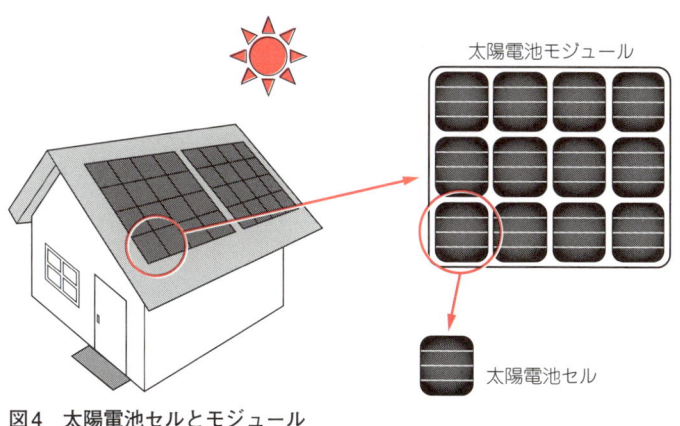

図4　太陽電池セルとモジュール

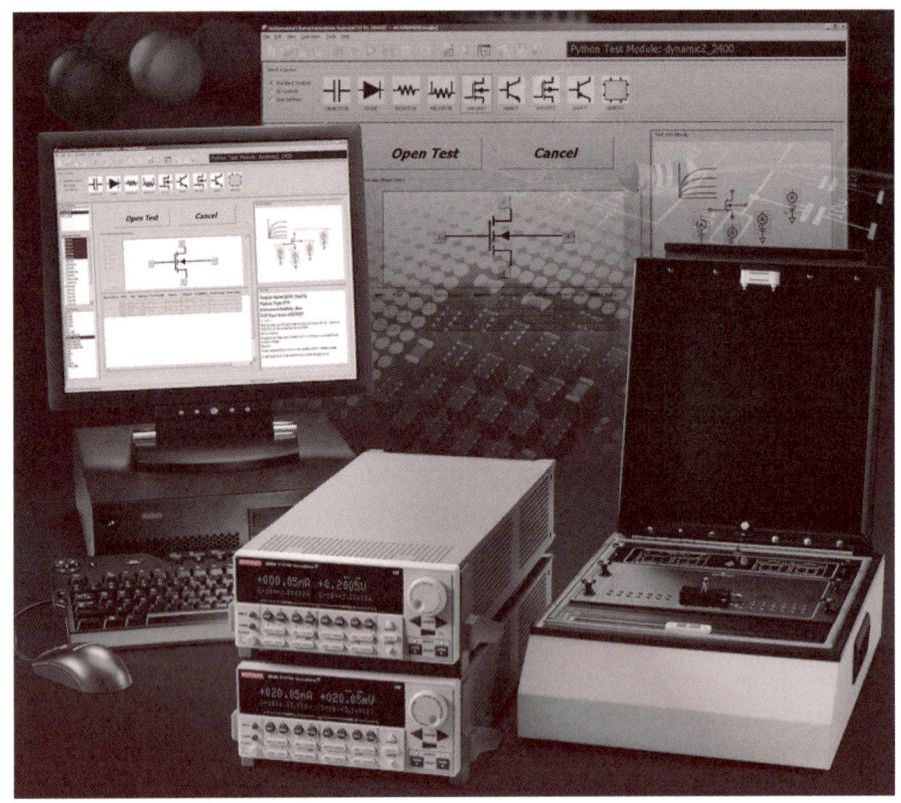

写真1 電流-電圧測定で使用されるSMU

定の掃引試験から抽出される出力電流，変換効率，最大出力電力などの重要なデバイス・パラメータについて解説します．

● 太陽電池セルの等価回路

図5に，太陽電池セルの理想的な等価回路を示します．光誘起電流源(I_L)と飽和電流を生成するダイオード［$I_S(e^{qV/kT}-1)$］で構成されています．

この太陽電池セルに負荷抵抗(R_{load})を接続して光を照射した場合，全電流値は次のようになります．

$$I = I_S(e^{qV/kT} - 1) - I_L$$

ここで，
I_S：ダイオードの飽和電流［A］
I_L：光学的に生成された電流［A］

● 太陽電池セルのI-V特性

太陽電池セルに電圧掃引を行った結果を図6に示します．セルに正の電圧を印加すると，セルは動作範囲のなかで電流を供給します．測定器にとってこれは負電流となって計測されますが(電流を取り込むため，測定器は負の電流値を表示する)，慣例に従いセルから見て電流を正として考えます．

図6においてI_{SC}を短絡電流と呼び，電圧がゼロのときのY軸との交点の値を取ります．V_{OC}は開放電圧です．P_{max}はVI積が，つまり電力出力が最大になる

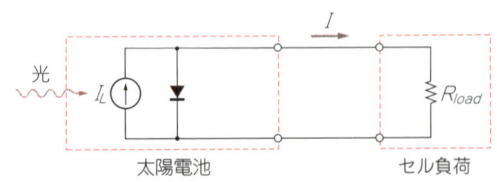

図5 太陽電池セルの等価回路

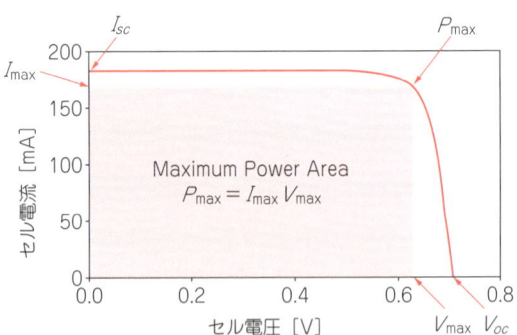

図6 太陽電池セルの標準的なI-V特性

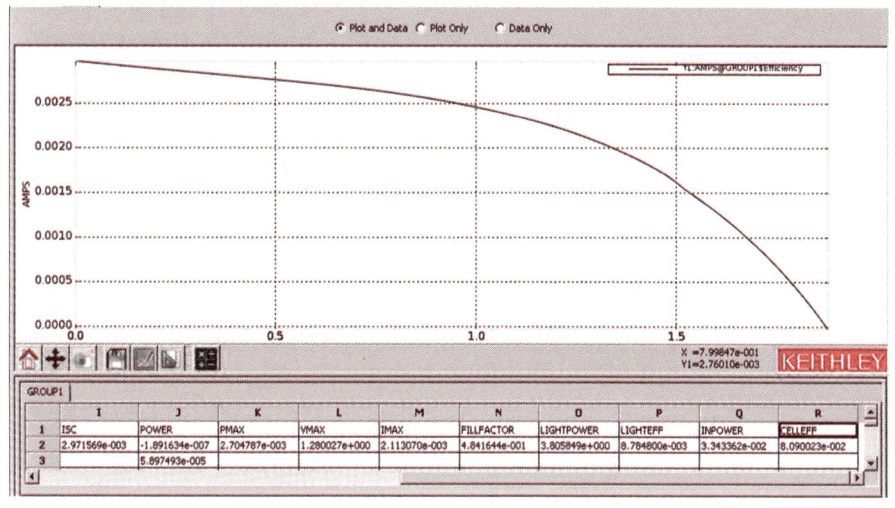

図7 太陽電池セルのI-V特性（実測データ）

カーブ上の点になります．この点がセルを動作させる際の最適値になります．

図7に太陽電池セルのI-V特性の実測データを示します．

● **太陽電池セルの効率と関連するパラメータ**

太陽電池の性能を評価するうえで重要なパラメータの一つが変換効率です．前述したように，太陽電池は太陽光を電気に変換する電子デバイスであるため，照射された太陽光のエネルギーのうち，何パーセントを電力に変換できるかを変換効率という値で表して評価することが必要となります．

前述した太陽電池セルのI-V特性から得られた最大出力電力P_{max}を，太陽光の放射強度と太陽電池受光面積の積で求められる受光パワーP_{in}で割った値が変換効率（η）です．

$$\eta = \frac{P_{max}}{P_{in}}$$

ここで，

P_{max}：最大出力電力［W］
P_{in}：太陽光の放射強度と太陽電池受光面積の積で求められる受光パワー［W］

このパラメータは，どれだけの光をセルが反射し，どれだけが実際に半導体中の電子の自由化に寄与したかを示したものです．

さらに曲線因子（Fill Factor；FF）は，理想的なI-V特性に対して，どれくらい乖離しているかを表す指標であり，次によって定義されます．

$$FF = \frac{I_{max}\,V_{max}}{I_{SC}\,V_{OC}}$$

ここで，

I_{max}：最大電力出力での電流値［A］

V_{max}：最大電力出力での電圧値［V］
I_{SC}：回路短絡電流［A］
V_{OC}：回路開放電圧［V］

つまり，この曲線因子は短絡電流と開放電圧に対する最大電力の比を示しています．理想的な太陽電池セルの曲線因子を1とすると，直列抵抗やシャント抵抗の損失がその効率を低下させる要因となります．

太陽電池セルの効率改善について

以上，太陽電池セルのI-V特性と，そこから得られる主なパラメータについて理解しました．ここからは実際の太陽電池セルの測定に基づき，具体的に効率改善を行うための評価方法について解説していきたいと思います．

● **I-V測定のための太陽電池への接続**

図8に，I-V測定を行う際のSMU（Source Measurement Unit；もしくはソースメータ）と太陽電池セルの接続を示します．太陽電池セルの片側をSMU1のForceとSense端子に接続し，もう一方を

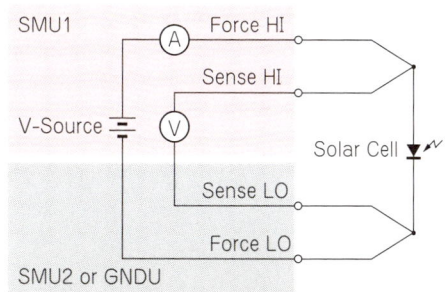

図8 I-V測定を行う際の接続

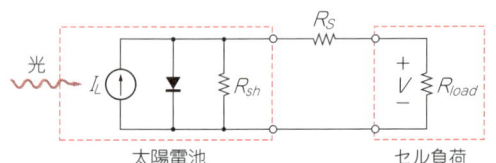

図9 太陽電池セルの実際的な等価回路

SMU2かGNDユニットのForceとSense端子に接続します．4線式接続を使うことにより，測定精度に影響を及ぼすリード抵抗の影響を取り除くことができます．

電圧は一対のテスト・リード線を使い太陽電池セルに対して印加され，センス・リード線でセルの電圧降下が測定されます．そして，このセンス・リード線によって補正されたプログラム電圧がセルに印加されます．

● **太陽電池セルの実際的な等価回路**

次に，太陽電池セルの測定における現実的な姿を見てみましょう．図9に，太陽電池セルの実際的な等価回路を示します．図5に示した理想的な等価回路に対して，セルに並列のリーク・パスR_{sh}と，負荷に電力を供給する配線に直列抵抗R_Sが追加されています．

R_{sh}は，セルの境界に沿った表面リークや結晶欠陥に起因した損失を表しています．R_Sは，メタル配線，セル表面のオーミック損失，不純物濃度や接合深さに起因し，セルの短絡電流や最大出力電力を低下させる考慮すべき重要なパラメータです．

● **直列抵抗R_Sによるセルの効率低下**

図10に示すように，直列抵抗R_Sが増すとセルの効率は下がります．太陽電池セルの評価において，この直列抵抗値R_Sを求めることは重要です．

次に，この直列抵抗値R_Sを求める手法について解説します．

● **直列抵抗R_Sの測定**

直列抵抗R_Sは，二つ以上の光強度で得られるI-V測定結果より求めることができます．

まず，I-Vカーブを二つ以上の異なった光強度で取得します．その場合の光強度は特に重要ではありません．次に，電流値が回路短絡電流I_{SC}から一定のΔIだけ下がる各I-Vカーブの点を見つけます．それらの点を直線で結び，得られる傾斜の逆数$\Delta V/\Delta I$がR_Sの値になります（図11）．異なる光強度の条件数を増やすことで，より正確な直列抵抗値R_Sが得られます．

この方法では，測定中にセルの温度を一定に保つことが重要です．また，mΩオーダから数十Ωの抵抗

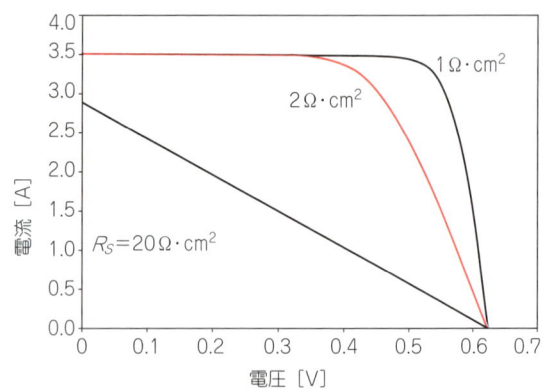

図10 直列抵抗R_Sが増すとセルの効率は低下する

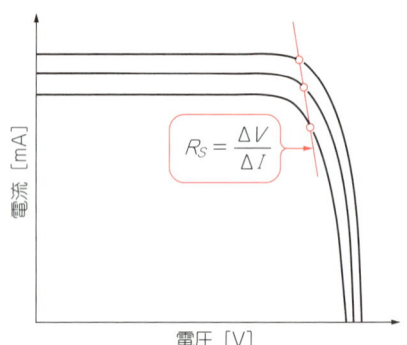

図11 直列抵抗R_Sを求める方法

を測定しますので，高精度な測定器を使用することも大切です（図12）．

● **並列抵抗R_{sh}による効率の低下**

高い並列抵抗は負荷に供給されない電流の漏れが少ないことを意味しており，つまり太陽電池セルの内部ロスを小さくするため効率に対して好ましい条件です．抵抗値R_{sh}は，逆バイアスI-Vデータより求めることができます．

一つの方法としては，I-Vカーブが電流軸と交わる点の傾斜を使います．セルに電圧が印加されていなければR_{sh}には電流が流れません．デバイスから少量の電流が追加的に流れるとすると，R_{sh}にその抵抗に応じたリーク電流が発生するため，$V=0$の点での傾斜の逆数を並列抵抗R_{sh}とできます（図13）．

もう一つの方法は，暗室でセルの逆バイアスI-V測定を行う方法です．電圧は0Vからデバイスが破壊しはじめるレベルまで印加され，電流が電圧の関数として測定されプロットされます．セルが暗室にあるため，SMU負荷からセルに流す電流のすべてはR_{sh}を流れて図14に示したように，カーブの線形領域からシャント抵抗が次の式で算出できます．

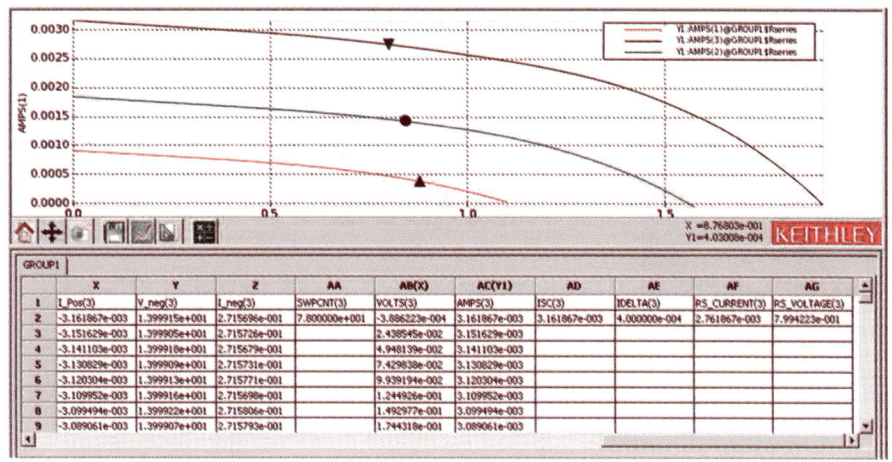

図12　直列抵抗R_Sの実測データ

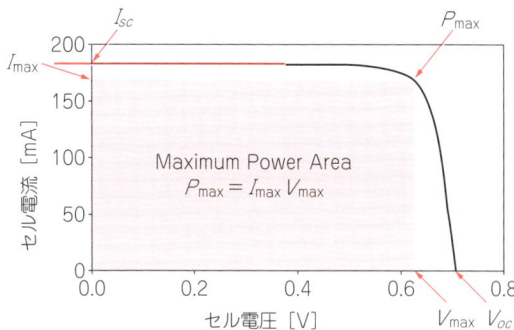

図13　並列抵抗R_{sh}の算出方法

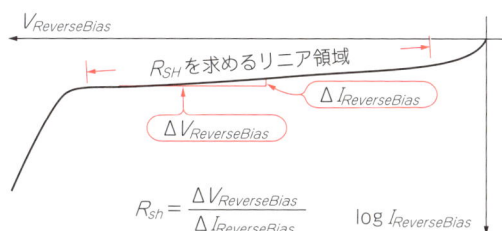

図14　逆方向掃引結果からの並列抵抗R_{sh}の算出方法

$$R_{sh} = \frac{\Delta V_{ReverseBias}}{\Delta I_{ReverseBias}}$$

おわりに

太陽電池セルの電気的な特性を測定することは，セルの出力性能や効率を正確に知り，改善していくために非常に重要です．

また，その試験の精度を高めるためには太陽電池セルおよび測定器の機能/性能の両方を理解し，使用条件を満たす仕様および確度をもった測定器を用いる必要があります．

◆参考文献◆

(1) ケースレーインスツルメンツ：アプリケーションノート #3026，4200半導体パラメータアナライザーを用いた光起電材料や太陽電池の電気的特性評価．
(2) ケースレーインスツルメンツ；ウェブセミナー「最新の太陽電池の電気的特性試験」．
(3) PVCDROM Website：pvcdrom.pveducation.org

第2章

スマート・グリッド環境の
効率的な構築に向けて

双方向電源による
太陽光発電のエネルギー活用

山崎　克彦
Yamazaki Katsuhiko

　次世代のエネルギー・システム…「スマート・グリッド」は，太陽光発電や風力発電をはじめとした複数の発電システムによって発電された電力をIT技術によって融合するというものであり，今後さらに普及することが予想されます．

　本稿では，スマート・グリッド環境での双方向電源による太陽光発電のエネルギー活用について，さまざまな応用例をもとに解説します．

双方向電源

● パワー・コンディショナ

　太陽光発電装置などから電力（直流）を取り込み，その電力を交流に変換してさまざまな電気製品を稼働するための電力として利用するための装置はパワー・コンディショナ（Power Conditioner，略称：PCS）と呼ばれ，一般的に広く普及しています（**図1**）．

　このパワー・コンディショナは，直流を交流に変換する装置（インバータ）を発展させたものであり，基本的なインバータの機能に加えて，おもに次のような機能をもっています．
(1) MPPT（Maximum Power Point Tracking；最大電力点追従）機能
(2) 系統連系機能

　太陽光パネルの出力は，天候などにより変動することは言うまでもありません．そのような場合にMPPT（最大電力点追従）機能によって太陽光パネルから取り込む電力を常に最大のポイントを探して取り込むことができます（コラム「MPPT機能とは」参照）．

　また，パワー・コンディショナにより屋内のさまざまな負荷（電気製品）を系統（電力会社）からの電力を使って稼働したり，あるいは太陽光発電装置の出力（直流）から変換された交流出力を使って稼働することが可能となります．さらに，太陽光発電により発電され

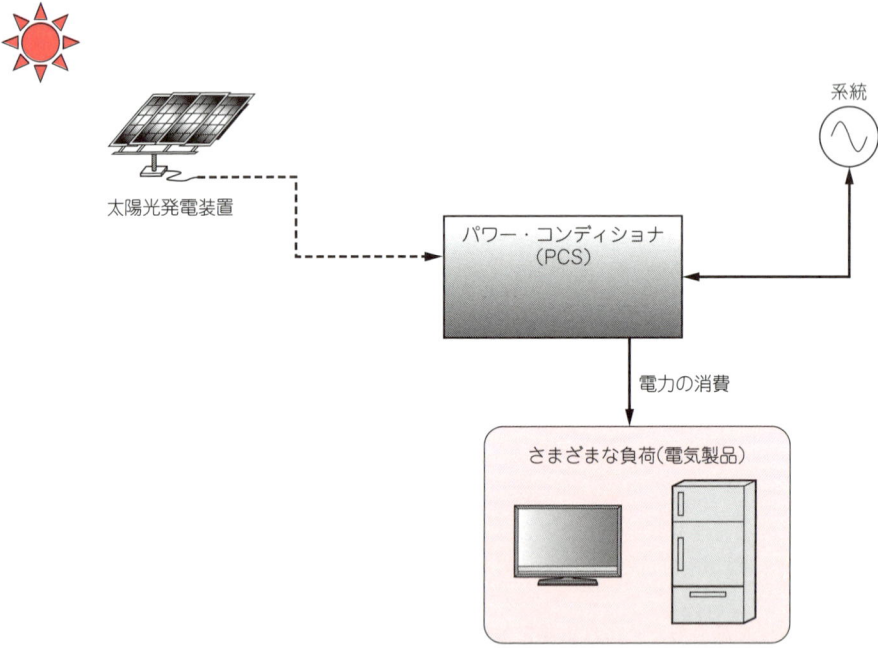

図1　パワー・コンディショナ

た電力が余った場合，系統側に戻す（売電する）ことも考えられます．このように，パワー・コンディショナなどと系統を接続することを系統連系と呼びます．

● 双方向電源

これに対して双方向電源は，パワー・コンディショナを機能別にユニット分割し，用途に応じて組み合わせて使うことができるようにしたものと言うこともできます．パワー・コンディショナと異なるのは，電力エネルギーのやりとりをHVDC（高電圧直流）バスを介してフレキシブルに行えるということであり，また，各ユニットを並列接続することによる容量の増強も可能となります．

図2のように，AC⇔DCの双方向コンバータとDC→DCの片方向コンバータを組み合わせて，パワー・コンディショナに相当する機能を実現することができます．また，DC⇔DC双方向コンバータを追加することにより，太陽光発電装置から取り込んだ電力を使ってバッテリを充電し，電力を再利用することも可能となります．本稿では，このような各種コンバータを総称して双方向電源と呼んでいます．

さらに，双方向電源をネットワーク接続に対応させ

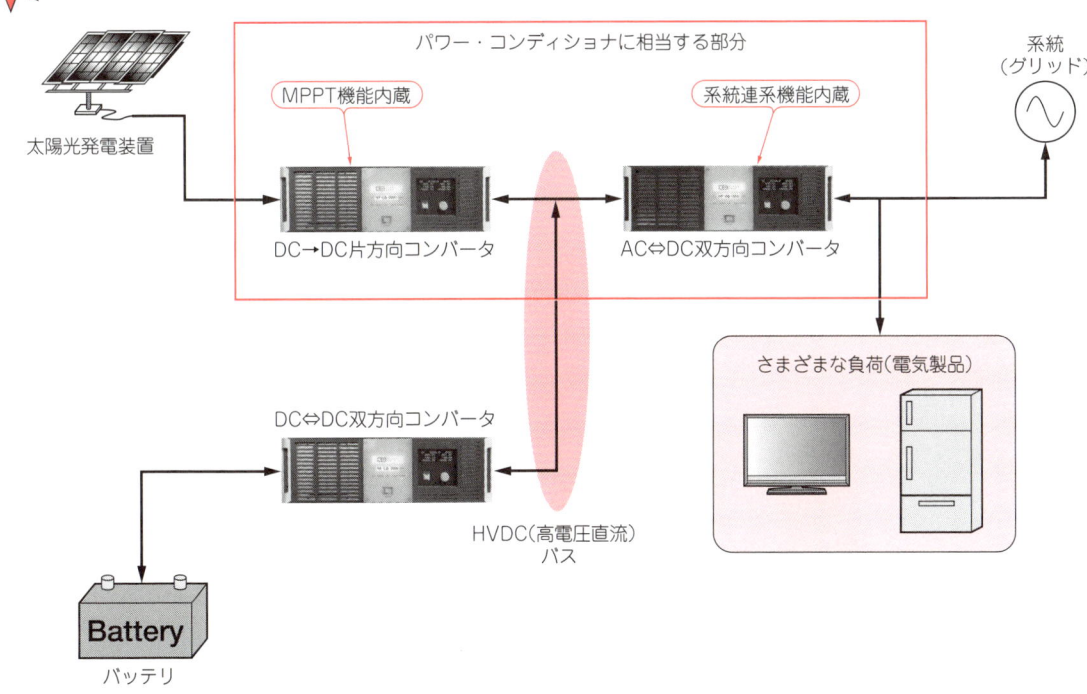

図2　双方向電源の概念図

コラム　MPPT機能とは

MPPT（Maximum Power Point Tracking）は，最大電力点追従機能と呼ばれるもので，太陽光発電や風力発電など自然エネルギーを利用した発電装置から電力を取り込む際に効果的なものです．

自然エネルギーの場合，例えば太陽光発電では天候（雲の有無や日陰）などによって出力の最大電力点が変動します（図A）．このため，発電電力（＝電圧×電流）の値が最大になるポイントを常に追いかけるMPPT機能が有効となります．

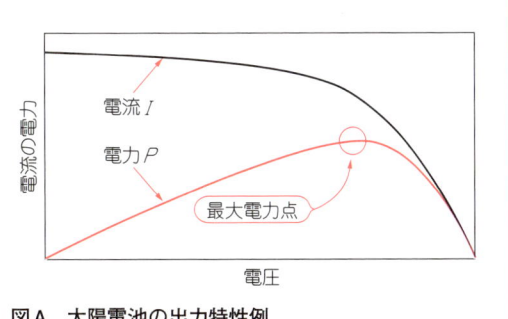

図A　太陽電池の出力特性例

双方向電源　11

ることによって，FEMS(Factory Energy Management System)やBEMS(Building Energy Management System)などのさまざまなEMS(エネルギー管理システム)と相互に電力のやりとり(電力の融通)を行うことが可能となります．

● HVDCバス

High Voltage Direct Currentの略であり，高電圧直流(350～400 V)となっています．

本稿で扱う双方向電源の各コンバータは，このHVDCバスを介して電力エネルギーのやりとりを効率的に行うようになっています．

ユニット型双方向電源

本稿では，ユニット型双方向電源を例として説明します．ユニット型双方向電源は，文字どおり機能別にユニット化した双方向電源であり，パワー・ユニットの組み合わせによって機能および容量を拡張できることから，さまざまなアプリケーションに対応することができるものです(写真1)．

● 双方向電源コントローラ

前述のように双方向電源は複数のユニットで構成されており，実際に動作させるためにはこれらのユニットを連系させて動作させることが必要となります．例えば，「バッテリの電圧があらかじめ設定された電圧よりも低下したら系統からの電力を使って充電する」などです．

この場合は，AC-DC双方向ユニットとDC-DC双方向ユニットの連系動作が必要となりますが，場合によっては数十台にも及ぶユニットの操作を個々の操作パネルを使って設定するのは現実的ではありません．

このようなユニットを一括して管理，制御するのがコントローラであり，EMS(エネルギー管理)ソフトウェアにより各ユニットの動作を一括して制御することができます(図3)．

● AC-DC双方向ユニット(非絶縁)

系統(AC)側とHVDC(DC 350～400 V)間で2 kWの電力変換が可能な双方向コンバータとなっており，系統側への回生／力行の出入り口となります(図4)．

系統側は系統連系規程に沿った各種監視機能を装備しており，並列運転による容量拡張も可能です(並列運転は条件によりオプションの追加や絶縁用の商用トランスが必要)．

▶ 自立運転出力

停電などで発電所(系統)からの供給がなくなったと

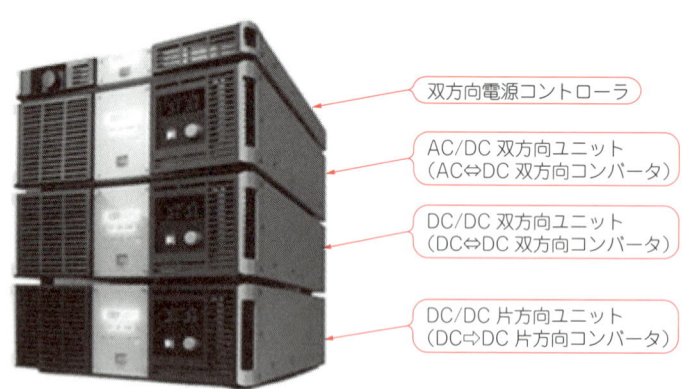

写真1　ユニット型双方向電源(NTシリーズ，計測技術研究所)

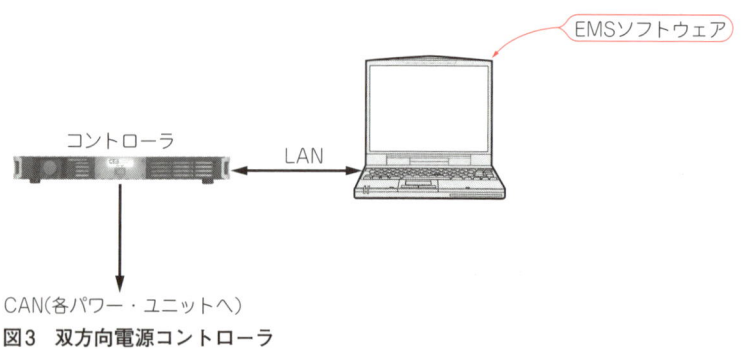

図3　双方向電源コントローラ

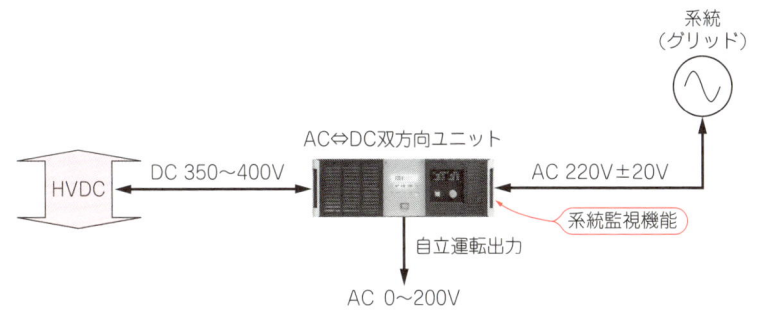

図4 AC-DC双方向ユニット

きでも太陽光発電などからの電力を使って出力するものであり，出力電圧はAC 0～200 V可変となっています．市販のパワー・コンディショナにも同様の出力を装備している機種があります．

▶系統監視機能

AC-DC双方向ユニットのAC側は系統に接続することから系統連系規程に沿った「系統監視機能」が必要であり，表1のようにさまざまな監視機能が内蔵されています．

▶保護動作

ゲート・ブロック（電流遮断）して開閉器を開いたあ

と，規定された復電阻止時間（2～300秒）後に再起動を行います．

▶単独運転検出

複数の発電装置が接続される可能性のあるスマート・グリッド環境で系統への逆潮流（系統から電力を供給してもらうのではなく，系統に電力を送電すること）をしている場合，停電などによる他の発電装置の停止を検出（単独運転検出）して自分自身の発電出力も停止することが必要になります．

単独運転検出には，自分自身の出力に電流周波数の変動を与えておき，単独運転移行時の変化によって検出する「能動方式」と，単独運転移行時の電圧位相などの変化によって検出する「受動方式」があります．

● DC-DC双方向ユニット（絶縁）

HVDC（DC 350～400 V）とバッテリなどの間で2 kWの電力変換が可能な双方向コンバータです（図5）．

定置型リチウム・イオン・バッテリなどへの充放電が可能であり，並列運転による容量拡張も可能です．

● DC-DC片方向ユニット（絶縁）

双方向電源の中で唯一の片方向コンバータであり，太陽光パネルなどで発電した電力（DC）からHVDC（DC 350～400 V）へ2 kWの電力変換が可能です（各種発電装置から電力を引き込む用途に使用するので双方向は必要ない）．

表1 系統監視機能

名　称	解　説
系統過電圧検出（OVR）	系統の電圧が整定値より上昇したときに保護動作
系統不足電圧検出（UVR）	系統の電圧が整定値より下降したときに保護動作
系統過周波数検出（OFR）	系統の周波数が整定値より上昇したときに保護動作
系統不足周波数検出（UFR）	系統の周波数が整定値より下降したときに保護動作
系統過電流検出（OCR）	系統の電流が整定値より上昇したときに保護動作
単独運転検出（能動）	周波数シフト方式により保護動作
単独運転検出（受動）	電圧位相跳躍方式により保護動作

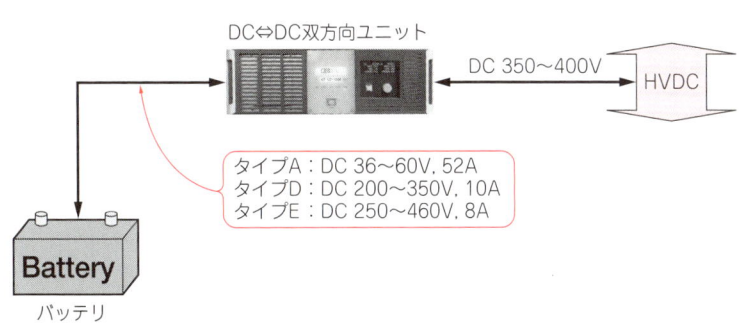

図5 DC-DC双方向ユニット

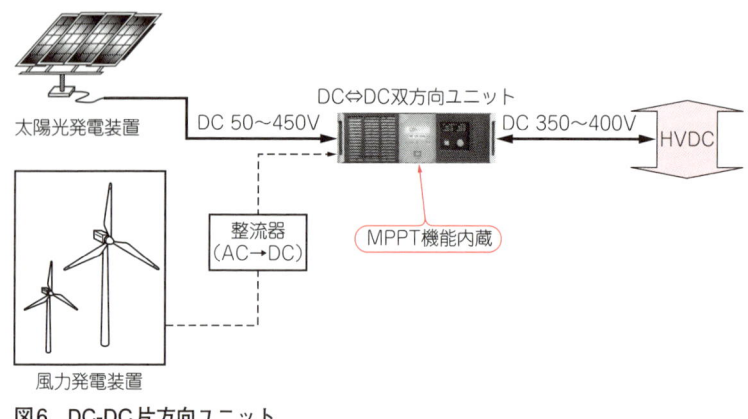

図6 DC-DC片方向ユニット

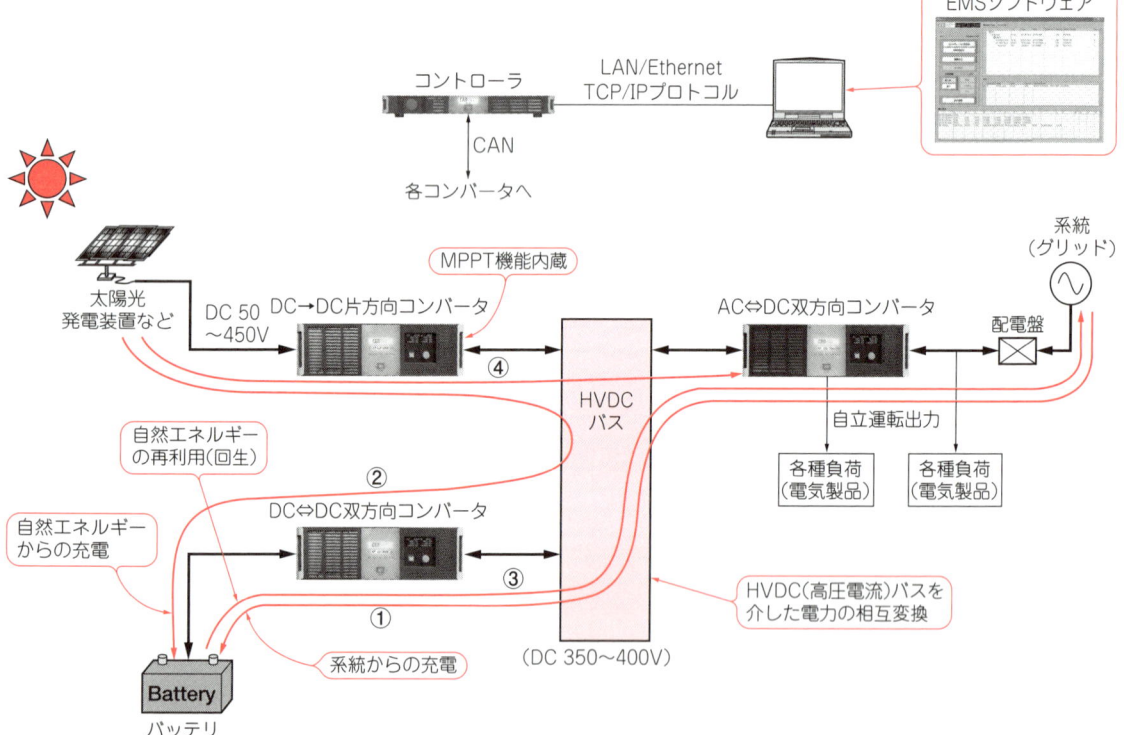

図7 双方向電源の基本構成

MPPT機能を内蔵しており，変動する自然エネルギー電力の最大ポイントで取り込むことが可能です．また，風力発電機から整流した直流をHVDCに変換することも可能です（図6）．

双方向電源のさまざまな応用例

ここでは，ユニット型双方向電源を使ったさまざまな応用例について，以下のような実例をもとに解説します．
（1）双方向電源の基本構成（HVDCを介したエネルギー相互変換）
（2）植物工場での太陽光発電による電力融通
（3）三相系統と単相系統のエネルギー相互変換
（4）マルチソース低電圧DC給電
（5）高効率DC回生の充放電システム
（6）20 kWスマート・グリッド実証実験システム

● **双方向電源の基本構成**（HVDCを介したエネルギー相互変換）

太陽光発電装置で発電した電力をMPPT機能を内蔵した片方向DC-DCコンバータによりHVDCバスに

コラム　MPPT動作可能な電子負荷装置

電子負荷装置は直流や交流の電源出力に接続し，さまざまな負荷電流を流して，電源の出力試験をするためのものです．太陽光パネルを「直流を発電する電源」と考えると，電子負荷装置を使って太陽光パネルの出力試験が可能なことは言うまでもありません．

しかしながら，一般の電源と異なり太陽光パネルは天候などの変化により取り出せる電力が異なります．このような場合，MPPT機能を内蔵した電子負荷装置を使えば最大電力点での評価を電子負荷のみで容易に行うことが可能です（写真A，図B）．

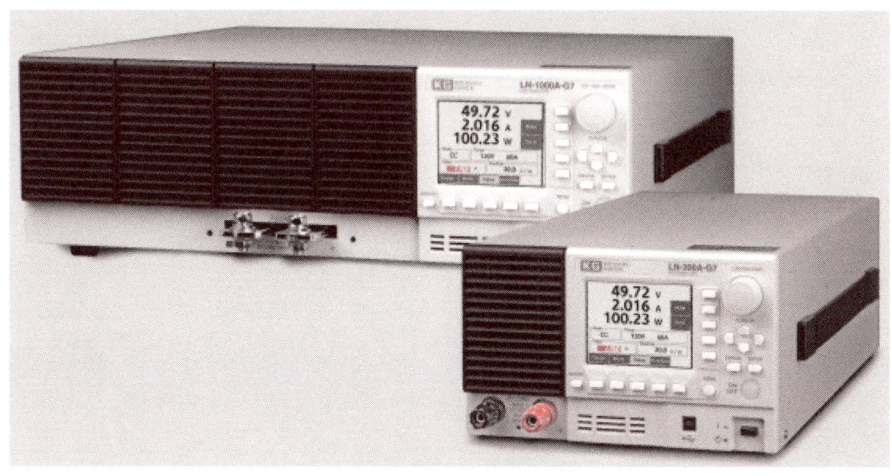

写真A　MPPTオプションのある電子負荷装置（Load Stationシリーズ，計測技術研究所）

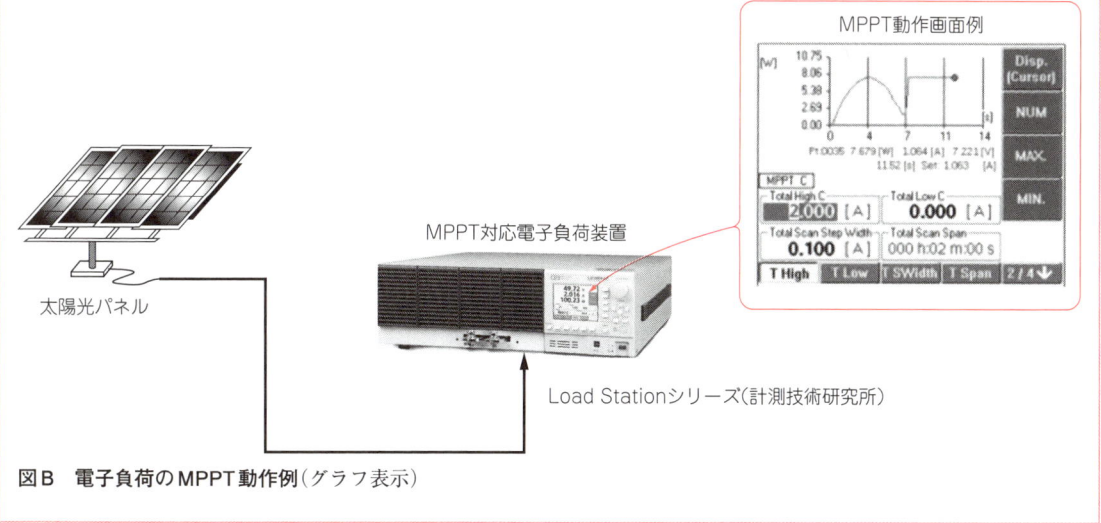

図B　電子負荷のMPPT動作例（グラフ表示）

引き込み，HVDCバス経由で双方向DC-DCコンバータによりバッテリに充電します（図7）．

また，バッテリの充電は系統からの電力を使って行うことも可能であり，この構成では以下のような電力エネルギーの相互変換が可能です．

① 系統→AC-DC双方向コンバータ→HVDCバス→DC-DC双方向コンバータ→バッテリ（充電）
② 太陽光発電装置→DC-DC片方向コンバータ

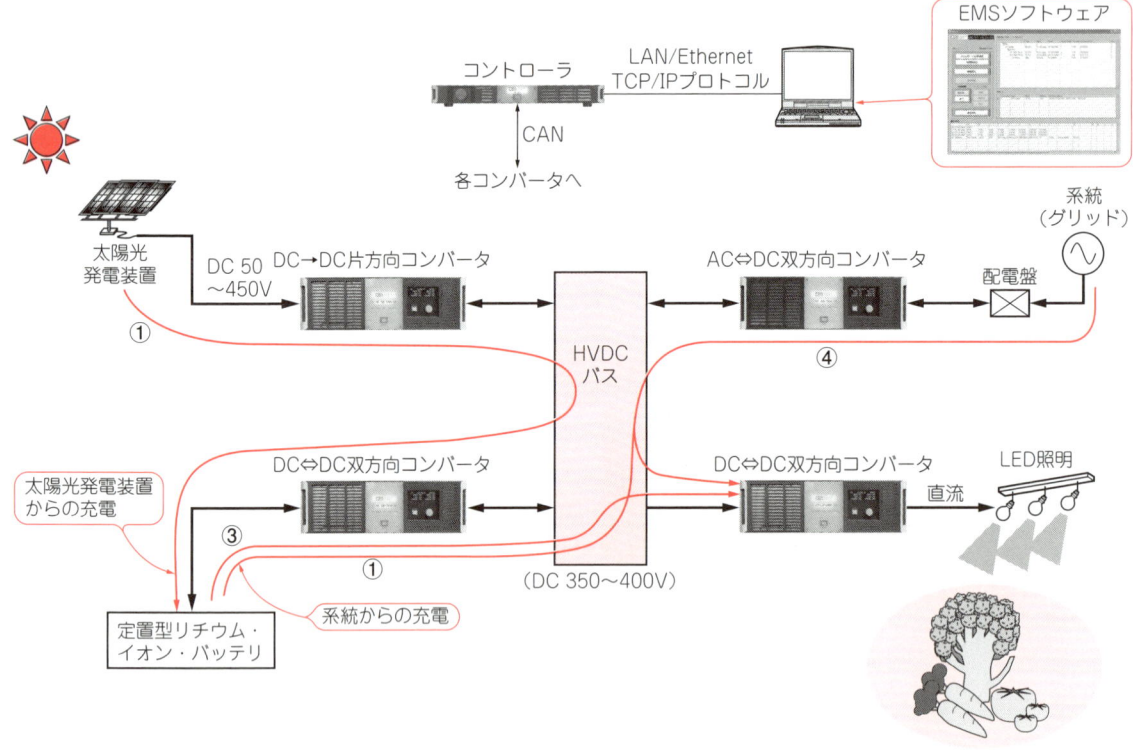

図8 植物工場での太陽光発電による電力融通

→HVDCバス→DC-DC双方向コンバータ→バッテリ(充電)
③ バッテリ→DC-DC双方向コンバータ→HVDCバス→AC-DC双方向コンバータ→負荷(系統)
④ 太陽光発電装置→DC-DC片方向コンバータ→HVDCバス→AC-DC双方向コンバータ→負荷(系統)

系統に逆潮流(売電)しない場合，RPR(逆電力継電器)により逆潮流を禁止することができます．

● 植物工場での太陽光発電による電力融通

双方向電源と定置型リチウム・イオン・バッテリを使った植物工場での電力融通の実現例です．昼間は太陽光パネルからの電力をリチウム・イオン・バッテリに充電し，夜間はバッテリの電力を使ってLED照明を点灯するというものです(図8)．

この構成での電力エネルギーの流れは以下のようになります．

① 太陽光発電装置→DC-DC片方向コンバータ→HVDCバス→DC-DC双方向コンバータ→バッテリ(充電)
② 系統→AC-DC双方向コンバータ→HVDCバス→DC-DC双方向コンバータ→バッテリ(充電)
③ バッテリ→DC-DC双方向コンバータ→HVDCバス→DC-DC双方向コンバータ→LED照明
④ 系統→AC-DC双方向コンバータ→HVDCバス→DC-DC双方向コンバータ→LED照明

不足電力は系統から補いますが，RPR(逆電力継電器)により系統への逆潮流をすることはありません．

● 三相系統と単相系統のエネルギー相互変換

双方向電源を組み合わせることにより，三相系統と単相系統の間でエネルギーの相互変換が可能となります(図9)．

この例では，三相側には3台のAC-DC双方向コンバータを接続し，単相側には2台のAC-DC双方向コンバータを接続することによって相互変換を実現しています．

● マルチソース低電圧DC給電

太陽光発電装置だけでなく，風力発電装置を追加したマルチソース対応の構成です．複数の発電装置から得られた電力をHVDCバスを介してバッテリに充電したり，DC給電機器の電力として再利用するなど，電力の効率的な利用をEMSソフトウェアにより容易に行うことができます．

この例では低電圧48Vの直流給電を行っています(図10)．

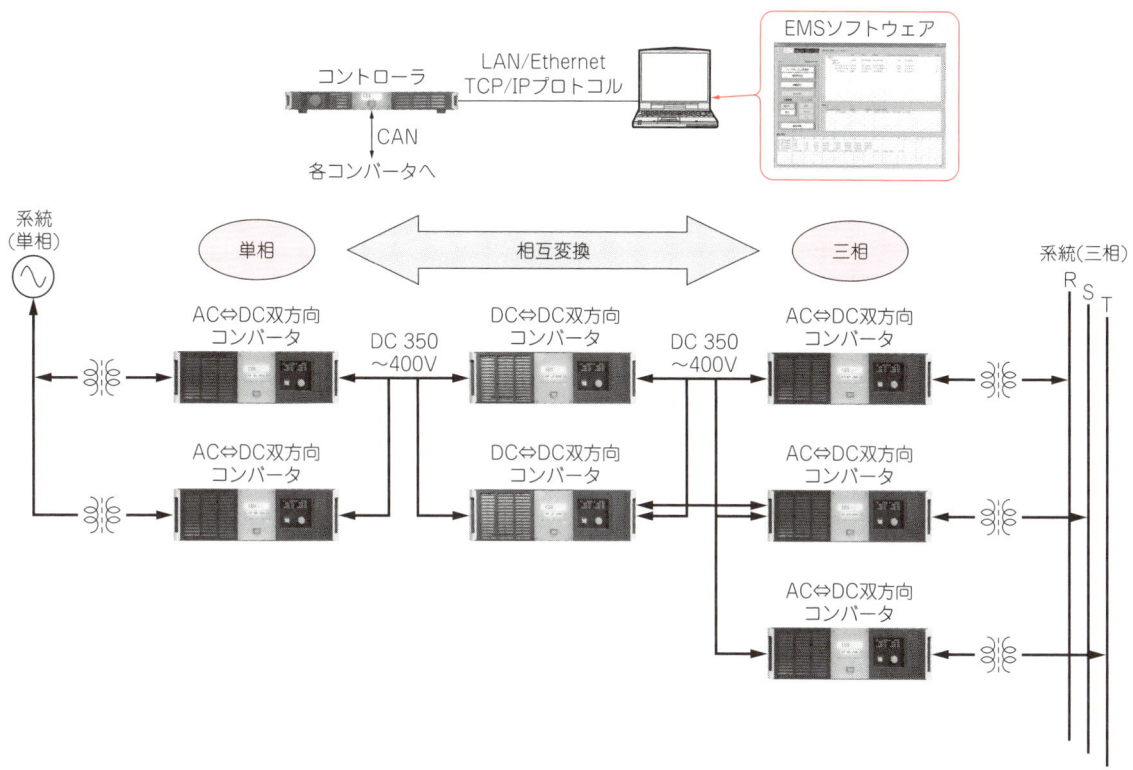

図9 単相系統と三相系統のエネルギー相互変換

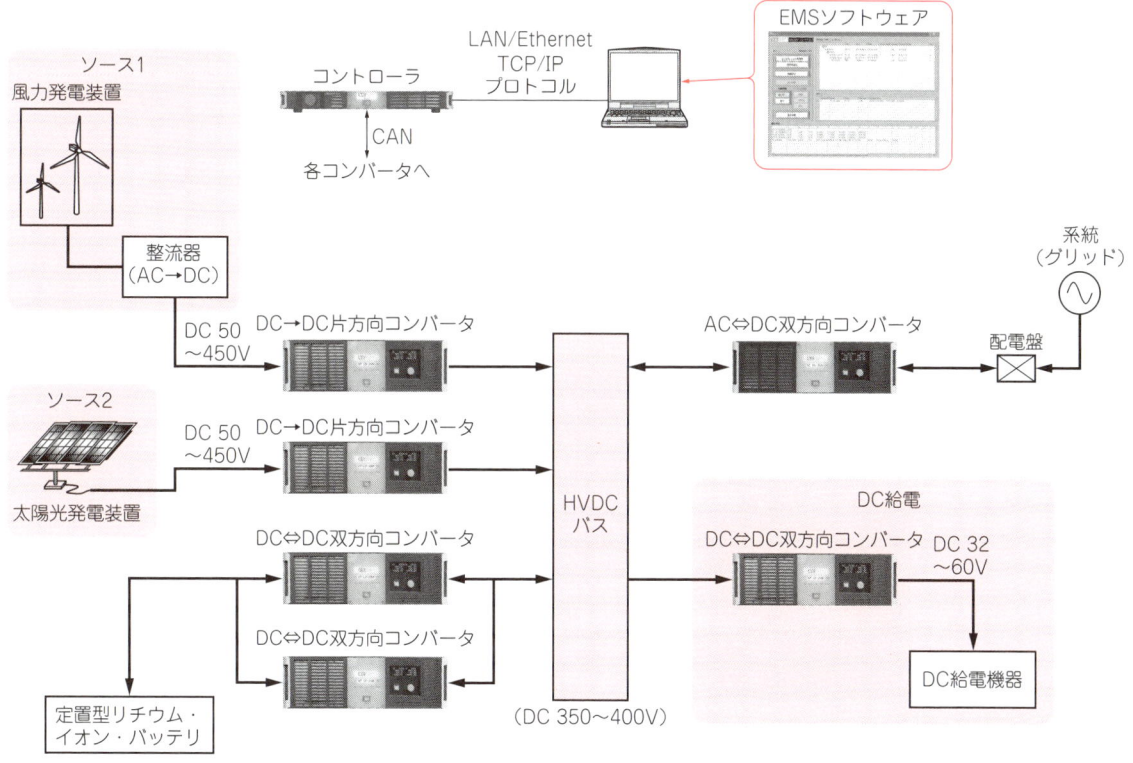

図10 マルチソース低電圧DC給電

双方向電源のさまざまな応用例

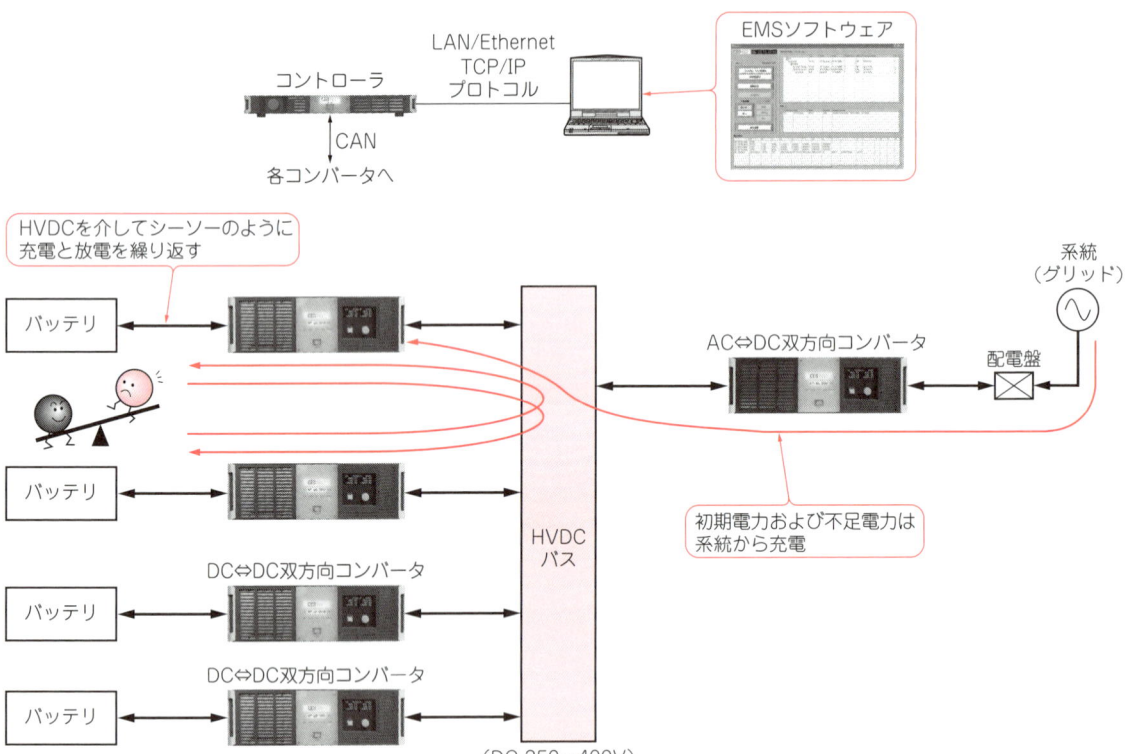

図11　高効率DC回生充放電システム

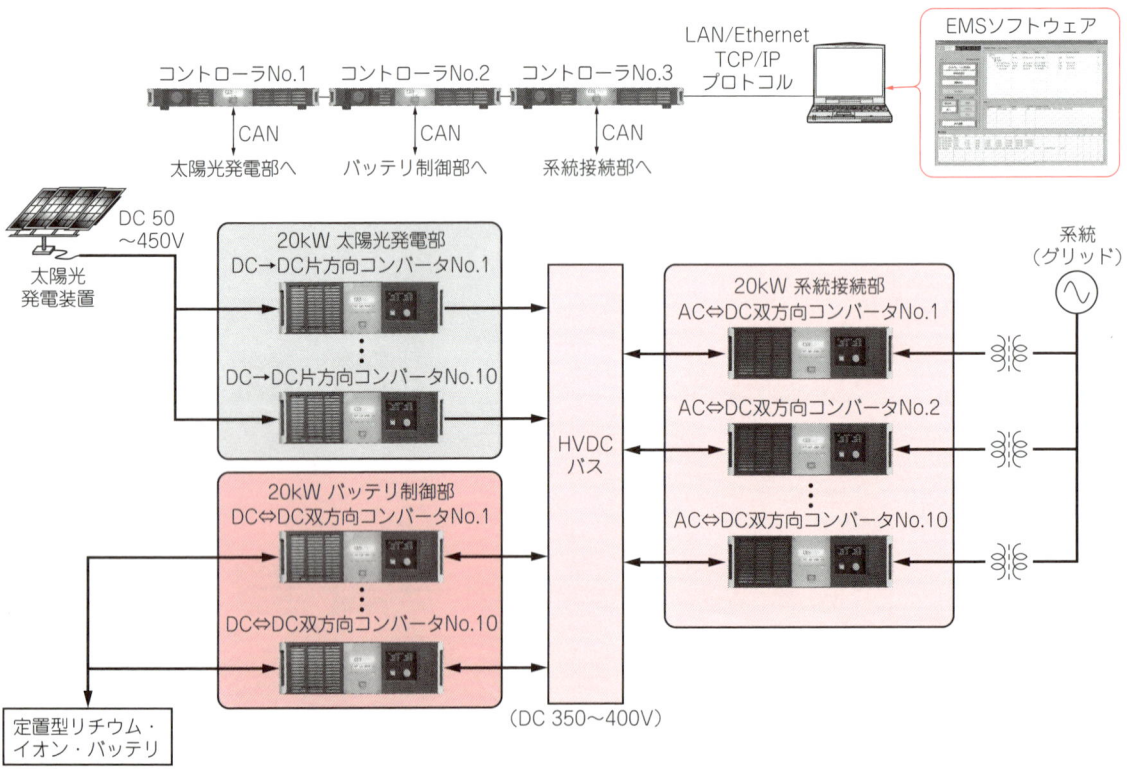

図12　20 kWスマート・グリッド実証実験システム

コラム　シミュレーション・ソフトウェアによるMPPTシミュレーション

　回路シミュレータによりMPPT動作のシミュレーションを行うことも可能です．
　図Cの例は，ディジタル制御解析に対応したシミュレーション・ソフトウェアにより，山登り法MPPTアルゴリズムを実装したものとなっており，MPPTの動作を視覚的に確認することができます．

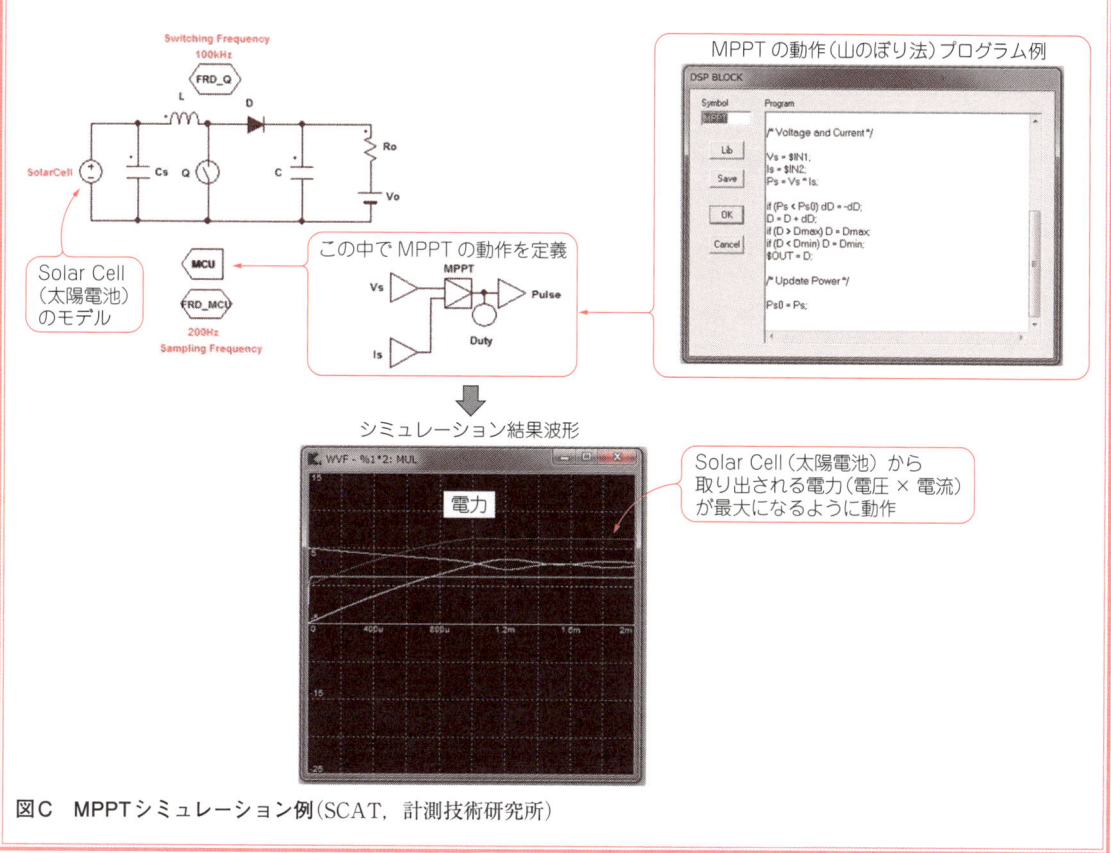

図C　MPPTシミュレーション例（SCAT，計測技術研究所）

● 高効率DC回生充放電システム

　次はちょっと変わった例ですが，バッテリ間の電力をシーソーのように直流電力変換させることで，各バッテリの間で充放電できるシステムを構築した例です（図11）．
　電力変換部の効率は約94％と高効率で変換ができることから，変換ロスのエネルギーは非常に小さく，少ないエネルギーで充電することが可能となっています．従来のAC回生式充放電装置と比較して，変換効率が高いというメリットがあります．

● 20kWスマート・グリッド実証実験システム

　ユニット型双方向電源の各パワーユニット（2kW）をそれぞれ10台並列接続することにより，20kWのシステムを構築した例です（図12）．
　太陽光発電部，バッテリ制御部，系統接続部をそれぞれ専用のコントローラで制御し，全体的な電力エネルギーのやりとりをEMSソフトウェアにより統合管理することができます．

EMSソフトウェア

　双方向電源は各パワーユニットがもっている機能はもちろん，複数のユニットを相互に連携させて動作することが必要なことから，各ユニット本体のパネルを使った操作は現実的ではありません．このため，専用のソフトウェアによるすべての機器を連係した操作，制御が必要となります．

● ソフトウェアに必要な要件

　表2に，ソフトウェアに必要な要件を示します．
　ここでは以下，4種のソフトウェア（コンフィグレ

表2 ソフトウェアに必要な要件

機能名称	概　要
コンフィグレーション機能	接続されるすべての機器の構成，動作条件などを定義する
操作パネル機能	各機器の基本的な操作を（その機器の操作パネルを使わず）PC画面上の「仮想操作パネル」により行う
シーケンス（スケジュール）機能	バッテリへの充電(力行)および放電(回生)などの動作を時間軸にそって細かく定義し，これを実行できる．これによりピーク・カット，ピーク・シフトなどを容易に実現することが可能
測定ロギング，グラフ表示	パワー・ユニットにより測定された系統電圧やHVDC電圧など，各ポイントのさまざまな測定結果をサンプリング(ロギング)し，これをグラフ化することができる
シミュレーション機能	発電量や消費電力量の1日のパターンを予測し，ピーク・シフトなどのモード選択をするだけで1日の充放電計画を自動的に立案する機能
バッテリ劣化予測機能	現在のバッテリの劣化度合いを判断し，今後の劣化予測をする機能

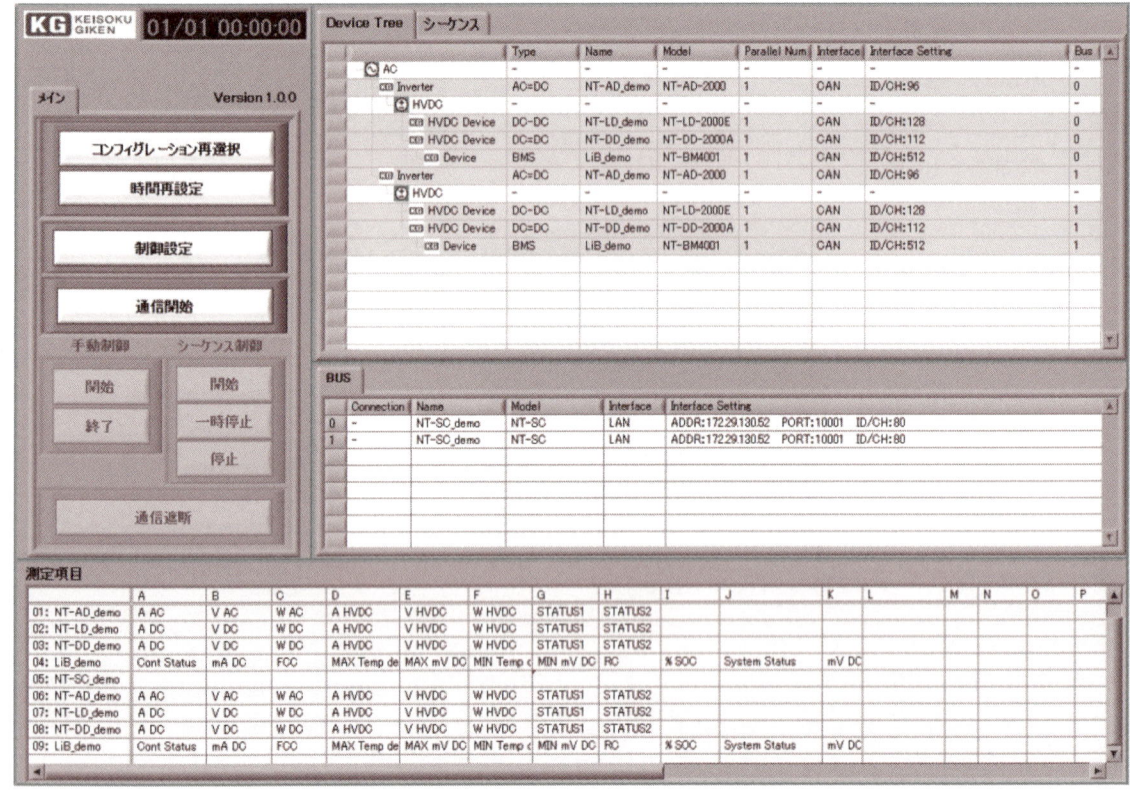

図13　EMSコントロール・ソフトウェア（計測技術研究所）

ーション，操作パネル，シーケンス，測定ロギング・グラフ表示)のソフトウェア外観例と，おもな機能について説明します（図13）．

● コンフィグレーション機能

ユニット型双方向電源は，その構成によっては10台を越えるパワー・ユニットを接続して動作させることもあります．このため，それぞれのパワー・ユニットをどのように接続して動作させるかということを定義すること（コンフィグレーション）は大変重要です．

コンフィグレーション・ソフトウェアでは，図14のように実際に使用する機器として現在登録されているパワー・ユニットが階層表示（Device Tree）となって表示されます．コンフィグレーションは複数登録することができますので，必要な用途に応じて使い分けることができます．

● 操作パネル機能

各機器の基本的な操作および測定結果をモニタすることができる「ソフトウェア操作パネル」です．各パ

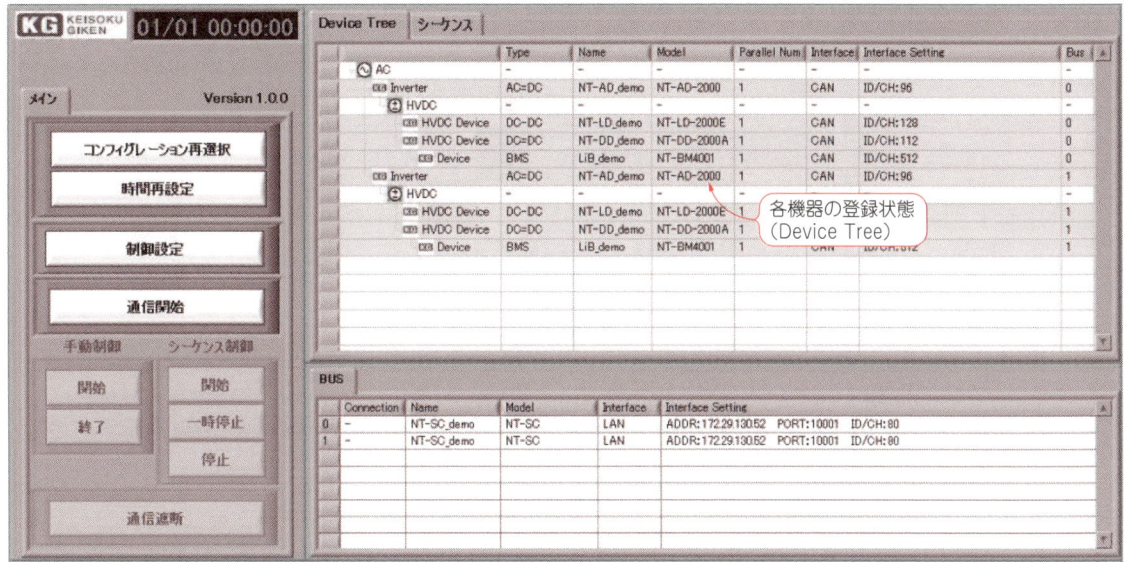

図14 コンフィグレーション画面イメージ

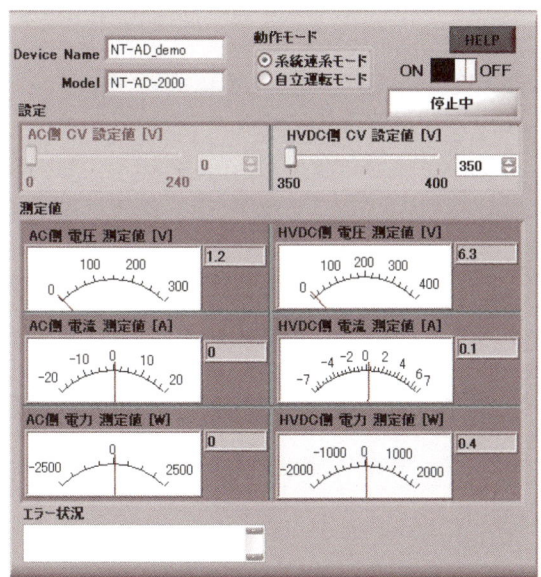

図15 AC-DC双方向ユニット操作パネルの画面イメージ

ワー・ユニット本体のパネルから得られる情報は限られていますので，この「ソフトウェア操作パネル」によって必要な情報を確認すると同時に操作も行うことができます．

図15は，AC-DC双方向コンバータ用のソフトウェア操作パネルであり，系統連系モードと自立運転モードの切り替えをはじめ，さまざまな操作と測定を視覚的に行うことができます．

● シーケンス（スケジュール）機能

シーケンス機能では各パワー・ユニットの動作を時系列でプログラム（スケジューリング）し，これを実行することによりピーク・カット，ピーク・シフトなどのさまざまな動作を比較的容易に実現することができます（図16）．

① 各パワーユニットの制御プログラム・ステップ

各パワー・ユニットの稼働時間（ステップ間隔），充電（あるいは放電）に切り替える条件などを各パワー・ユニットごとに細かく設定します．

② シーケンス動作の進行状況（バー・グラフ）と残り時間

シーケンスを実行する際，各パワー・ユニットのステップ進行状況をバー・グラフで表示し，同時にステップの残り時間を表示します．

③ シーケンス制御のステータス（実行中）

シーケンスの実行，一時停止（再開）およびシーケンスの停止をコントロールします．

● 測定ロギング，グラフ表示

各パワー・ユニットにより測定された結果を数値で確認することに加えて，視覚的にグラフ化して見ることができる機能です．

図17のように，複数のパワー・ユニットで測定されたさまざまな測定結果をグラフ上で同時に表示して比較することができます．これにより，各パワー・ユニットにおける電圧や電力などの状況を視覚的に確認することができます．

まとめ

以上，双方向電源による太陽光発電のエネルギー活用について実例をもとにハードウェアおよびソフトウ

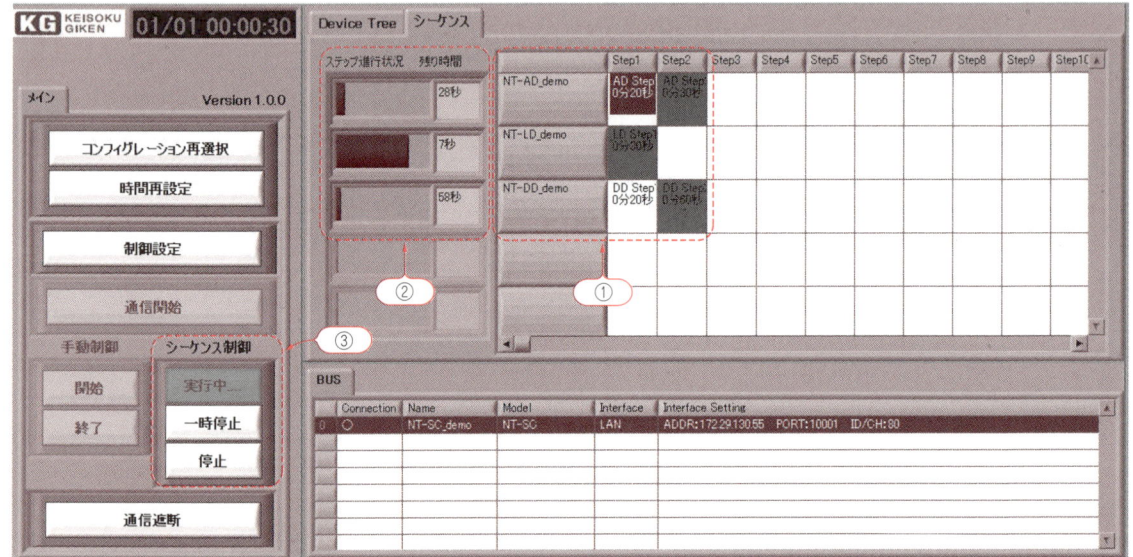

図16　シーケンス（スケジュール）機能の画面イメージ

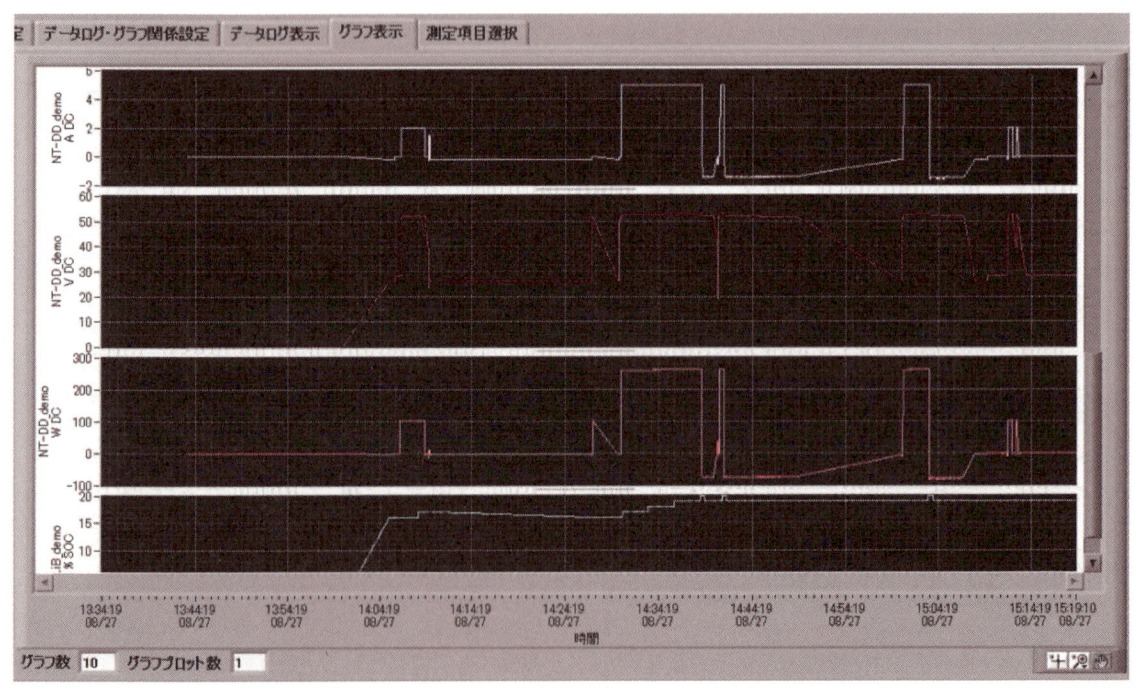

図17　測定ロギング，グラフ表示

ェアについて解説しました．

　双方向電源は複数のパワー・ユニットの組み合わせで太陽光発電だけでなく，風力発電や小規模水力発電などにも接続可能です．さらに，バッテリを組み合わせることによってスマート・グリッド環境での有効なエネルギー活用手段となります．

◆参考文献◆

(1) 一般社団法人日本電気協会；系統連系規程，系統連系専門部会　JEAC 9701-2012，日本電気技術規格委員会 JESC E0019 (2012)．

(2) 資源エネルギー庁；電力品質確保に係る系統連系技術要件ガイドライン，平成25年5月31日．

(3) 甲斐 隆章，藤本 敏朗；太陽光・風力発電と系統連系技術，2010年10月6日，オーム社．

コラム　ピーク・カット/ピーク・シフトとは

さまざまな方面で節電が注目されるようになってから，「ピーク・カット」や「ピーク・シフト」という用語も広く使われるようになってきました．

これらは，文字どおり電力使用のピークを抑えたり（カット），ピークを他の時間帯に移動（シフト）するということですが，双方向電源により容易に実現することができます（図D，図E）．

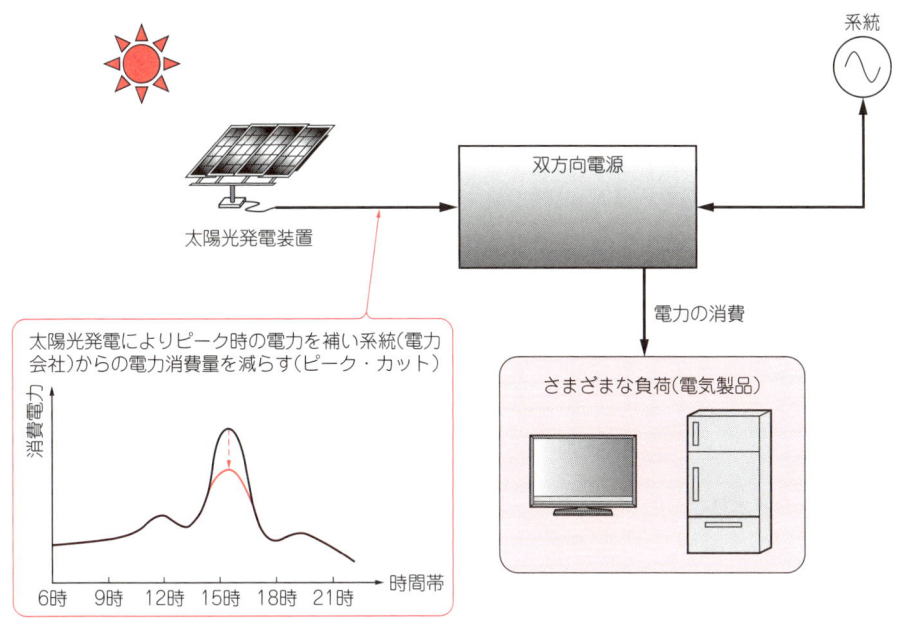

図D　ピーク・カットの概念図

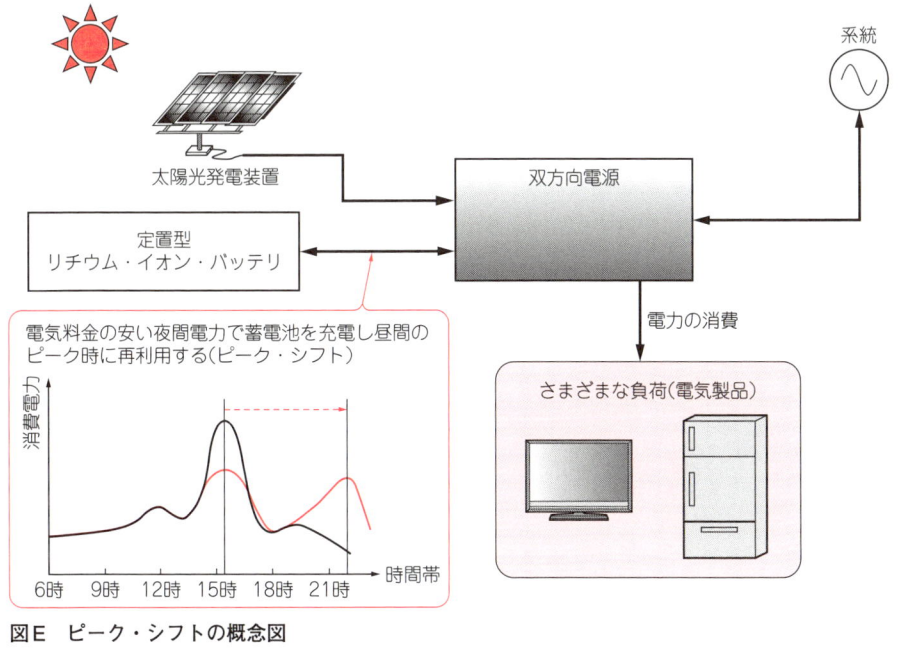

図E　ピーク・シフトの概念図

第3章

系統連系インバータに使用できる
双方向コンバータの回路設計と制御設計

田本 貞治
Tamoto Sadaharu

　電気自動車の内蔵電池に蓄えられた電力を，家庭においてバックアップ電源として活用しようとする動きが出ています．電気自動車の内蔵電池は大きな容量のものを搭載しているため，商用電源が停電したときには長時間家電製品の電力を賄うことができます．このような使いかたをする場合は，商用電源から電池を充電する充電器の役割と，電池の直流電圧を商用電源と同じ交流電力に変換する両方の機能が必要です．すなわち，交流から直流へ，直流から交流へと双方向に変換できることが必要になります．

　そこで，交流電源と直流電源間で双方向に電流を流すことができるコンバータの実験を行いました．本章では，双方向コンバータの回路設計と制御設計に分けて解説します．

1　双方向コンバータの回路設計

● 双方向コンバータの基本はブリッジ・インバータ回路

　双方向コンバータは，一つの回路で交流から直流へ，直流から交流へと電力変換ができることが必要です．電源で一般的に使われる交流から直流への変換回路はPFC（Power Factor Correction；力率改善）です．

　図1-1は1石式のPFC回路です．この回路では，入力にブリッジ・ダイオードが挿入されているため，電流は一方向にしか流すことができず，双方向コンバータにはなりません．

　次に，図1-2は入力側のブリッジ・ダイオードを削除してトランジスタ2個とダイオード2個を使用したブリッジレスPFC回路です．この回路もダイオードがあるため双方向に電流を流すことができません．

　そこで，図1-3に示すように，ダイオードをトランジスタに置き換えると電流は双方向に流れ，交流電源と直流電源間で自由に電流が流せるようになります．図1-3は，一般的に使われるDC-ACインバータ回路であることがわかります．

　このように，トランジスタ4個を使用したブリッジ回路にすることによって，電流は自由に流せるようになります．そこで，この回路を使用して双方向コンバータを設計し，回路を組み立てて，動作実験を行うことにします．

● 双方向コンバータの動作原理を理解する

　はじめに，PFCとインバータの動作を確認しておきましょう．図1-4はブリッジPFC回路の電流の流れを示したものです．

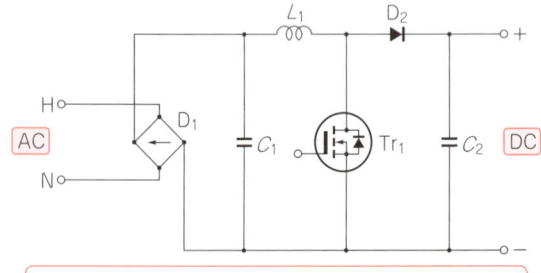

電流はダイオードがあるためACからDC方向しか流せない

図1-1　1石式のPFC回路

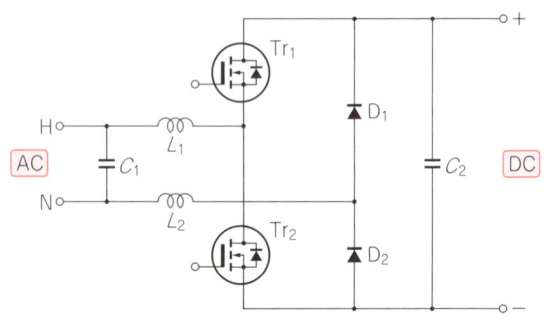

ブリッジレスPFC回路もダイオードが回路内にあるため，ACからDC方向しか電流を流せない

図1-2　ブリッジレス式のPFC回路

トランジスタTr_2をONすると，**図1-4(a)**のように，入力電源ライン$H(C_1+)$→チョーク・コイルL_1→トランジスタTr_2→トランジスタTr_4の逆導通ダイオード→チョーク・コイルL_2→入力電源ライン$N(C_1-)$の順に電流が流れます．このときの入力電源は，チョーク・コイルを介してトランジスタTr_2とトランジスタTr_4の逆導通ダイオードによって短絡してチョーク・コイルにエネルギーを蓄積します．

トランジスタTr_2がOFFすると，**図1-4(b)**のように，入力電源$H(C_1+)$→トランジスタTr_1の逆導通ダイオード→出力コンデンサC_2と負荷R→トランジスタTr_4の逆導通ダイオード→入力ライン$N(C_1-)$の順に電流が流れます．

次に，DC-ACインバータの電流の流れを**図1-5**に示します．

トランジスタTr_1とTr_4がONすると，**図1-5(a)**の

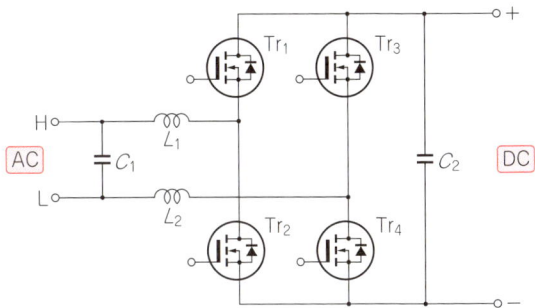

トランジスタを4個使用しているため，電流はAC→DC，DC→ACの双方向に流せる

図1-3　ブリッジ式のPFC回路

ように，直流電源$P(C_1+)$→トランジスタTr_1→チョーク・コイルL_1→交流電源H→交流電源N→チョーク・コイルL_2→トランジスタTr_4→直流電源Nの順に

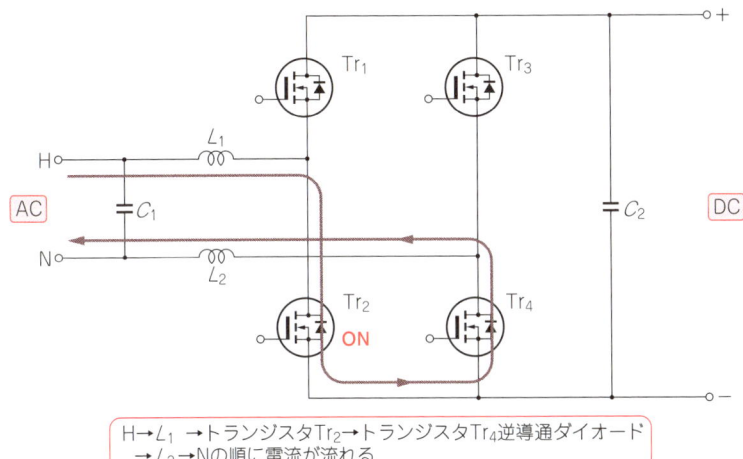

H→L_1→トランジスタTr_2→トランジスタTr_4逆導通ダイオード→L_2→Nの順に電流が流れる

（a）トランジスタTr_2がONしたときの電流の流れ

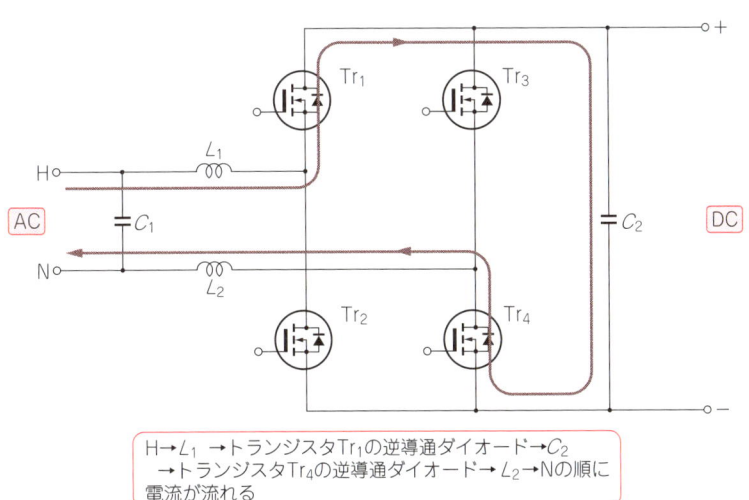

H→L_1→トランジスタTr_1の逆導通ダイオード→C_2→トランジスタTr_4の逆導通ダイオード→L_2→Nの順に電流が流れる

（b）トランジスタTr_2がOFFしたときの電流の流れ

図1-4　ブリッジ式PFCの電流の流れ

電流が流れます.このときチョーク・コイルにはエネルギーが蓄積されます.

次に,トランジスタTr_1がOFFすると,チョーク・コイルの電流は流れ続けようとして,図1-5(b)のように,トランジスタTr_2の逆導通ダイオードが導通して,交流電源N→トランジスタTr_4→トランジスタTr_2の逆導通ダイオード→チョーク・コイルL_1→交流電源Hの順に電流が流れます.

● ブリッジPFCとブリッジ・インバータは互いに逆向きの動作

ブリッジ回路を使用したPFCとDC-ACインバータの動作を見てきましたが,図1-4と図1-5を比較すると,動作がちょうど逆になっていることがわかります.図1-4(a)と図1-5(b)で,どちらかの電流の向きを逆にすると同じ動作になります.また,図1-4(b)と図1-5(a)のどちらかの電流の向きを逆にすると同じ動作になります.

このように,ブリッジPFCとブリッジ・インバータは互いに逆向きの動作になっていますので,双方向コンバータにすることができます.したがって,交流側の電力と直流側の電力が等しい場合には,PFC回路で設計してもインバータ回路で設計しても,同じ結果が得られることになります.

そこで,ここではインバータ回路を使用して回路設計を行います.その回路を図1-6に示します.

ブリッジ・インバータの回路設計

● 設計手順に従って設計を行う

ここでは,図1-6に示したブリッジ・インバータ回路の設計方法を示します.まず設計手順を示します.

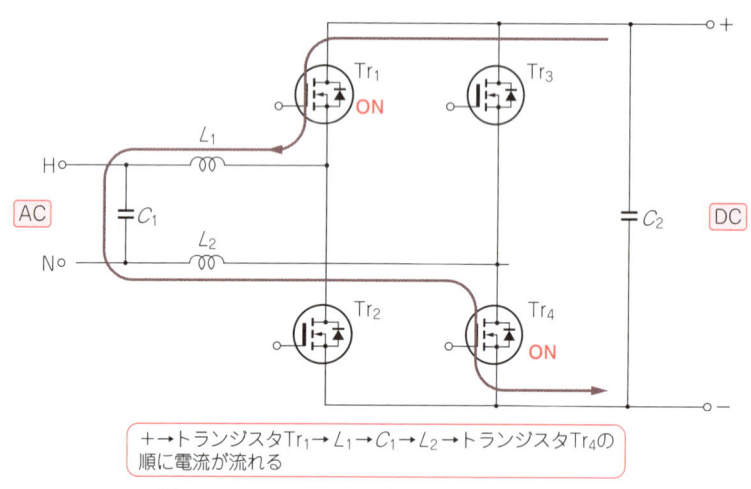

(a)トランジスタTr_1とTr_4がONしたときの電流の流れ

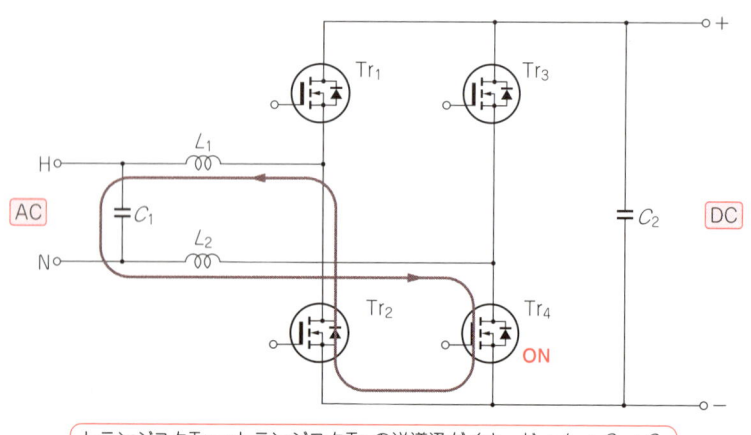

(b)トランジスタTr_1がOFF,Tr_4がONしたときの電流の流れ

図1-5 ブリッジ式DC-ACインバータ電流の流れ

① 仕様を決める

回路設計をするためには設計に必要な仕様を決めます．必要な項目は交流電圧，交流電力，交流電流，直流電圧，直流電流，交流リプル電圧，直流リプル電圧，スイッチング周波数，チョーク・コイルの最大リプル電流率が必要です．

これらのなかで，交流リプル電圧，直流リプル電圧，スイッチング周波数，チョーク・コイルの最大リプル電流は，入出力特性とは直接関わりありませんが，回路設計には必要な項目です．

② チョーク・コイルの最大リプル電流率を決める

チョーク・コイルの最大リプル電流率を経験的に決めます．一般的なDC-ACインバータの場合には交流電流の0.2～0.4程度に設定しますが，双方向コンバータの場合は安定性を考慮してリプル電流を小さく設定します．ここでは，交流電流の0.2に設定することにします．

③ チョーク・コイルのインダクタンスを求める

最大リプル電流率からチョーク・コイルを流れるリプル電流が決まると，チョーク・コイルのインダクタンスを求めることができます．

④ 交流コンデンサの容量とリプル電流を求める

仕様で決めたリプル電圧から交流コンデンサの容量を求めます．また，コンデンサを流れる電流からリプル電流を計算します．

⑤ 直流コンデンサの容量とリプル電流を求める

仕様で決めたリプル電圧から直流コンデンサの容量を求めます．また，コンデンサを流れる電流からリプル電流を計算します．

⑥ トランジスタに印加する電圧とピーク電流を求める

トランジスタは最大定格を超えると破損する恐れがあります．そのため，トランジスタに印加する最大電圧とピーク電流を求める必要があります．

⑦ 求めた電圧/電流に余裕率を乗じて，電圧/電流定格を求める

⑧ 求めた部品の電圧/電流定格から部品を選定する

● 実験回路の仕様を決める

ここでは，300 VAの双方向コンバータの実験を行います．交流電源電圧はAC 100 Vとします．双方向コンバータの実験では系統に電流を流し出すことができないので，AC電源と抵抗負荷を接続して系統を模擬して行います．そのため，実験しやすいように小容量の実験回路としています．

表1-1に設計仕様を示します．この仕様には，一般的な仕様では規定されないが設計のために必要な項目として，ACフィルタ・コンデンサの最大リプル電圧率，ACフィルタ・チョーク・コイルの最大リプル電流率，直流リプル電圧率などが含まれています．

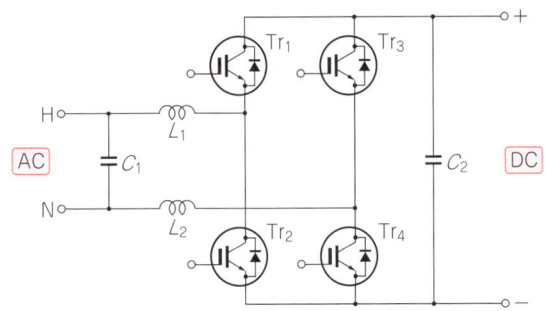

図1-6 ブリッジ・インバータ回路

表1-1 双方向コンバータの設計仕様

番号	項目	仕様	備考
1	定格交流電圧	AC 100 V	
2	交流電圧変動範囲	AC 100 V ± 10 %	
3	定格交流入出力電力	300 VA	
4	定格交流入出力電流	AC 3 A	
5	ACフィルタ・コンデンサ最大リプル電圧率	2 %p-p	
6	ACフィルタ・チョーク・コイル最大リプル電流率	20 %p-p	
7	交流電流波形歪率	5 %	THD
8	自立運転時交流出力電力	300 VA	
9	自立運転時交流出力電流	AC 3 A	
10	自立運転時交流電圧安定度	AC 100 V ± 3 %	
11	自立運転時交流電圧歪率	5 %以内	THD
12	定格直流電圧	DC 180 V	
13	直流電圧変動範囲	DC 180 V ± 20 V	
14	定格直流入出力電流	DC 1.67 A	
15	定格直流入出力電力	300 W	
16	直流リプル電圧率	5 %Vp-p	商用周波数成分
17	スイッチング周波数	20 kHz	

● PWM波形生成方式検討する

トランジスタTr_1からTr_4に与えるPWMパルス，およびトランジスタのスイッチング波形を図1-7に示します．

トランジスタTr_1とTr_4，またはTr_2とTr_3がONしたとき，トランジスタは直流と交流間で電流が流れます．そのため，スイッチング周波数は20 kHzですが，スイッチング出力電圧波形は2倍の周波数の40 kHzになります．したがって，回路定数は40 kHz（周期25 μs）を適用して求めることにします．

パワー回路の設計計算例

ここでは，図1-6に示したブリッジ・インバータ回路の部品の定数を決めるために必要な電圧/電流，および定数を求めていきます．

● 交流LCフィルタのL値とC値を計算で求める

交流のLCフィルタのチョーク・コイルを流れる電流の最大リプル電流率をK_{IR}とすると，最大リプル電流は式(1)になります．

$$\Delta I_{Lmax} = K_{IR} I_{iRMS} = 0.2 \times 3$$
$$= 0.6 \text{ [A}_{p-p}\text{]} \cdots\cdots\cdots\cdots\cdots (1)$$

チョーク・コイルのインダクタンスは，最大リプル電流を適用して式(2)で求められます．なお，T_Sはスイッチング周期，V_{DC}は直流電圧になります．

$$L = \frac{T_S V_{DC}}{4 \Delta I_{Lmax}} = \frac{25 \times 10^{-6} \times 180}{4 \times 0.6}$$
$$= 1875 \text{ [}\mu\text{H]} \cdots\cdots\cdots\cdots\cdots (2)$$

交流コンデンサC_1はフィルム・コンデンサを使用し，最大リプル電圧率K_{VR}とすると，最大リプル電圧は式(3)となります．

$$\Delta V_{ACmax} = K_{VR} V_{ACRMS} = 0.02 \times 100$$
$$= 2 \cdots\cdots\cdots\cdots\cdots\cdots (3)$$

交流コンデンサの容量は，最大リプル電圧を適用して式(4)で求められます．フィルム・コンデンサの場合は内部インピーダンスを無視した式を適用します．なお，ここで使用した最大リプル電圧は自立運転における出力電圧に含まれる最大リプル電圧と見なすことができます．したがって，交流電圧に最大2 V_{p-p}のリプル電圧が発生することになります．

$$C_1 = \frac{T_S^2 V_{DC}}{32 L \Delta V_{ACmax}} = \frac{(25 \times 10^{-6})^2 \times 180}{32 \times 1.875 \times 10^{-3} \times 2}$$
$$= 0.94 \text{ [}\mu\text{F]} \cdots\cdots\cdots\cdots\cdots (4)$$

また，交流コンデンサに流れるリプル電流は式(5)となり，この式に値を代入すると式(6)のリプル電流が得られます．この式中のI_{CRMS}は，交流電源電圧をコンデンサC_1の交流電源周波数のインピーダンスで割り算した進み電流になり，式(7)で表すことができます．

$$I_{CACRMS} = \sqrt{\frac{4}{3}(K_{IR} I_{outRMS})^2 K_D^2 \left(\frac{1}{2} - \frac{8}{3\pi} K_D + \frac{4}{3} K_D^2\right)} + I_{CRMS}$$
$$\cdots\cdots\cdots\cdots\cdots (5)$$

$$I_{CACRMS} = \sqrt{\frac{4}{3}(0.2 \times 3)^2 \times 0.7857^2 \times \left(\frac{1}{2} - \frac{8}{3\pi} \times 0.7857 + \frac{4}{3} \times 0.7857^2\right) + 0.0295^2}$$
$$= 0.297 \text{ [A]} \cdots\cdots\cdots\cdots\cdots (6)$$

$$I_{CRMS} = \frac{V_{outRMS}}{Z_C} 2\pi f_{out} C_{out} V_{outRMS}$$
$$= 2\pi \times 50 \times 0.94 \times 10^{-6} \times 100$$
$$= 0.0295 \text{ [A]} \cdots\cdots\cdots\cdots\cdots (7)$$

なお，K_Dは交流電源電圧のピーク値と直流電圧の比になり，式(8)で与えられます．

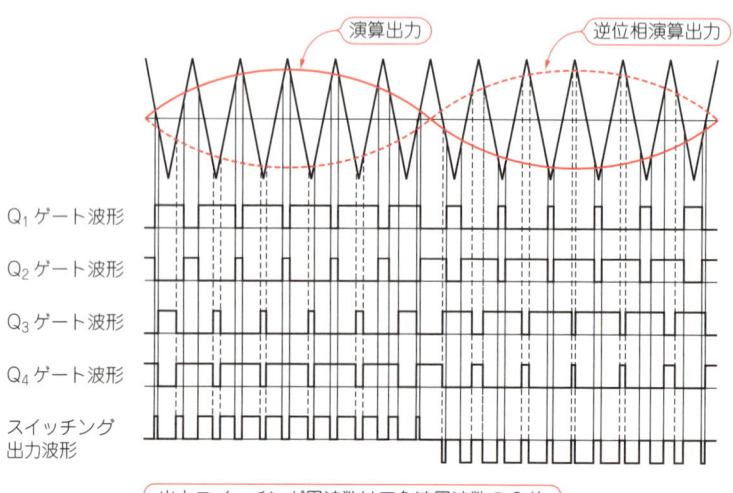

図1-7　ブリッジ・インバータのPWMパルス生成法

$$K_D = \frac{\sqrt{2}\, V_{ACRMS}}{V_{DC}} = \frac{\sqrt{2} \times 100}{180}$$
$$= 0.7857 \cdots\cdots\cdots\cdots\cdots\cdots\cdots (8)$$

● **直流コンデンサの容量を計算で求める**

　直流コンデンサは，交流電源周波数成分のリプル電圧が仕様を満足する値に設定します．

　直流コンデンサのリプル電圧には，スイッチングによるリプル電流で発生するリプル電圧と，交流電源の周波数による充放電で発生するリプル電圧が生じますが，スイッチング周波数のリプル電圧は小さいので無視することにします．

　その結果，直流リプル電圧は式(9)で与えられますので，仕様に示すリプル電圧5％V$_{p-p}$を適用すると式(10)となります．なお，I_{DC}は直流電流，f_{out}は交流電源周波数，ΔV_{DC}は直流リプル電圧になります．

$$\Delta V_{DC} = \frac{I_{DC}}{2 f_{out} C_2} \cdots\cdots\cdots\cdots\cdots\cdots (9)$$

$$C_2 = \frac{I_{DC}}{2\pi f_{out} \Delta V_{DC}} = \frac{1.67}{2\pi \times 50 \times 9}$$
$$= 589\ [\mu F] \cdots\cdots\cdots\cdots\cdots\cdots (10)$$

　また，この直流コンデンサC_2に流れるリプル電流は式(11)で求められます．

$$I_{CDCRMS} = \sqrt{\left(\frac{8}{3\pi} - \frac{K_D}{2}\right) K_D}\ I_{ACRMS} \cdots\cdots (11)$$

したがって，式(7)にK_Dと交流電流I_{ACRMS}を代入すると，式(12)に示すリプル電流が得られます．このリプル電流が許容できるコンデンサを選定する必要があります．

$$I_{CDCRMS} = \sqrt{\left(\frac{8}{3\pi} - \frac{0.7857}{2}\right) \times 0.7857}\ \times 3$$
$$= 1.796 \cdots\cdots\cdots\cdots\cdots\cdots\cdots (12)$$

● **トランジスタの定格を決める**

　トランジスタは印加する電圧とピーク電流を求め余裕率を乗じて電圧定格と電流定格とします．トランジスタに印加する電圧は直流電圧の最大値になりますので，式(13)のように求められます．

$$V_{Qmax} = V_{DCmax} = 180 + 20$$
$$= 200\ [V] \cdots\cdots\cdots\cdots\cdots\cdots (13)$$

通電電流のピーク値は交流電流にリプル電流を加えた値になり，この値は式(14)で与えられます．

$$I_{Qmax} = \left(\sqrt{2} + 2K_{IR} K_D \left(1 - \frac{K_D}{2}\right)\right) I_{outRMS} \cdots\cdots (14)$$

なお，K_Dは式(8)で求めた値であり，これと交流電流を適用して求めると式(15)となります．

$$I_{Qmax} = \left(\sqrt{2} + 2 \times 0.2 \times 0.7857 \left(1 - \frac{0.7857}{2}\right)\right) \times 3$$
$$= 4.82\ [A] \cdots\cdots\cdots\cdots\cdots\cdots (15)$$

● **計算結果のまとめ**

　今まで計算で求めた結果をまとめると，**表1-2**のようになります．

● **パワー回路部品の定格を決定する**

　前項で各部の電圧／電流が求められたので，**表1-3**に示す余裕率を乗じて部品定格を決めます．

　ただし，チョーク・コイルには直流電圧と交流電圧の差の電圧が印加するため，直流電圧が高いほうがリプル電流は大きくなりますが，200Vまで直流電圧が上昇するとパルス幅も狭くなるので，トランジスタのピーク電流はほとんど変わらないため，定格電圧でのピーク電流を適用しています．

● **パワー回路の部品を選定する**

　双方向コンバータ回路に使用する部品の定格が決まりましたので，部品選定を行います．

▶**交流コンデンサはフィルム・コンデンサを選定する**

　交流コンデンサはパナソニックのフィルム・コンデンサから選定すると，形名がECWF6105Lのフィルム・コンデンサが選定できます．このコンデンサは630 V$_{DC}$ですが，AC 223 Vまでの交流電圧回路に使

表1-2　計算結果のまとめ

番号	項　目	計算結果
1	チョーク・コイルの最大リプル電流	0.6 A
2	チョーク・コイルのインダクタンス	1875 μH
3	チョーク・コイルの通電電流	3 A
3	交流コンデンサの最大リプル電圧	2 V
4	交流コンデンサの容量	0.94 μF
5	交流コンデンサのリプル電流	0.301 A
6	直流コンデンサのリプル電圧	12.6 Vp-p
7	直流コンデンサの容量	737 μF
8	直流コンデンサのリプル電流	1.796 A
9	トランジスタの最大印加電圧	200 V
10	トランジスタのピーク電流	4.82 A

表1-3　部品の余裕率

番号	項　目	余裕度
1	入力コンデンサの容量	110％リプル電流を満足
2	入力コンデンサの電圧	最大印加電圧の1ランク上
3	チョーク・コイルのインダクタンス	定格電流時100％
4	チョーク・コイルの電流	実効電流の100％
5	トランジスタの電圧	最大印加電圧の150％
6	トランジスタの電流	ピーク電流の200％
7	ダイオードの電圧	最大印加電圧の150％
8	ダイオードの電流	ピーク電流の200％
9	出力コンデンサの容量	リプル電圧／電流を満足
10	出力コンデンサの電圧	最大印加電圧の1ランク上

表1-4 計算で求めた各部品の定格

番号	項　　目	定　　格
1	交流コンデンサの容量	1 μF．許容リプル電流 0.3 A
2	交流コンデンサの電圧	AC 150 V
3	チョーク・コイルのインダクタンス	2 mH
4	チョーク・コイルの電流	3 A
5	トランジスタの電圧	300 V
6	トランジスタの電流	10 A
7	直流コンデンサの容量	680 μF．許容リプル電流 1.8 A
8	直流コンデンサの電圧	250 V_{DC}

表1-5 RJH60D1DPP-E0の絶対最大定格

項　号	記　号	仕　様	単位
コレクタ-エミッタ間電圧／ダイオード逆電圧	V_{CES}/V_R	600	V
ゲート-エミッタ間電圧	V_{GES}	±30	V
コレクタ電流	I_C	20	A
	I_C	10	A
ピーク・コレクタ電流	$i_{C(peak)}$*1	40	A
コレクタ-エミッタ間ダイオード順電流	i_{DF}	10	A
コレクタ-エミッタ間ダイオード・ピーク順電流	$i_{D(peak)}$*1	40	A
コレクタ損失	P_C*2	30	W
接合-ケース間熱抵抗（IGBT）	θ_{J-C}*2	4.1	℃/W
接合-ケース間熱抵抗（ダイオード）	θ_{J-Cd}*2	7.2	℃/W
接合温度	T_J	150	℃
保存温度	T_{stg}	−55 ～ +150	℃

＊1：パルス幅≦10 μs，デューティ≦1 %　　　　　　　　　　T_A = 25 ℃
＊2：T_C = 25 ℃での値

用できます．

▶直流コンデンサは電界コンデンサを選定する

　表1-4から680 μF/250 V_{DC}のコンデンサになりますので，日本ケミコンの爪型電解コンデンサKMQシリーズから680 μFを選択しますと，形名がEKMQ251VSN681MA25Sの電解コンデンサが選定できます．

　このコンデンサの許容リプル電流は1.7 Aですが，10 kHzの周波数補正係数1.45を掛けて2.5 Aとなります．実際に流れるリプル電流の計算値は1.8 Aになり，この電解コンデンサが使用できることがわかります．

▶スイッチング・トランジスタはIGBTを選定する

　この設計ではスイッチング・トランジスタとしてIGBTを選定します．トランジスタの印加電圧は300 Vですが，IGBTは600 Vが量産されているため，600 Vから選定することにします．

　ルネサス・エレクトロニクスのIGBTから10 Aを選定すると，RJH60D1DPP-E0となります．この絶対最大定格を表1-5に，その他の電気的な特性を表1-6に示します．

▶チョーク・コイルを新規に設計する

　チョーク・コイルは設計で求めたインダクタンスの標準品があれば使用できますが，適当なものがなかったので，既存製品を参考にして設計を行うことにしました．ここでは，東邦亜鉛のHKBSコアを使用した設計結果のみ表1-7に示します．なお，必要なインダクタンスと電流は表1-7に示すように2 mH/3 Aとなります．

　なお，巻き線は1個のコアに2回路巻いた構造とします．したがって，1回路のインダクタンスは1/4の500 μHになります．

設計結果を評価するためにパワー回路の変換効率を推定する

　双方向コンバータの部品が決まりましたので，部品の損失を求めて変換効率を推定することにします．損失が発生する部品はトランジスタとチョーク・コイルになります．チョーク・コイルについては前項で求めた表1-6に結果を示していますので，残りはトランジスタのスイッチング損失を求めることにします．

● トランジスタの損失を計算する

　トランジスタの損失は図1-7のパルス発生方法から図1-8のように，ターンON損失，ターンOFF損失，ON損失と逆導通ダイオードの損失の合計となります．また，ON損失は図1-8のように3分割して，それぞ

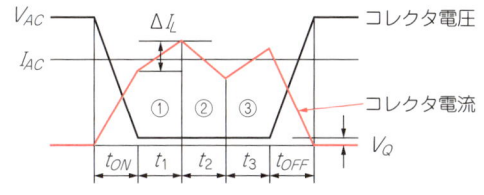
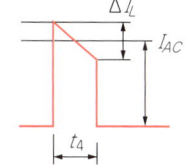

(a) トランジスタの損失構成　　　　（b）逆導通ダイオードを流れる電流

図1-8　トランジスタの損失構成と逆導通ダイオードを流れる電流

表1-6　RJH60D1DPP-E0の電気的な特性

項目	記号	min	typ	max	単位	条件
コレクタ-エミッタ間ブレークダウン電圧	$V_{BR(CES)}$	600	–	–	V	$I_C = 10\ \mu A,\ V_{GE} = 0$
ゼロ・ゲート電圧時コレクタ電流/ダイオード逆電流	I_{CES}/I_R	–	–	5	μA	$V_{CE} = 600\ V,\ V_{GE} = 0$
ゲート-エミッタ間リーク電流	I_{GES}	–	–	±1	μA	$V_{GE} = \pm 30\ V,\ V_{CE} = 0$
ゲート-エミッタ間カットオフ電圧	$V_{GE(OFF)}$	4.0	–	6.0	V	$V_{CE} = 10\ V,\ I_C = 1\ mA$
コレクタ-エミッタ間飽和電圧	$V_{CE(sat)}$	–	1.9	2.5	V	$I_C = 10\ A,\ V_{GE} = 15\ V$ *1
	$V_{CE(sat)}$	–	2.6	–	V	$I_C = 20\ A,\ V_{GE} = 15\ V$ *1
入力容量	C_{ies}	–	275	–	pF	$V_{CE} = 25\ V$
出力容量	C_{oes}	–	25	–	pF	$V_{GE} = 0$
帰還容量	C_{res}	–	8	–	pF	$f = 1\ MHz$
総ゲート電荷	Q_G	–	13	–	nC	$V_{GE} = 15\ V$
ゲート-エミッタ間電荷	Q_{GE}	–	3	–	nC	$V_{CE} = 300\ V$
ゲート-コレクタ間電荷	Q_{GC}	–	5	–	nC	$I_C = 10\ A$
ターンオン遅延時間	$t_{D(ON)}$	–	30	–	ns	
立ち上がり時間	t_R	–	13	–	ns	$V_{CC} = 300\ V$
ターンオフ遅延時間	$t_{D(OFF)}$	–	42	–	ns	$V_{GE} = 15\ V$
立ち下がり時間	t_F	–	75	–	ns	$I_C = 10\ A$
ターンオン・エネルギー	E_{ON}	–	0.10	–	mJ	$R_G = 5\ \Omega$
ターンオフ・エネルギー	E_{OFF}	–	0.13	–	mJ	（誘導負荷）
総スイッチング・エネルギー	E_{total}	–	0.23	–	mJ	
耐短絡時間	t_{SC}	3.0	5.0	–	μs	$V_{GE} \leq 360\ V,\ V_{GE} = 15\ V$
FRD順電圧	V_F	–	1.4	1.9	V	$I_F = 10\ A$ *1
FRD逆回復時間	t_{rr}	–	70	–	ns	$I_F = 10\ A$
FRD逆回復電荷	Q_{rr}	–	0.11	–	μC	$di_F/dt = 100\ A/\mu s$
FRD逆回復ピーク電流	I_{rr}	–	3.5	–	A	

＊1：パルス・テスト

表1-7　チョーク・コイルの設計結果

番号	項目	設計値
1	チョーク・コイルの仕様	2 mH 3 A
2	コア材質	HKBS-24D
3	使用電線径	1.0 mmφ
4	巻き数	65T 2回路
5	巻き線抵抗（75℃換算，表皮効果考慮）	0.3Ω
6	巻線損失	2.70 W
7	平均磁束密度	32 mT
8	コア損失	0.85 W
9	全損失	3.55 W

表1-8　トランジスタの損失計算に必要なパラメータ

番号	項目	値
1	トランジスタのターンON時間 t_{ON}	20 ns
2	トランジスタのターンOFF時間 t_{OFF}	160 ns
3	トランジスタの飽和電圧 V_Q	1.1 V
4	トランジスタ等価抵抗 r_Q	0.12Ω
5	逆導通ダイオードの飽和電圧 V_D	0.8 V
6	逆導通ダイオードの等価抵抗 r_D	0.08Ω

れ求めることが必要になります．

　今回の実験ではIGBTを使用しているので，トランジスタのON損失は図1-4のように，飽和電圧による電力損失と等価抵抗に電流が流れたことによる損失と

の和による近似法を用いた損失計算としています．なお，ターンON時の逆導通ダイオードのリバース・リカバリ電流とターンOFF時のサージ電圧は含めていません．

　トランジスタの損失計算のために必要なパラメータは表1-8を適用します．そこで，トランジスタの飽和

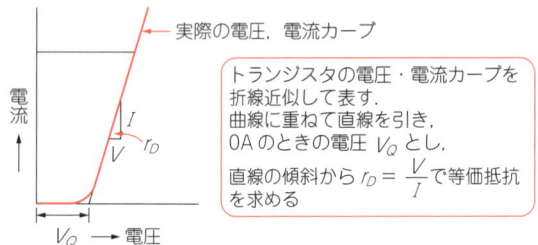

図1-9　トランジスタのON損失の近似法

電圧はデータシートから0A時の電圧降下を求め，等価抵抗は定格電流のピーク値における電圧から0Aの電圧降下を引き算し，求めた値をピーク電流で割り算しています．なお，定格電流のピーク値は**表1-1**における定格交流電流の$\sqrt{2}$倍した値になります．

トランジスタのターンON損失は式(16)により求められます．

$$P_{Qton} = \frac{t_{on}V_{DC}I_{ACRMS}}{6T_S} \times \left(\frac{\sqrt{2}}{\pi} - 2K_{IR}K_D\left(\frac{1}{\pi} - \frac{K_D}{4}\right)\right) \cdots\cdots (16)$$

式(16)において，V_{DC}とI_{ACRMS}は**表1-1**の定格直流電圧と定格交流電流であり，K_{IR}は**表1-1**の「番号7」に示すチョーク・コイルの最大電流リプル率であり，K_Dは式(8)で求めた入出力電圧比になります．式(16)に**表1-1**と**表1-7**の値を代入してターンON損失を求めると，式(17)となります．

$$P_{Qton} = \frac{20 \times 10^{-9} \times 180 \times 3}{6 \times 25 \times 10^{-6}} \times$$
$$\left(\frac{\sqrt{2}}{\pi} - 2 \times 0.2 \times 0.7857\left(\frac{1}{\pi} - \frac{0.7857}{4}\right)\right)$$
$$= 0.032 \text{ [W]} \cdots\cdots\cdots\cdots\cdots\cdots (17)$$

トランジスタのターンOFF損失は式(18)で求められます．

$$P_{Qtoff} = \frac{t_{off}V_{DC}I_{ACRMS}}{6T_S} \times$$
$$\left(\frac{\sqrt{2}}{\pi} - 2K_{IR}K_D\left(\frac{1}{\pi} - \frac{K_D}{4}\right)\right) \cdots\cdots (18)$$

式(18)はトランジスタのターンOFF時の電力損失計算式です．この式に**表1-1**および**表1-7**の値を代入してターンOFF損失を求めると，式(19)になります．

$$P_{Qton} = \frac{160 \times 10^{-9} \times 180 \times 3}{6 \times 25 \times 10^{-6}} \times$$
$$\left(\frac{\sqrt{2}}{\pi} + 2 \times 0.2 \times 0.7857\left(\frac{1}{\pi} - \frac{0.7857}{4}\right)\right)$$
$$= 0.259 \text{ [W]}$$
$$\cdots\cdots\cdots\cdots\cdots\cdots\cdots\cdots\cdots\cdots (19)$$

トランジスタのON損失は**図1-8**のように3分割して求めます．**図1-8**の①と③は同じで，Tr_1とTr_4またはTr_2とTr_3がONして交流電源と直流電源間で電流が流れたときの電力損失になります（**図1-9**）．②は，Tr_1またはTr_2，およびTr_3またはTr_4のトランジスタがONして，交流電源と内部間でチョーク・コイルを介して電流が循環しているときの電力損失になります．

①と③のときの電力損失は式(20)で与えられます．この式に**表1-1**と**表1-7**の値を適用して損失を求めると，式(21)となります．

$$P_{Q1} = P_{Q3} = \frac{\sqrt{2}}{\pi}K_D V_Q I_{ACRMS} + \frac{4}{3\pi}K_D r_Q I_{ACRMS}^2$$
$$\cdots\cdots\cdots\cdots\cdots\cdots (20)$$

$$P_{Q1} = P_{Q3} = \frac{\sqrt{2}}{\pi} \times 0.7857 \times 1.1 \times 3 + \frac{4}{3\pi} \times 0.7857$$
$$\times 0.12 \times 3^2$$
$$= 1.277 \text{ [W]} \cdots\cdots\cdots\cdots\cdots\cdots (21)$$

②の電力損失は式(22)で与えられます．この式に**表1-1**と**表1-7**の値を代入して求めると，式(23)の電力損失が求められます．

$$P_{Q2} = \frac{\sqrt{2}}{2}\left(\frac{1}{\pi} - \frac{K_D}{4}\right)V_Q I_{ACRMS}$$
$$+ \left(\frac{1}{4} - \frac{2}{3\pi}K_D\right)r_Q I_{ACRMS}^2 \cdots\cdots (22)$$

$$P_{Q2} = \frac{\sqrt{2}}{2}\left(\frac{1}{\pi} - \frac{0.7857}{4}\right) \times 1.1 \times 3$$
$$+ \left(\frac{1}{4} - \frac{2}{3\pi} \times 0.7857\right) \times 0.12 \times 3^2$$
$$= 0.374 \text{ [W]} \cdots\cdots\cdots\cdots\cdots\cdots (23)$$

次に，逆導通ダイオードを流れる電流を求めます．電流は**図1-8**の②と同じですが，トランジスタではなく逆導通ダイオードを流れるので，式(24)になります．この式に**表1-7**の逆導通ダイオードの値を適用して求

表1-9　実験回路の電力損失計算結果

番号	項　　目	電力損失
1	トランジスタの損失	$(1.277 \times 2 + 0.374) \times 4 = 11.7$ W
2	トランジスタの逆導通ダイオードの損失	$0.267 \times 4 = 1.1$ W
2	チョーク・コイルの損失	3.55 W
3	コモンモード・チョーク・コイルの損失	0.63 W
4	合計	16.35 W
5	変換効率	94.80 %

めると，式(25)の損失が得られます．

$$P_D = \frac{\sqrt{2}}{2}\left(\frac{1}{2} - \frac{K_D}{4}\right)V_D I_{ACRMS}$$
$$+ \left(\frac{1}{4} - \frac{2}{3\pi}K_D\right)V_D I_{ACRMS} \cdots\cdots (24)$$

$$P_D = \frac{\sqrt{2}}{2}\left(\frac{1}{2} - \frac{0.7857}{4}\right) \times 0.08 \times 3$$
$$+ \left(\frac{1}{4} - \frac{2}{3\pi} \times 0.7857\right) \times 0.08 \times 3^2$$
$$= 0.2668 \, [W] \cdots\cdots (25)$$

トランジスタ全体の損失はこれらを足し算した値になるので，式(25)に示す結果が得られます．

以上の結果，トランジスタとチョーク・コイルの電力損失が求められました．これ以外に，コモンモード・チョーク・コイルとゲート駆動回路と制御回路の損失が含まれます．ゲート駆動回路と制御回路は回路構成により変わるので，ここでは含めないことにします．その結果，**表1-9**のように整理することができます．

パワー回路とマイコンとの接続回路の設計

ここでは，パワー回路とマイコンとを接続するため

表1-10 絶縁型電圧変換器の仕様（ACPL-C78A，アバゴ・テクノロジー）

番号	項目	記号	単位	仕様 min	仕様 typ	仕様 max	備考
1	入力オフセット電圧	V_{os}	mV	-9.9	-0.3	9.9	$T_A = 25℃$
2	ゲイン	G_0	V/V	0.995	1	1.005	$T_A = 25℃$
3		G_2	V/V	0.99	1	1.01	
4		G_3	V/V	0.97	1	1.03	
4	ゲインの温度変化	dG/dT_A	ppm/℃		-35		
5	非直線性	N_L	%		0.05	1	-40～+50℃
6	推奨入力電圧レンジ	V_{INR}	V		2		
7	最大入力電圧レンジ	FSR			2.46		
8	等価入力インピーダンス	R_{IN}	MΩ		1000		
9	入力側電源電圧	V_{DD1}	V	4.5		5.5	
10	出力コモンモード電圧	V_{OCM}	V		1.23		
11	出力電圧レンジ	V_{OUTR}	V		COM±1.23		
12	出力抵抗	R_{OUT}	Ω		36		
13	出力側電源電圧	V_{DD2}	V	3		5.5	
14	小信号帯域幅	f_{-3dB}	kHz	70	100		

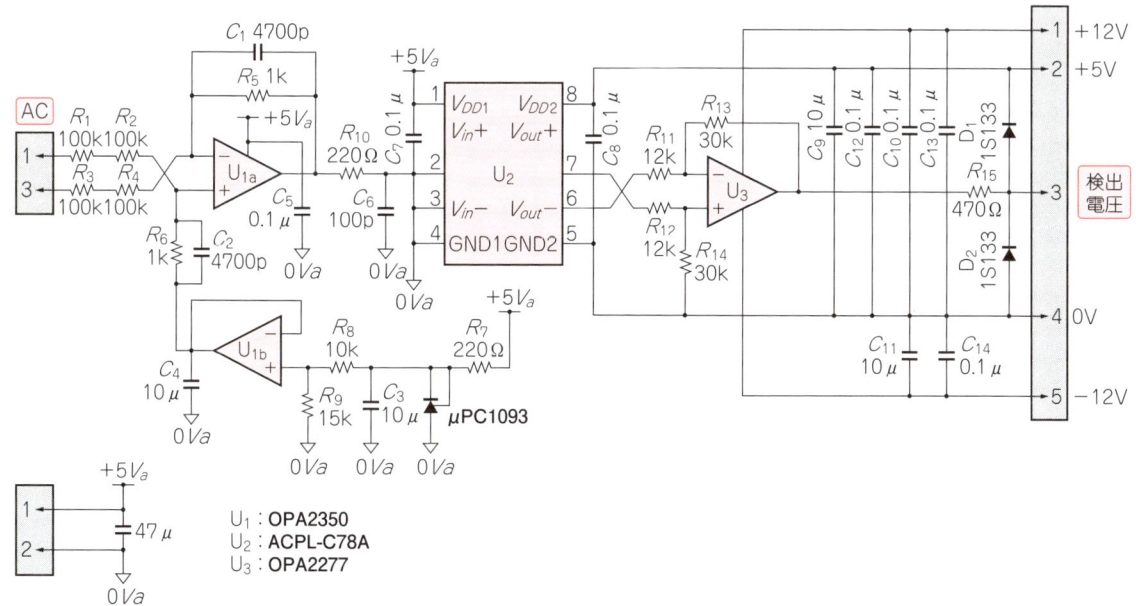

図1-10 交流電圧検出回路

の，交流電圧検出回路，交流電流検出回路，直流電圧検出回路，スイッチング・トランジスタ駆動回路について概要を説明します．

● **交流電圧検出は絶縁回路を使用する**

交流電圧は交流電圧に同期した正弦波電流基準を作成するためと，交流電圧と直流電圧の比を求めるために必要になります．これらの回路は交流回路と制御回路とは絶縁して取り込むことにします．そのため，アバゴのACPL-C78Aという絶縁型電圧変換器を使用します．この電圧変換器の仕様を**表1-10**に示します．また，交流電圧検出回路を**図1-10**に示します．

● **交流電流検出はホール素子を使用した絶縁型を使用する**

交流電流は電流制御のために必要です．交流電流は，LEMのホール素子を使用した電流センサを使用します(**図1-11**)．

この電流センサの仕様を**表1-11**に示します．この電流センサはマイコンに取り込みやすいように，2.5 Vを中心にして交流電流を電圧変換しています．

● **直流電圧検出回路も交流と同様に絶縁して取り込む**

直流電圧検出は，直流電圧制御で必要になります．直流電圧検出回路を**図1-12**に示します．

● **スイッチング・トランジスタの駆動回路を設計する**

スイッチング・トランジスタとしてIGBTを使用す

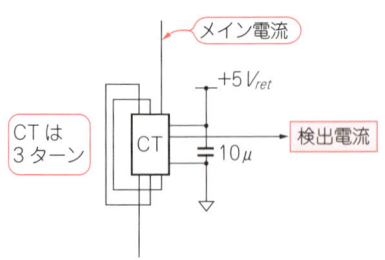

図1-11 交流電流検出回路

表1-11 電流センサの仕様

番号	項目	記号	単位	仕様	備考
1	1次定格電流	I_{PN}	At	6	
2	1次電流測定範囲	I_{PM}	At	± 19.2	
3	出力電圧	V_{out}	V	$2.5 ± 0.625 I_P/I_{PM}$	
4	1次巻き数			1～3	
4	電源電圧	V_C	V	5	
5	内部電圧変換抵抗精度		%	± 0.5	
6	電流変換精度		%	± 0.7	
7	非直線誤差		%	0.1 %以下	
8	温度係数	TC_{Vout}	ppm/K	80 typ	$I_P = 0$, $-10 ～ +85$ ℃
9	90 %応答時間	t_r	ns	400	
10	帯域幅	B_W	kHz	200	

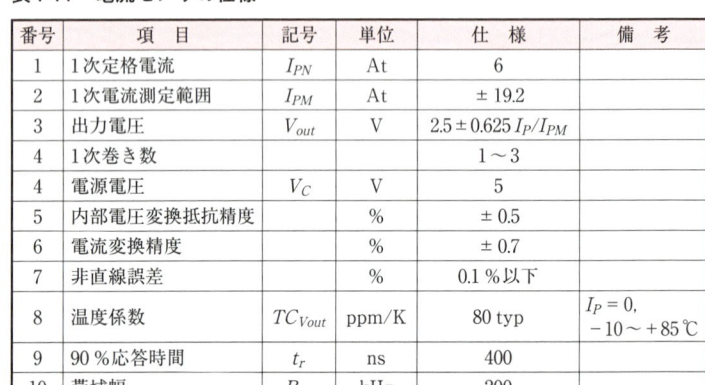

U₁：ACPL-C78A
U₂：OPA2277

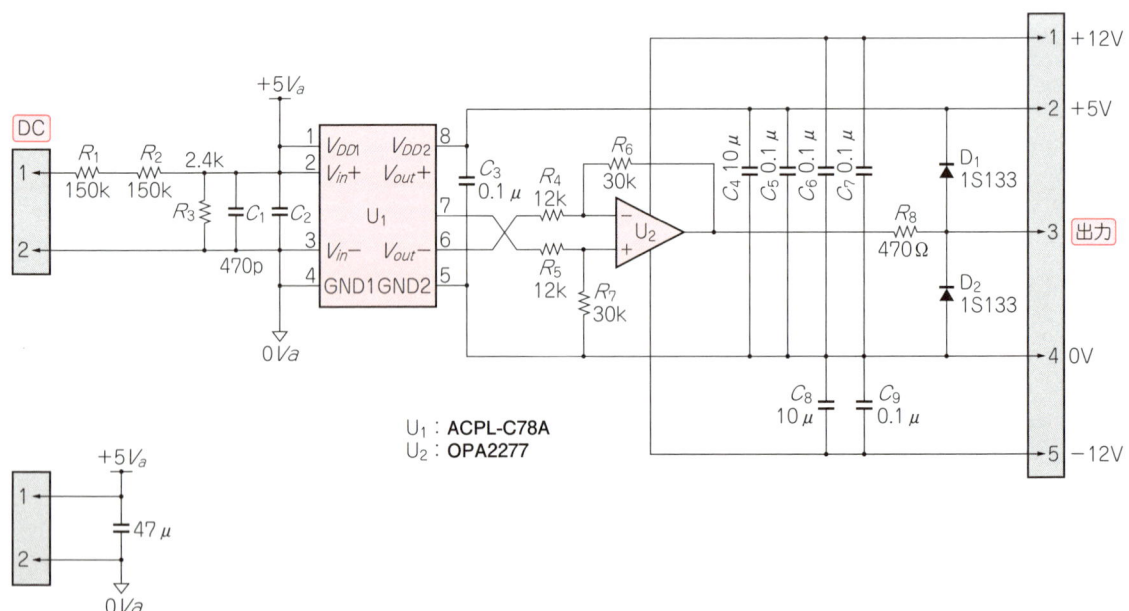

図1-12 直流電圧検出回路

ると，メーカによっては逆バイアスが必要になる場合があります．その場合には図1-13のように個別電源により逆バイアスを掛ける必要があります．この場合は3回路の独立した電源が必要になります．

今回使用するルネサス エレクトロニクスのIGBT（RJH60D1DPP-E0）の場合は逆バイアスが必要ないので，図1-14に示すブートストラップ回路が使用できます．

この回路で使用する駆動素子は，ルネサス エレクトロニクスのPS9505というスイッチング素子駆動用のフォトカプラになります．PS9505のおもな仕様を表1-12に示します．これは，100 kHz程度までのスイッチング回路に使用できます．また，dv/dt耐量が15 kV/μsあるので，200 Vの直流電源の場合，200/15 kV = 0.015 μs程度の高速スイッチングまで耐えられることになります．したがって，今回使用するIGBTの場合の20 nsで高速スイッチングしても問題ないといえます．

● 制御回路

この双方向コンバータは，ルネサス エレクトロニクスのRX62Gマイコンを使用して制御します（図1-15）．交流電圧，交流電流，直流電圧をA-D変換器に入力します．A-D変換器は，高精度の5Vを印加してA-D変換値の誤差が少なくなるようにしています．交流電流は電流制御に，直流電流は電圧制御に使用します．

交流電流制御では，交流電圧に同期させ電流位相も変えられるようにするため，マイコン内部で電流基準正弦波を生成します．ここでの同期制御は，ノイズがあっても同期が外れないようにするために，クロックをカウントする方式を適用しています．交流入力電圧と90°遅れた内部基準正弦波とを排他論理和により信号を生成してMTU3タイマに入力しています．

PWMパルスは，汎用PWMパルス・タイマGPTを使用して，図1-7に示したPWM波形が得られるようにGPT0とGPT1から相補モードで三角波モード3を

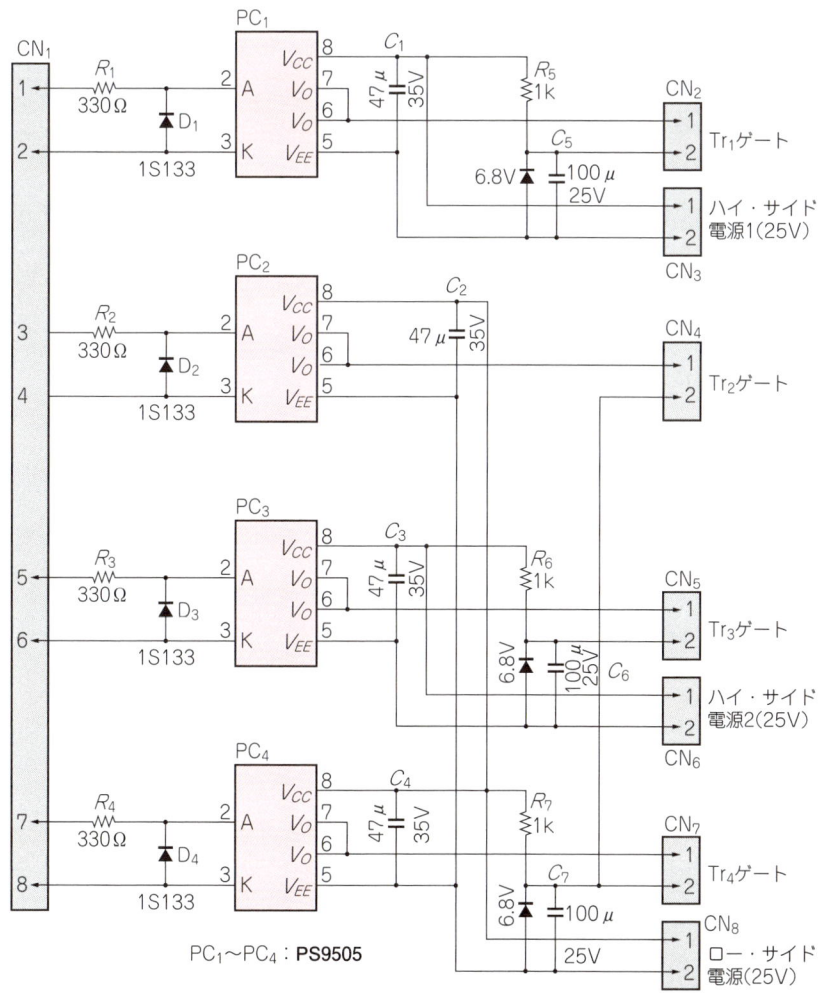

図1-13 逆バイアス付きIGBT駆動回路

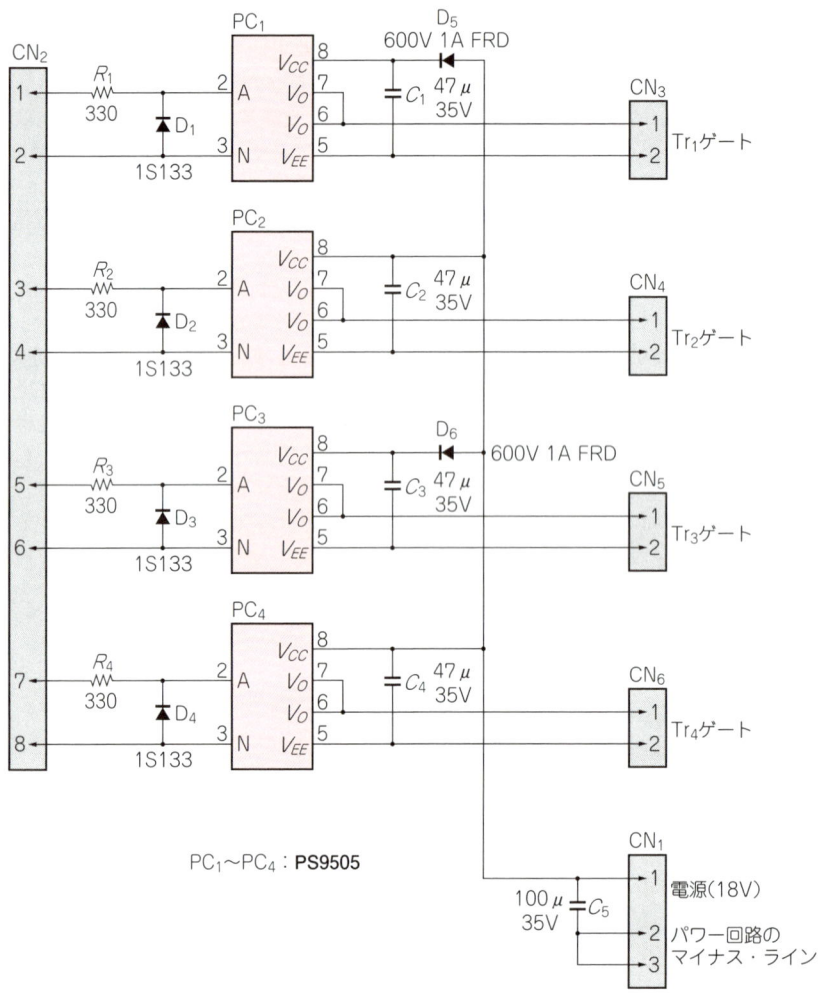

図1-14 ブートストラップ回路を用いた IGBT 駆動回路

表1-12 フォトカプラの仕様(PS9505，ルネサス・エレクトロニクス)

番号	項目	記号	単位	仕様	備考
1	直流順電流	I_F	mA	25	入力側
2	入力順電圧	V_F	V	1.56_{typ}	
3	過渡パルス順電流	I_{FPT}	A	1	
4	入力閾値電流	I_{FLH}	mA	5_{max}	
4	直流逆電圧	V_R	V	5	
5	出力ピーク電流	I_{OPH}/I_{OPL}	A	±2.5 A	出力側
6	電源電圧	V_{CC}	V	35_{max}	$T_A \leq 70℃$
7	動作周波数	f	kHz	50	
8	伝搬遅延時間	t_{pLH}/t_{pHL}	μs	0.18_{typ} 0.25_{max}	
9	瞬時同相除去電圧	C_{MH}/C_{ML}	kV/μs	25_{min}	
10	入力 ON 電流	$I_{F(ON)}$	mA	7_{min} 10_{std} 16_{max}	推奨値
11	入力 OFF 電圧	$V_{F(OFF)}$	V	0.8_{max}	推奨値
12	電源電圧	V_{CC}	V	15_{min} 30_{max}	推奨値

適用して出力しています．PWM 出力は配線が長くなってもノイズが入らないように，CMOS ドライバを使用して双方向に電流を流し，回路が解放しないようにしています．

全体の回路を**図1-16**に示します．

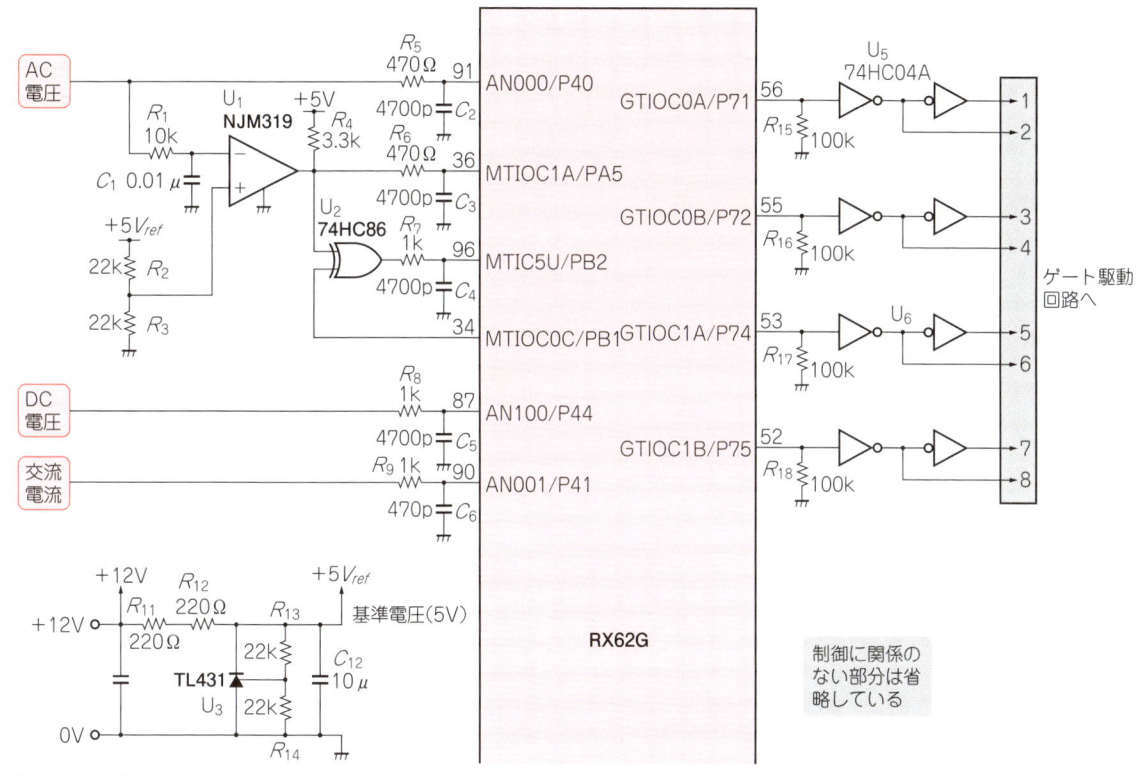

図1-15 制御部の回路

② 双方向コンバータの制御設計

　ここでは，系統連系が可能な双方向コンバータの制御方法について述べます．系統連系に必要な制御項目としては，系統との同期制御，直流電圧安定化制御，交流電流制御が考えられます．
　交流電流制御では，電流の向きが両方向にできる必要があります．それ以外に交流電流の過電流保護と直流電圧の過電圧保護が必要になります．これらの制御はルネサス・エレクトロニクスのマイコンRX62Gを使用して実現します．

双方向コンバータの制御法

　まず，双方向コンバータの制御の概要についてブロック図を用いて解説します．

● 双方向コンバータで使われる制御は2種類

　双方向コンバータでは，直流電圧を一定値に制御する直流電圧維持制御と交流電流制御があります．
　直流電圧維持制御では，直流電圧が設定値より上昇した場合は直流から交流へ電流を流し，直流電圧を下げるように制御します．逆に，直流電圧が設定値より低い場合は，交流から直流に電流を流して直流電圧を上げるように制御します．したがって，直流電圧維持制御では，交流電流の方向がどのようになるかは，直流電圧しだいということになります．
　一方，電流制御は外部からの電流指令に従って電流を流します．交流電源と同相の電流を流す場合は，交流から直流に向かって電流が流れ，交流電源と逆相の電流を流す場合は，直流から交流に向かって電流が流れることになります．この場合の直流電圧は一定に維持されないので，過電圧になることや不足電圧になることが予想されます．
　そのため，直流回路には，直流電圧が上限または下限の限界値に達した場合は，それ以上電圧が変化しないように電流値を制限する機能を備えておく必要があります．一般的には，このような使いかたをする場合は，電圧維持制御を備えた別のコンバータを接続しておくことによって直流電圧を一定値に保つことができます．
　また，電流制御では必ずしも力率が1である必要はありません．電流力率を変えて無効電流を含んだ制御を行うこともできます．

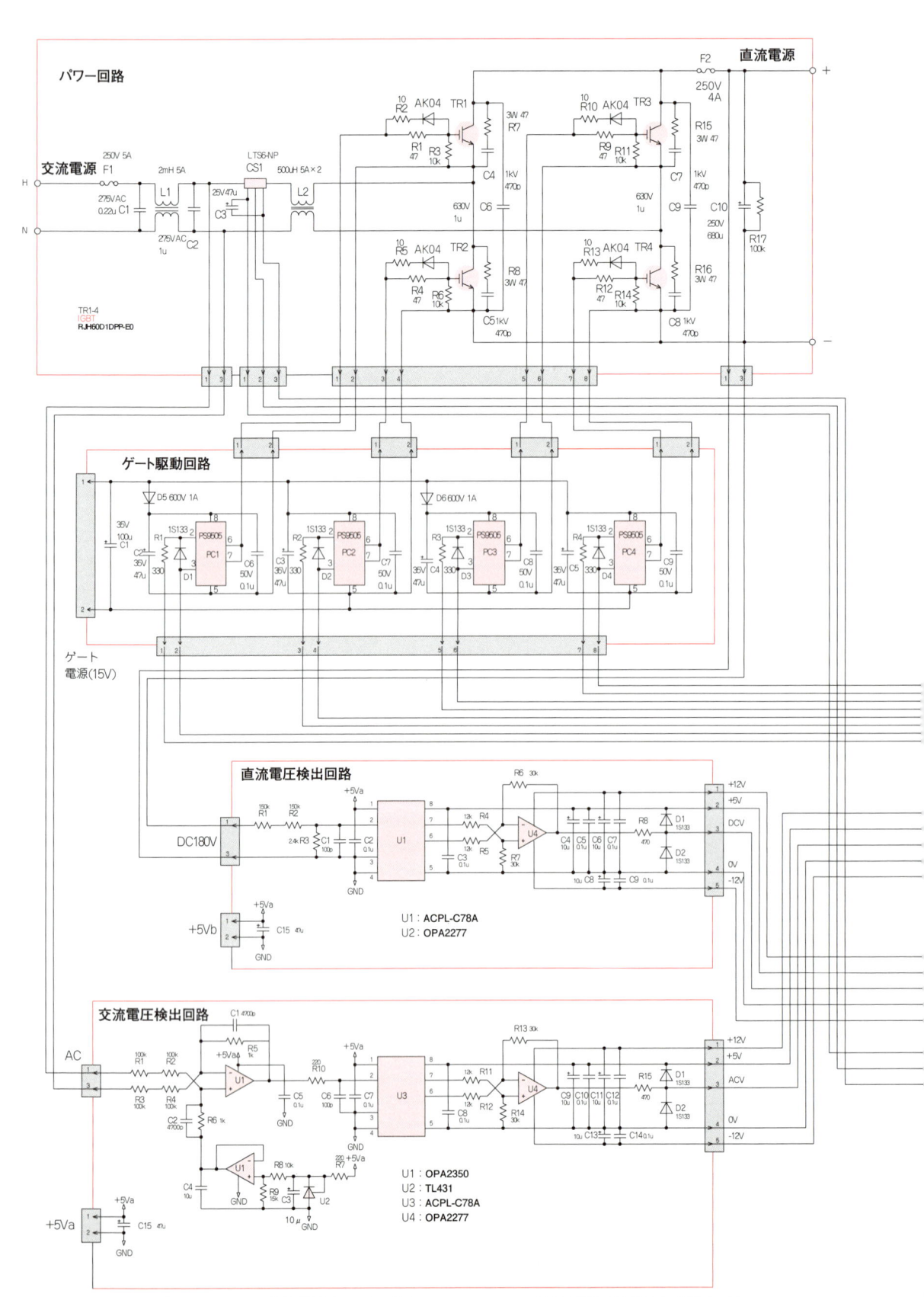

図1-16 300VA双方向コンバータの実験回路（ゲート電源，+5Va，+5Vb，補助電源は外部から供給する）

● 電流制御は交流電流を指令値に一致させる

　双方向コンバータの制御のなかで重要な部分を占める電流制御法について検討することにします．電流制御は，交流電流の大きさを電流指令に一致させるように制御する方法になります．そのためには，まず，交流電源に同期した基準正弦波を作成する必要があります．この基準正弦波に電流指令を掛け算して電流基準にします．

　あとは，この電流基準と実際の交流電流の差を求めて誤差演算して，演算結果をPWMパルスに変換してトランジスタを駆動します．電流の方向は電流指令値の極性を変えることで実現できます．この制御法のブロック図を図2-1に示します．

● 電流制御の安定化を得るためには

　回路を流れる交流電流は，交流電源電圧と内部PWMパルスで発生するインバータ電圧との差電圧を回路インピーダンスで割り算した値になります．

　一般に，系統の回路インピーダンスはあまり大きくないので，わずかなインバータ電圧の変化でも交流電流は大きく変化することが予想されます．そのため，わずかなPWMパルスの変化でも電流変動は大きくなります．

　そこで，交流電源電圧と一致するインバータ電圧に対応するPWMパルスを生成しておき，電流が流れたことにより発生する内部インピーダンスによる電圧変化ぶんを補償するように制御することによって，不必

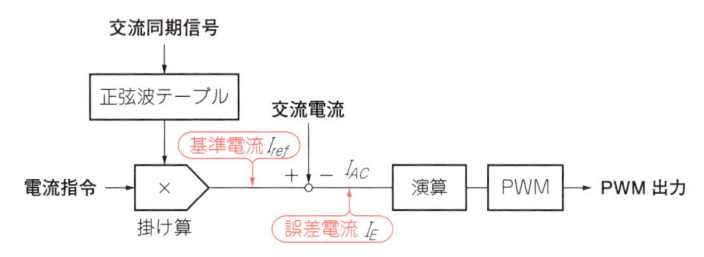

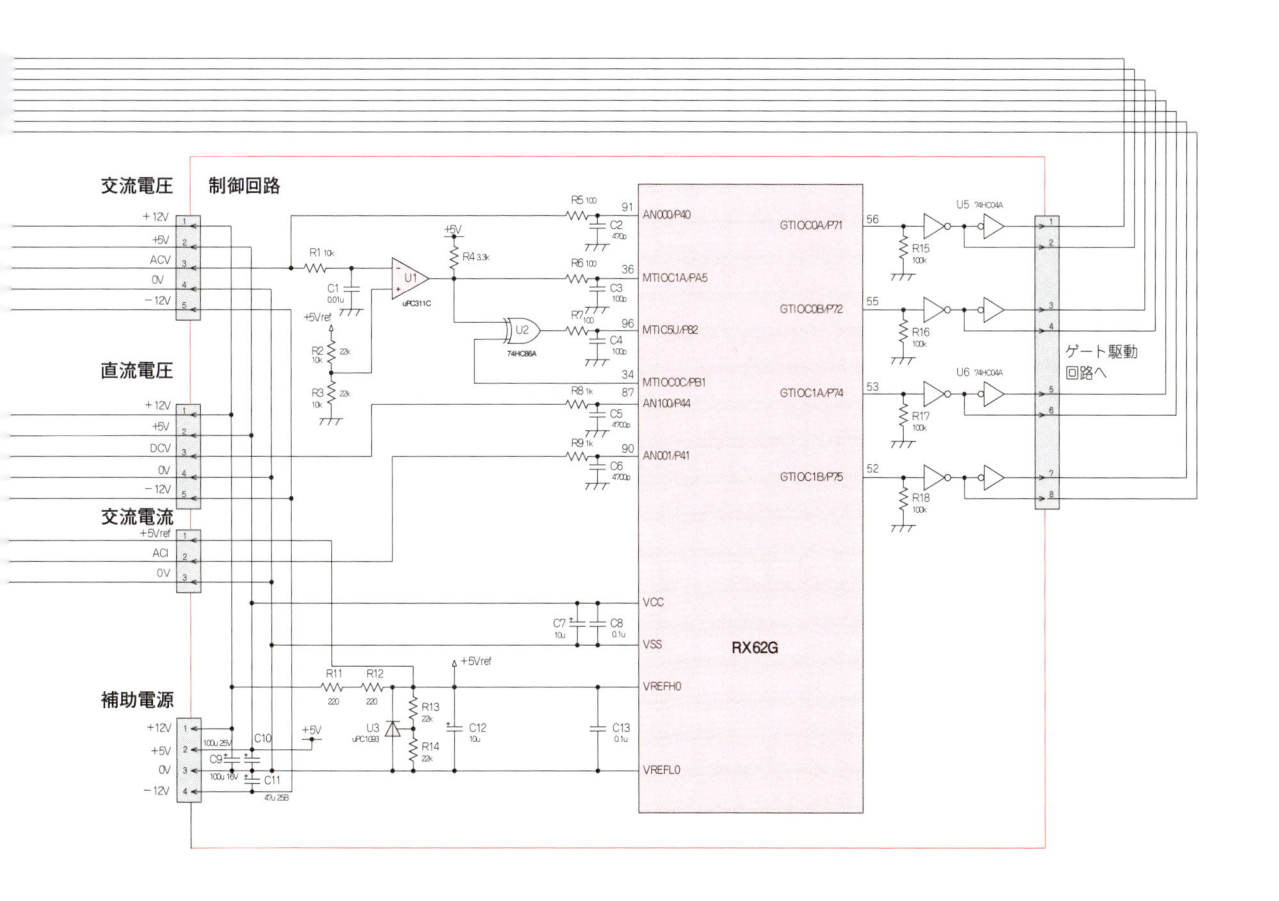

図2-1　電流制御のブロック図

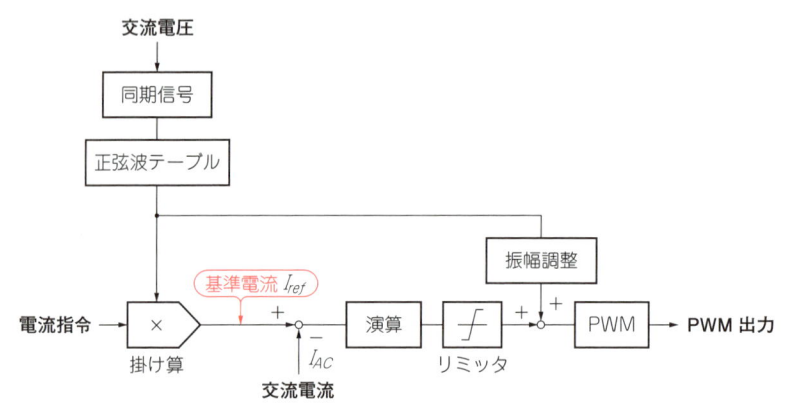

図2-2 実用的な電流制御のブロック図

要なパルス幅変動が少なくなり，安定に制御でできるようになります．この方法による制御のブロック図を図2-2に示します．

この場合，交流電源電圧に一致するインバータ電圧のPWM値は式(1)になります．

$$PWM = M_K \sin(\omega t) \quad \cdots \cdots \cdots (1)$$

交流電源電圧の実効値をV_{ACRMS}，直流電圧をV_{DC}とすると，式(1)で示すM_Kは，式(2)に示す交流ピーク電圧（交流実効電流値の$\sqrt{2}$倍）と直流電圧（平均値）の電圧比にPWMの最大値PWM_{max}を掛けた値になります．この交流の実効値と直流電圧は，実際にA-D変換値から求めることになります．

$$M_K = \frac{\sqrt{2}\, V_{ACRMS}}{V_{DC}} PWM_{max} \quad \cdots \cdots \cdots (2)$$

● **直流電圧維持制御は電流制御と組み合わせる**

直流電圧維持制御は，直流電圧が一定になるように交流電流の大きさと向きを制御します．その制御ブロック図を図2-3に示します．

この場合は，直流電圧指令と直流電圧との誤差電圧を求め，誤差電圧を演算し，演算結果を前記した交流電流制御の電流指令にします．以降は，図2-2に示す電流制御を行うことになります．

制御器を設計する

ここでは，今まで説明してきた概要に基づいて，実際の制御器（コントローラ）を設計してみることにします．

● **系統との同期制御**

同期制御は，交流電流の位相を制御するために必要になります．電圧位相に対して電流位相を進めることも遅らせることもできなければなりませんが，基本は系統電圧に対して完全に同期した基準正弦波を生成することが必要になります．

同期制御はいろいろな方法が使われていますが，どのような方法であっても外部からのサージ電圧やノイズに対して位相がずれないようにする必要があります．ここでは，動作がわかりやすく，ノイズにも比較的強い方法を紹介します．

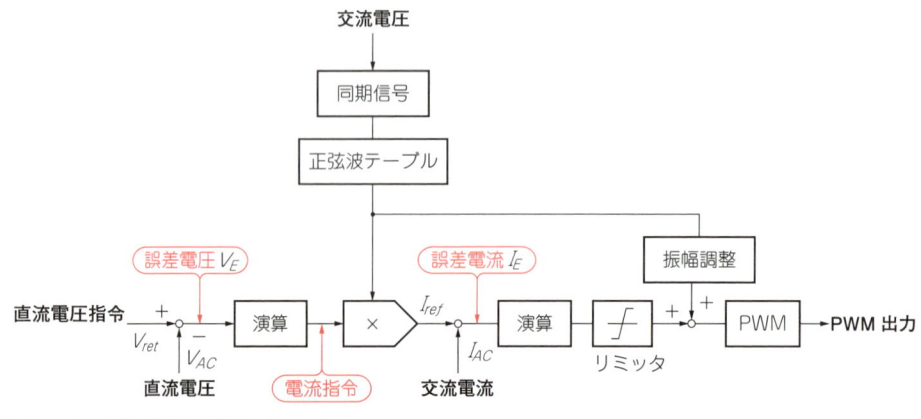

図2-3 直流電圧維持制御のブロック図

第3章 双方向コンバータの回路設計と制御設計

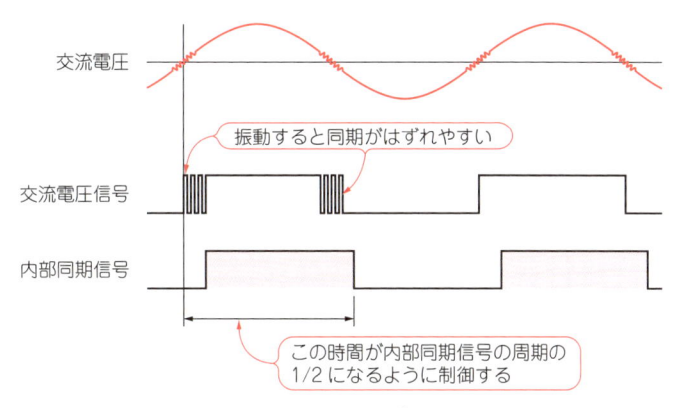

図2-4 系統電圧を方形波に変換したエッジを使用した同期制御

● 同期を乱す原因は系統電圧のノイズやサージ電圧などの振動波形

図2-4のように，系統電圧を，アナログ・コンパレータを用いて方形波に変換し，系統電圧の方形波のエッジと内部の同期信号のエッジを一致させるように制御すると同期することが可能です．

この方法は比較的容易に同期させることが可能ですが，系統電圧の零電圧近辺に振動波形が入ると誤動作しやすくなります．そこで，方形波のエッジを使用しない方法を紹介します．

● 時間積分を用いた同期制御の紹介

この制御は図2-5のように，系統電圧の方形波と90°ずれた同期信号との排他的論理和を取ることによって方形波を生成します．この排他的論理和で得られた方形波の時間が，内部同期信号の時間の1/2になると同期したことになります．

排他的論理和で得られた時間の測定は，RX62のタイマがもっているパルス幅測定機能を使用することにより実現できます．仮にノイズにより高周波で振動する部分が含まれても，クロックをカウントする方法なので大きな誤差は生じることはありません．制御法は図2-6に示すように，測定したパルス幅の2回の移動平均を求め，内部同期信号の1/2周期時間を引き算して誤差を求め，誤差をPI演算します．

RX62Gの場合は，方形波パルス幅の測定はMTUの中のMTU5のパルス幅測定機能を使用します．また，90°遅れた同期信号はMTU1を使用し，ノコギリ波モード1によってPWMパルスを生成しています．この場合，周期時間をMTU1.TGRBに，90°遅れたパルスはMTU1.TGRCに周期時間の1/4を設定し，MTU1.TGRDに周期時間の3/4を設定することによって実現できます．

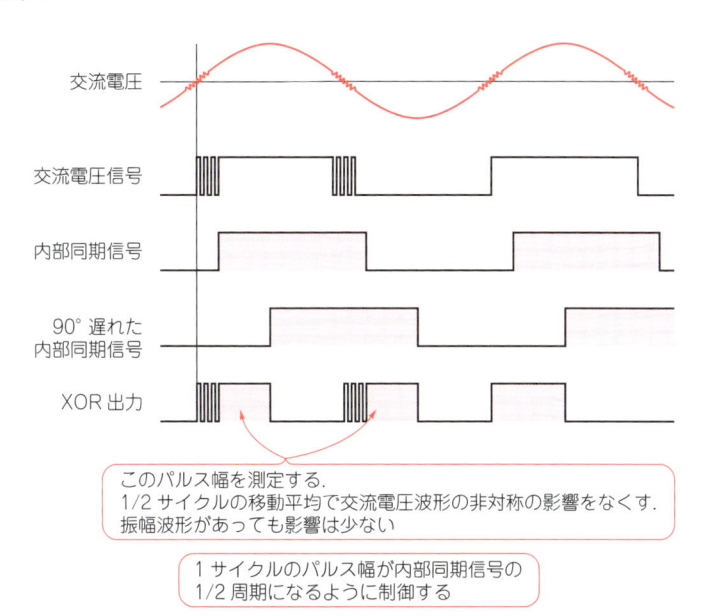

図2-5 時間積分による同期制御法

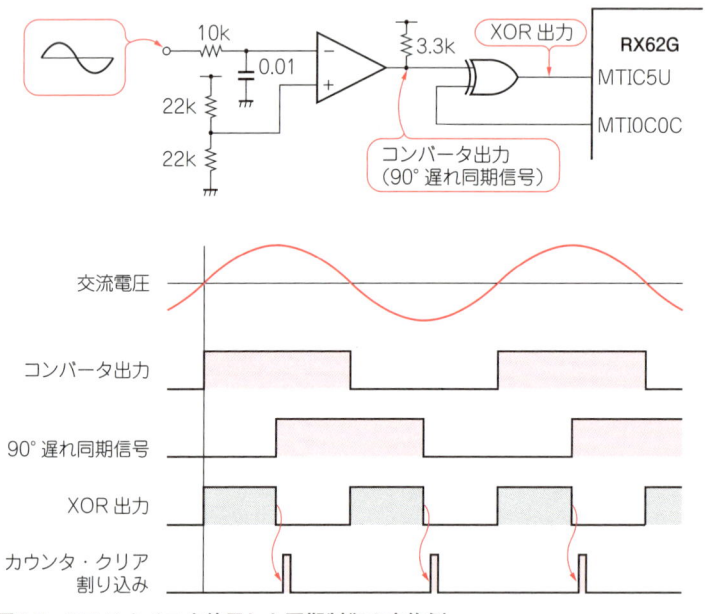

図2-6 MTU3タイマを使用した同期制御の実施例

● **直流電圧制御は交流電源周波数に応答しないパラメータを設定する**

　直流コンデンサには，系統から内部へ電流が流れ込むときは図2-7のような電流が流れます．逆に，系統に流れ出るときも同様な電流が流れます．どちらの場合も瞬時電流ではON幅も電流値も一定ではありませんが，電源周波数のレンジで見ると正弦波状に変化しています．

　直流コンデンサには，内部インピーダンスにリプル電流が流れたことによるリプル電圧と，リプル電流によりコンデンサが充放電することによりリプル電圧が発生します．さらに，交流電源周波数で変化する電流に対しても，コンデンサは充放電してリプル電圧が発生します．

　このように，交流電源周波数の電流が流れるPFCやインバータでは，スイッチング周波数によるリプル電圧より交流電源周波数によるリプル電圧のほうが大きくなります．交流電源周波数のリプル電圧の大きさは，直流電流をI_Dとすると式(3)の値となります．ここで，f_{out}は交流電源の周波数です．

$$\Delta V_{DC} = \frac{I_D}{2\pi f_{out} C_2} \quad \cdots\cdots\cdots\cdots\cdots\cdots (3)$$

　このリプル電流は，交流電流が正弦波電流の場合，図2-7のように電源周波数の2倍の周波数で正弦波状に変化し，式(3)で求めた大きさのリプル電圧となります．したがって，交流電流が正弦波であるためには，直流のリプル電圧も正弦波でなければなりません．逆にいうと，正弦波状のリプル電圧を制御で潰してはいけないということになります．

　そのために，直流電圧制御では，リプル電流の周波数である交流電源周波数の2倍の周波数に応答しないような演算式に設計する必要があります．そこで，ここでは式(4)の演算式を使用することにします．

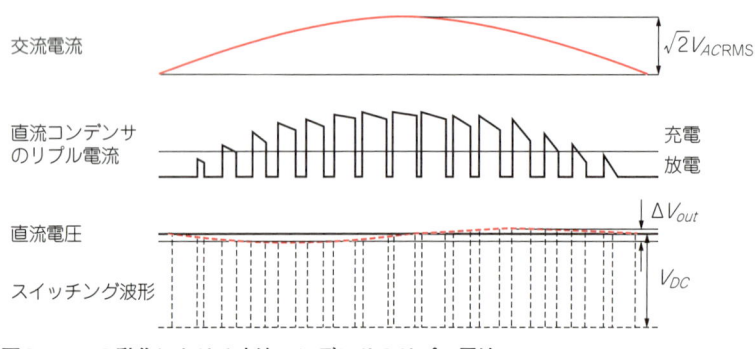

図2-7 PFC動作における直流コンデンサのリプル電流

$$G_{CV}(s) = \frac{K_{CV}}{s + a_V} \quad \cdots\cdots\cdots\cdots\cdots\cdots\cdots\cdots (4)$$

式(4)の伝達関数の骨格ボード線図を作成すると**図2-8**となります．ここで，K_{PV}は比例ゲインで，a_Vはゲインが低下を開始する折れ点周波数です．式(4)において，a_Vは交流電源周波数に応答しない特性として，2倍の交流電源周波数の1/10以下に設定すればよいでしょう．ここでは，1/20の5 Hzに設定することにします．そのようにすると，電源周波数を50 Hzとすると，

$$a_V = 50 \times 2/20 = 5 \text{ Hz}$$

となり，31.4 rad/secとなります．また，比例ゲインK_{PV}は20〜30に設定するので，ここでは$K_{PV} = 25$とします．ゲインK_{PV}と伝達関数の係数K_{CV}との関係は式(5)になるので，式(5)からK_{CV}の値は式(6)で求められます．したがって，伝達関数は式(7)になります．

$$K_{PV} = \frac{K_{CV}}{a_V} \quad \cdots\cdots\cdots\cdots\cdots\cdots\cdots\cdots (5)$$

$$\begin{aligned} K_{CV} &= K_{PV} a_V \\ &= 25 \times 31.4 = 785 \end{aligned} \quad \cdots\cdots\cdots (6)$$

$$G_{CV}(s) = \frac{785}{s + 31.4} \quad \cdots\cdots\cdots\cdots\cdots\cdots (7)$$

式(4)の伝達関数を双1次変換により離散化すると，式(8)の伝達関数となります．また，伝達関数の係数K_{V0}とK_{V1}とK_{V2}は式(9)になります．

$$G_{CV}(z) = \frac{K_{V0} + K_{V1} z^{-1}}{1 - K_{V2} z^{-1}} \quad \cdots\cdots\cdots\cdots (8)$$

$$K_0 = K_{V1} = \frac{K_{CV} T_{SV}}{2 + a_V T_{SV}}$$

$$K_{V2} = \frac{2 + a_V T_{SV}}{2 - a_V T_{SV}} \quad \cdots\cdots\cdots\cdots\cdots\cdots (9)$$

式(7)のアナログ伝達関数のK_{CV}とa_Vの値を適用し，サンプリング周期$T_{SV} = 0.5$ msとして離散化伝達関数

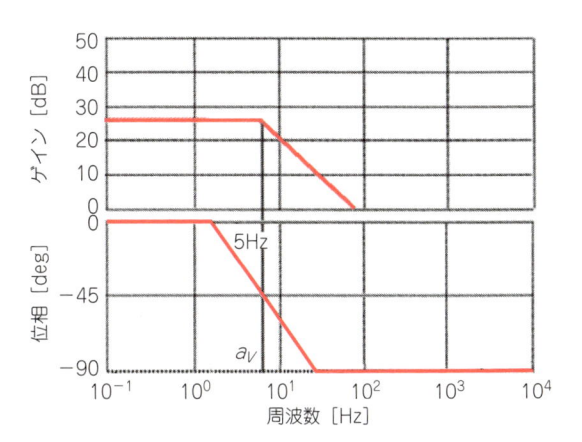

図2-8 電圧演算の伝達関数の骨格ボード線図

を求めると，式(10)となります．

$$G_C(z) = \frac{0.1948 + 0.1948 z^{-1}}{1 - 0.9844 z^{-1}}$$

$$K_{V0} = K_{V1} = 0.1948$$

$$K_{V2} = 0.9844 \quad \cdots\cdots\cdots\cdots\cdots\cdots\cdots\cdots (10)$$

式(7)のアナログ伝達関数と式(10)の離散化伝達関数をボード線図に表すと**図2-9**となります．

このように，直流電圧制御では，交流電源の周波数には応答しない制御パラメータに設定していますので，A-D変換のサンプリングも遅くしても問題ありません．ここでは，A-D変換のサンプリング周期T_{SV}を0.5 msにして，演算も0.5 msごとに行っています．

交流電流制御

ここからは，交流電流の制御法について検討していきます．

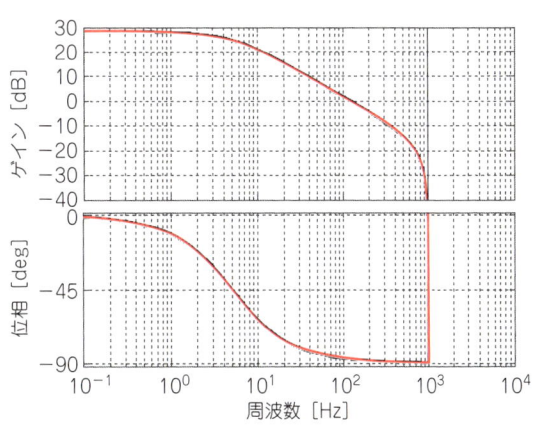

(a) アナログ伝達関数のボード線図　　(b) 離散化伝達関数のボード線図

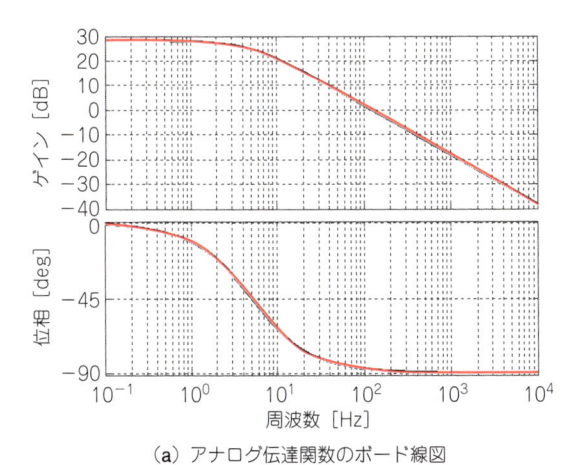

図2-9 電圧コントローラのボード線図

● パワー回路の伝達関数を求める

　交流電流制御を検討するまえに，パワー回路の伝達関数を求めます．検討するパワー回路の等価回路を**図2-10**に示します．その回路パラメータは**表2-1**を適用します．回路設計の詳細は前節を確認してください．

　トランジスタON時は2個のトランジスタが導通し，トランジスタOFF時は1個のトランジスタと1個の逆導通ダイオードが導通するので，トランジスタの等価抵抗はトランジスタ2個ぶん，トランジスタの逆ダイオードの等価抵抗はトランジスタ1個と逆導通ダイオード1個ぶんの等価抵抗としています．また，チョーク・コイルのコア損失も，定格電流3Aが流れたときに相当する抵抗値に換算しています．

　パワー回路の直流電圧対チョーク・コイル電流の伝達関数は，式(11)で表されます．この式で，αとrは式(12)に示す値で，トランジスタの等価抵抗と逆導通ダイオードの等価抵抗は1周期の平均時比率を適用しています．**表2-1**のパラメータを適用した伝達関数は式(13)となります．

$$G_P(s) = \frac{\frac{1}{L}\left(s + \frac{\alpha}{CR}\right)}{s^2 + \left(\frac{r}{L} + \frac{\alpha}{CR}\right)s + \frac{\alpha}{LC}\left(\alpha + \frac{r}{L}\right)}$$
$$\cdots\cdots\cdots\cdots\cdots\cdots (11)$$

$$r = D_S r_Q + D_S' r_D + r_L + \alpha r_C$$

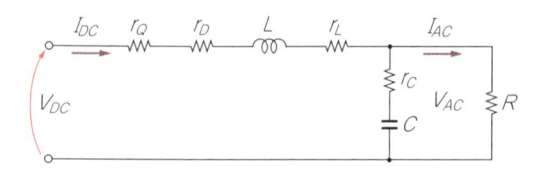

$$\alpha = \frac{R}{r_C + R} \cdots\cdots\cdots\cdots\cdots\cdots (12)$$

$$G_P(s) = \frac{500s + 1.5 \times 10^7}{s^2 + 3.026 \times 10^4 s + 5.076 \times 10^8} \cdots (13)$$

　式(13)の伝達関数のボード線図を求めると**図2-11**となります．このボード線図を見ると，式(14)で示す固有周波数をもっており，固有周波数では若干ゲインの上昇が見られます．しかし，固有周波数でのゲインの上昇も少なく，位相遅れも90°以内になっているので，PI演算などの位相遅れが90°以内の演算式を適用すれば安定に制御できることがわかります．

　ただし実際には，演算以外にも電流検出などの回路による位相遅れや，演算時間が長くなることによって位相遅れが発生するので，注意が必要です．なお，固有周波数の値は式(14)のように，式(13)の0次の項の平方根により求められます．

$$f_n = \frac{1}{2\pi}\sqrt{\frac{\alpha}{LC}\left(\alpha + \frac{r}{R}\right)}$$
$$= 2.253 \times 10^4 \text{ [rad/sec]} = 3.586 \text{ [kHz]} \cdots (14)$$

● 電流制御の伝達関数を決める

　そこで，電流コントローラは高周波域でゲインが下げられる式(15)の伝達関数を使用することにします．

$$G_{CI}(s) = \frac{K_{CI}(s + a_I)}{s(s + b_I)} \cdots\cdots\cdots\cdots\cdots\cdots (15)$$

図2-10 制御を検討するパワー回路の等価回路図

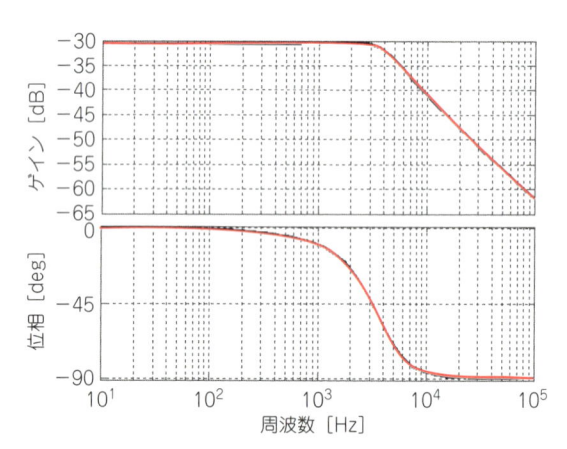

図2-11 電流制御に関わるパワー回路のボード線図

表2-1 双方向コンバータの回路パラメータ

番号	項目	パラメータ
1	トランジスタの等価抵抗r_Q	0.24 [Ω]
2	トランジスタの逆導通ダイオードの等価抵抗r_D	0.20 [Ω]
3	チョーク・コイルのインダクタンスL	2 [mH]
4	チョーク・コイルの巻き線抵抗r_L	0.39 [Ω]
5	交流コンデンサの容量C	1 [μF]
6	交流コンデンサの内部インピーダンスr_C	0.01 [Ω]
7	交流負荷抵抗R	33.3 [Ω]

この伝達関数を骨格ボード線図で表すと**図2-12**となります．a_Iは20 dB/decで減少していたゲインが，比例ゲインK_{PI}に変化する折れ点周波数です．また，b_Iは比例ゲインK_{PI}から20 dB/decで減少を始める折れ点周波数です．このa_Iとb_Iの値を，パワー回路の固有周波数より低い周波数に設定します．そのため，a_Iとb_Iの値を固有周波数の倍率で表すと検討しやすくなります．

一般に，a_Iの値は固有周波数の0.2程度に，b_Iの値は0.3〜1.0程度に設定します．また，比例ゲインK_{PI}は1でよいでしょう．このように考えたとき，式(14)の伝達関数の係数K_{CI}は式(16)で求められます．

$$K_{CI} = K_{PI}(b_I - a_I) \cdots\cdots (16)$$

ここでは，式(16)の係数として，a_Iは固有周波数の0.2に，b_Iは固有周波数の0.5に設定します．このようにすると，それぞれの係数の値は式(17)となります．

$$K_{PI} = 1$$
$$a_I = 0.2 \times f_n$$
$$\quad = 0.2 \times 2.253 \times 10^4 = 4506 \text{ [rad/sec]}$$
$$b_I = 0.5 \times f_n$$
$$\quad = 0.5 \times 2.253 \times 10^4 = 11266 \text{ [rad/sec]} \cdots (17)$$

また，K_{CI}は式(16)にK_{PI}とa_Iとb_Iの値を代入して式(18)となります．

$$K_{CI} = K_{PI}(b_I - a_I)$$
$$\quad = 1 \times (11266 - 4506) = 6760 \cdots\cdots (18)$$

その結果，電流コントローラの伝達関数は，式(15)に今求めた値を代入して式(19)となります．

$$G_{CI}(s) = \frac{K_{CI}(s + a_I)}{s(s + b_I)}$$
$$\quad = \frac{6760(s + 4506)}{s(s + 11266)} \cdots\cdots (19)$$

式(15)の伝達関数を双1次変換により離散化すると，式(20)の伝達関数になります．また，伝達関数のK_{I0}からK_{I4}までの係数は，式(15)の伝達関数の係数を使

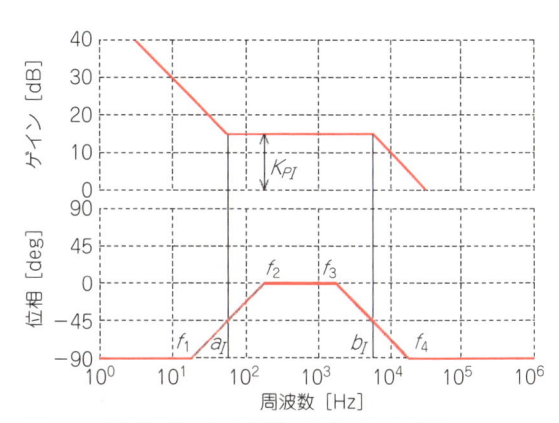

図2-12　電流演算の伝達関数の骨格ボード線図

用して式(21)のように求められます．したがって，式(17)で求めた係数を適用すると，式(22)の離散化伝達関数ができあがります．

$$G_{CI}(z) = \frac{K_{I0} + K_{I1}z^{-1} + K_{I2}z^{-2}}{1 - K_{I3}z^{-3} - K_{I4}z^{-2}} \cdots\cdots (20)$$

$$K_{I0} = \frac{K_C T_S}{2} \frac{aT_S + 2}{bT_S + 2}$$

$$K_{I1} = \frac{K_C T_S}{2} \frac{2aT_S}{bT_S + 2}$$

$$K_{I2} = \frac{K_C T_S}{2} \frac{aT_S - 2}{bT_S + 2}$$

$$K_{I3} = \frac{4}{bT_S + 2}$$

$$K_{I4} = \frac{bT_S - 2}{bT_S + 2} \cdots\cdots (21)$$

$$G_{CI}(z) = \frac{0.07823 + 0.008343z^{-1} - 0.06989z^{-2}}{1 - 1.7532z^{-1} + 0.7532z^{-2}}$$
$$\cdots\cdots (22)$$

式(19)と式(22)の伝達関数をボード線図に表すと**図2-13**となります．

（a）アナログ伝達関数のボード線図

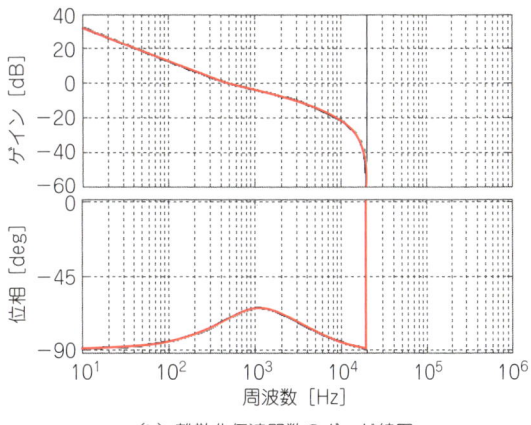

（b）離散化伝達関数のボード線図

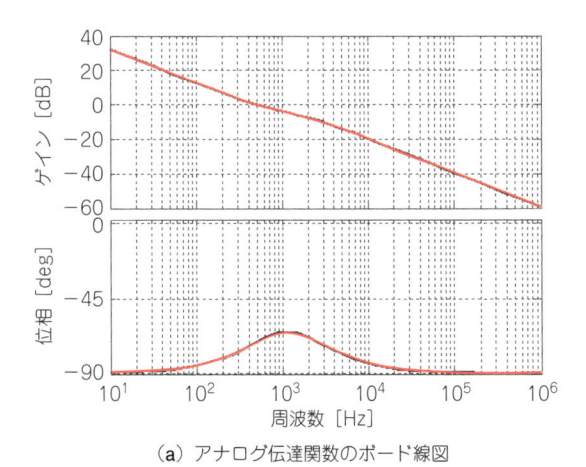

図2-13　交流電流コントローラのボード線図

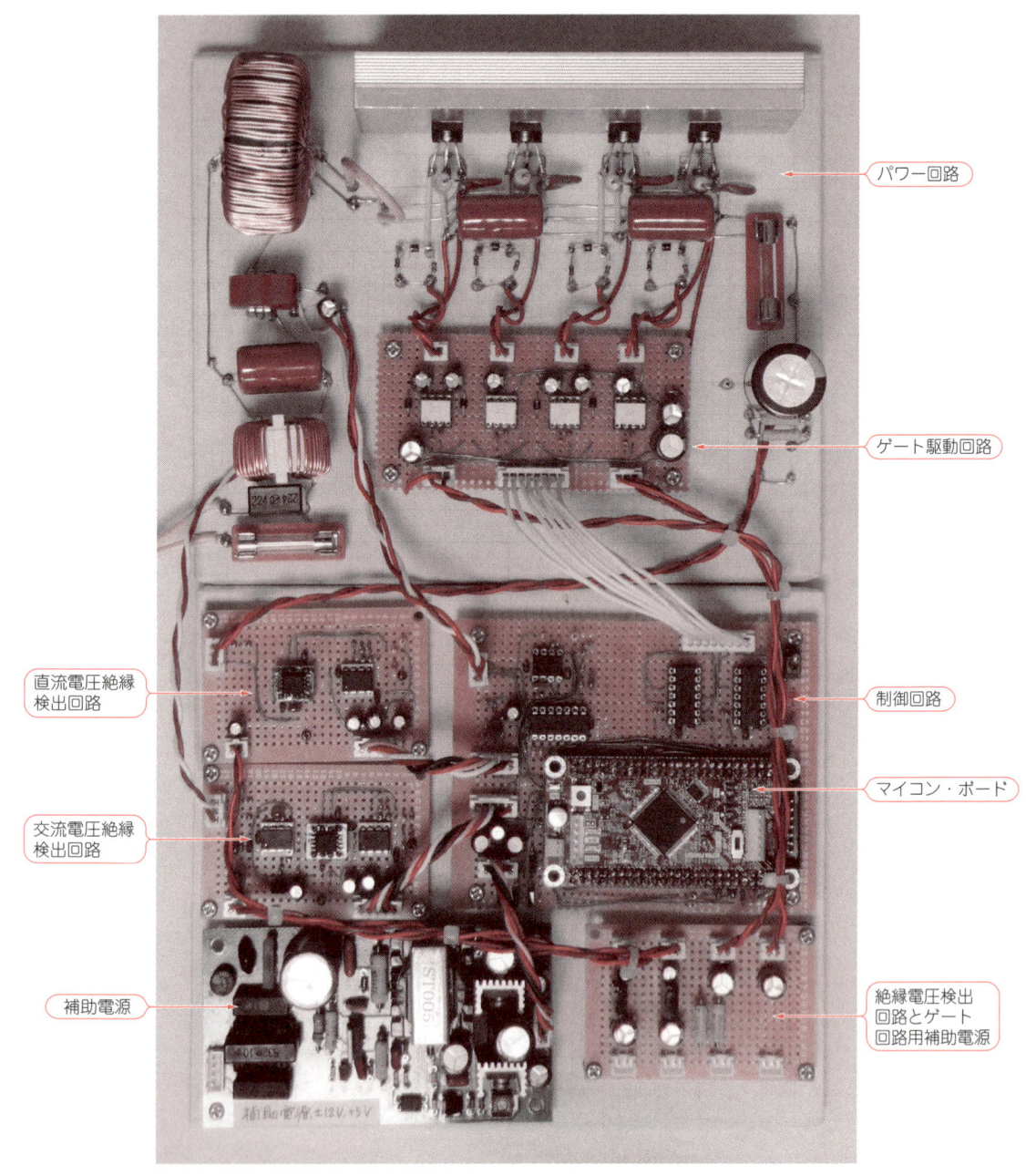

写真2-1 パワー回路と制御回路の実験で使用した回路の外観

（写真内ラベル）
- パワー回路
- ゲート駆動回路
- 制御回路
- マイコン・ボード
- 絶縁電圧検出回路とゲート回路用補助電源
- 直流電圧絶縁検出回路
- 交流電圧絶縁検出回路
- 補助電源

式(22)の伝達関数の係数を使用してディジタル演算を行います．実際は，プリント基板設計の状態，部品のバラツキ，回路のノイズなどにより最初に設定したパラメータではうまく動作しないことが予想されます．そのときは，比例ゲインK_{PI}を1のまま変更して，a_Iとb_Iの値を調整して安定化と電流波形歪みが良好になるようにします．

● 演算のスケーリングを検討する

マイコンを使用したディジタル演算では，A-D変換した電圧や電流を誤差演算してPWMパルスに変換します．演算に使用する係数が1とすると，A-D変換値がPWMパルスに変換されることになります．

A-D変換値とPWMパルスのスケールが同じになることはほとんどありませんので，演算結果をPWMパルスにスケール変換することが必要になります．

実際に動作させる

ここからは，実際に双方向コンバータを動作させた

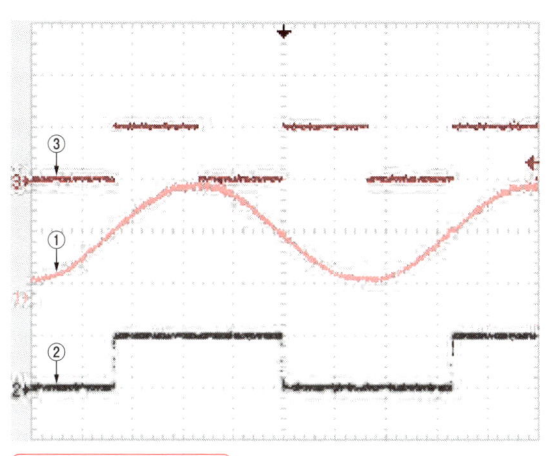

図2-14 同期制御の動作波形 [5 ms/div，①：交流電圧(2次側, 5 V/div)，②：交流電圧方形波(5 V/div)，③：排他的論理和出力(5 V/div)]

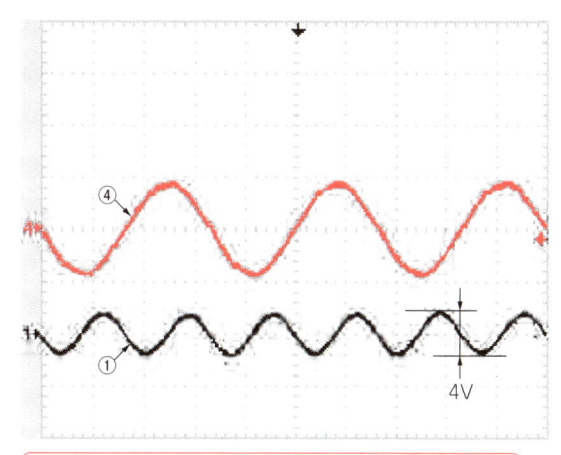

②と③は同期している

表2-2 実験回路の効率測定の結果

番号	項目	測定値
1	交流電圧 [V_{AC}]	100.1
2	交流電流 [A_{AC}]	3.22
3	交流電力 [W]	315.5
4	直流電圧 [V_{DC}]	1762
5	直流電流 [A_{DC}]	1.7
6	直流電力 [W]	300
7	変換効率 [％]	95.1

結果を示します．

● 実験回路

写真2-1に，パワー回路と制御回路の実験で使用した回路の外観を示します．なお，この写真はいろいろ実験した回路のため，今回の回路図以外の部品も実装されています．

● 変換効率

PFC動作における変換効率は，表2-2のように求められました．

設計における変換効率の推定では94.8％でしたが，実測値では95.1％となり，おおむね計算結果と一致した結果が得られました．

● 同期制御

図2-14は，交流電圧を方形波に変換した波形と内部の方形波信号とで排他的論理和を取り，この波形の周期が内部周期の1/2になるように同期制御した結果を示しています．

内部同期波形は安定して動作しています．排他的論理和の出力波形は内部同期信号の1/4になっていること

図2-15 直流電圧の波形 [10 ms/div，①：直流電圧のリプル波形(5 V/div)，④：交流入力電流(5 A/div)]

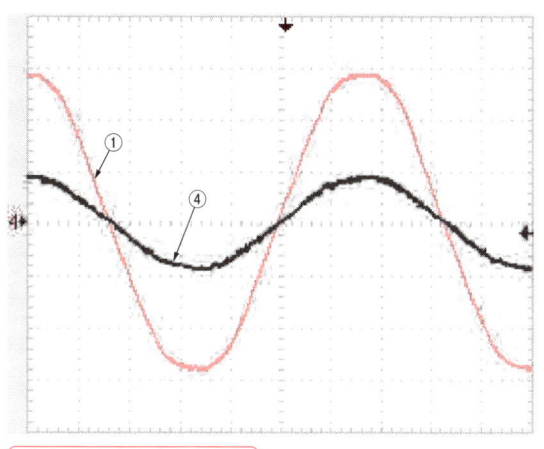

①の直流リプル電圧は交流の2倍の周波数になっている．交流電流が正弦波になるとリプル電圧も正弦波になる

図2-16 交流電流の波形 [2 ms/div，①：交流電圧(50 V/div)，④：交流電流(5 A/div)]

交流電流は概ね良好な波形

とがわかります．

● 直流電圧制御

図2-15は，直流の電圧維持制御を示しています．この場合は，交流側から電流を流し込んでいるPFC動作のときを示しています．

電圧波形のリプル電圧もおおむね計算どおりの値を示し，電圧のふらつきもほとんどありません．

● 交流電流制御

図2-16は，前項の直流電圧維持制御における交流電源電圧と交流電流波形です．

電流波形は少し振動波形が含まれていますが，波形歪み率も少なくなっています．

2 双方向コンバータの制御設計

3 マイコンの周辺回路とプログラムでの初期設定

　系統連系可能な双方向DC-ACインバータでは，トランジスタを4個使用したブリッジ・インバータ回路により正弦波電圧を生成します．生成されたインバータ電圧のPWMパルスを調整して，直流電圧維持制御や交流電流制御を行います．さらに，過電流が流れたとき，パワー・トランジスタの破壊を防止するために，過電流保護機能を実装する必要があります．

　これらの制御を実現するために，交流電圧，直流電圧，交流電流をA-D変換して取り込み，誤差演算を行い，演算結果をPWMパルス変換します．また，アナログ・コンパレータを使用して過電流保護を行います．

　このように，マイコンを使用した双方向DC-ACインバータを実現するためには，マイコンの周辺回路の使いかたを理解することが必要になります．そこで，ここでは双方向DC-ACインバータの実験に使用したルネサスエレクトロニクス社のRX62Gマイコンの周辺回路と，初期設定プログラムの作成方法について解説します．

双方向DC-ACインバータを実現するための周辺回路

　図3-1は，双方向DC-ACインバータを実現するための制御ブロック図です．この制御を実現するに必要な周辺回路を見ていくことにします．制御の詳細は制御編を確認してください．

● 同期制御

　交流電源に同期した交流電流制御を行うためには，同期制御が必要です．同期制御は図3-2に示すように，交流電圧を方形波に変換した信号と，内部同期信号の90°遅れた信号とからXOR信号を作成し，その信号をクロックでカウントします．このカウント値が内部同期信号の1/2になると，内部信号は交流電圧信号に同期します．

　これを実現するために，XOR信号をクロックでカウント・アップします．そこで，RX62GマイコンのMTU3タイマのMTU5に内蔵しているパルス幅測定機能を使用してクロックをカウントします．また，XOR信号に必要な90°遅れた内部信号を生成する必要があり，同様にMTU3タイマのMTU0を使用して，外部交流電圧に同期した信号とその90°遅れた信号を生成します．また，XOR信号のカウント値の取得とクリヤのために，MTU3のMTU1のインプット・キャプチャ機能を使用します．

　以上の関係を図に表すと図3-2となります．この同期信号をベースにして，電流制御用の正弦波指令値を生成し，後述の電流制御に使用します．

● 交流電流制御

　交流電流制御は，系統とDC-ACインバータ間を流れる電流を制御します．この交流電流は，低歪みの正弦波交流電流でなければなりません．そのため，交流

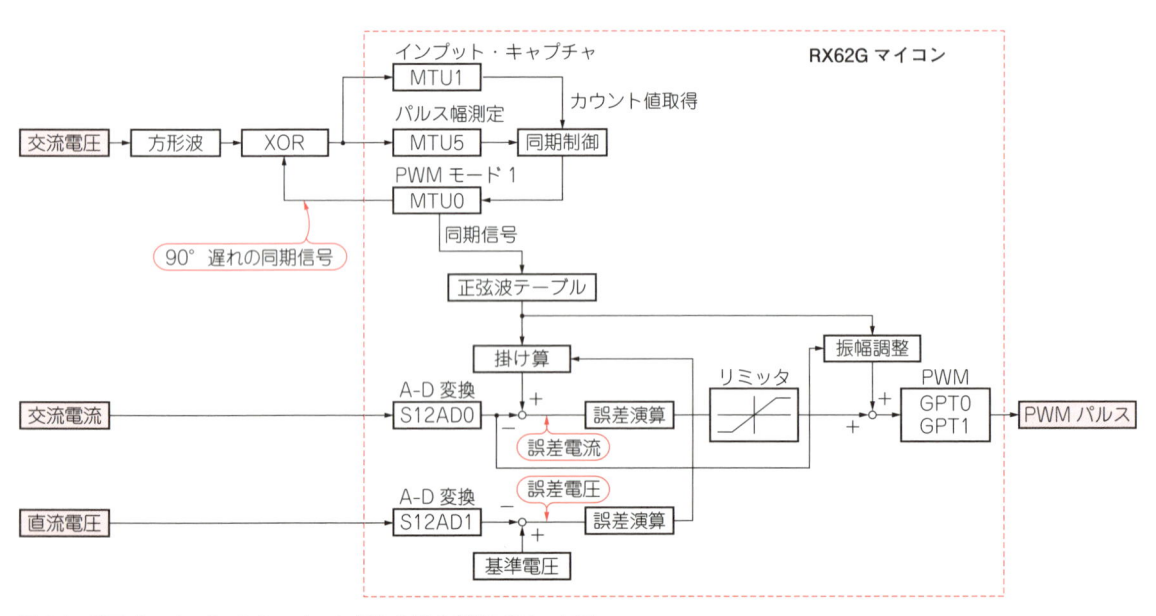

図3-1　双方向コンバータのマイコン側から見た制御ブロック図

電流は交流電圧に同期した低歪率の正弦波基準電流に追随するようにします．

図3-3に交流電流制御のブロック図を示します．

低歪率の交流電流を得るために，まず，交流電圧に同期した低歪率の基準電流から交流電流のA-D変換値を引き算して誤差電流を求め，この誤差電流が常にゼロになるように追随制御します．そのため，交流電流をA-D変換器に入力して数値化します．電流制御は，高速応答させるためにPWMパルスに同期してA-D変換します．

A-D変換終了後に割り込みを発生して電流演算を行い，PWMパルスを更新します．

● 直流電圧維持制御

直流電圧維持制御は，DC-ACインバータの直流電圧を一定値に安定化します．

安定化制御は，直流電圧をA-D変換器に入力して数値化し，直流基準電圧からA-D変換値を引き算して誤差電圧を求め，この誤差電圧を演算して前記の交流電流指令値を生成します．したがって，**図3-4**のブロック図のように，直流電圧をA-D変換器に入力して数値化する必要があります．

RX62Gマイコンの初期設定プログラムの作成に必要な周辺回路を理解する

ここでは，初期設定プログラムの作成に必要なマイ

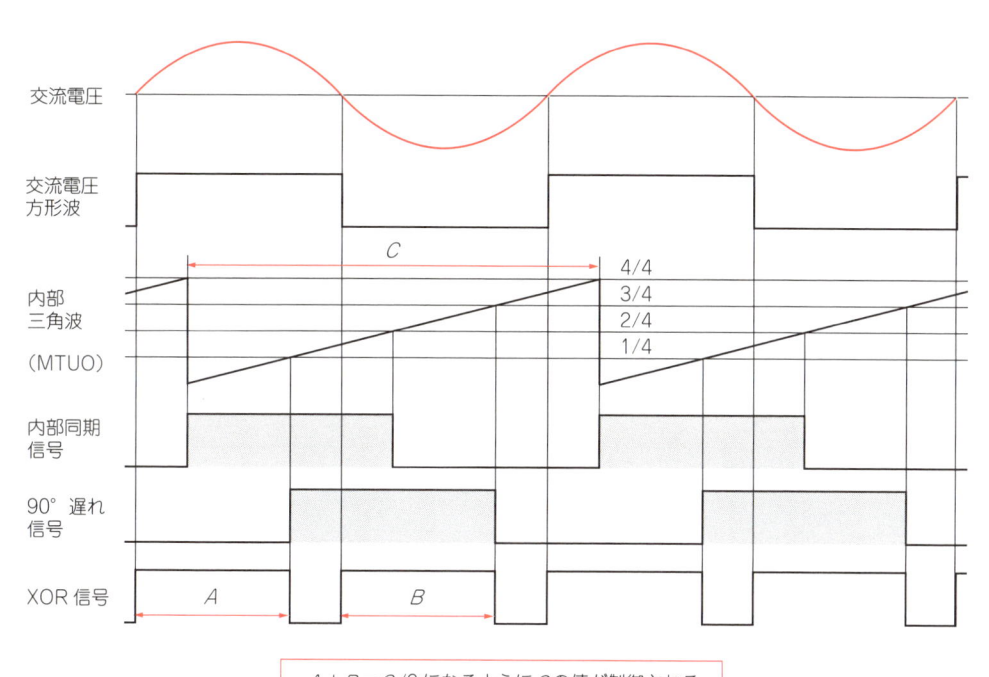

図3-2 MTU3タイマを使用した同期制御法

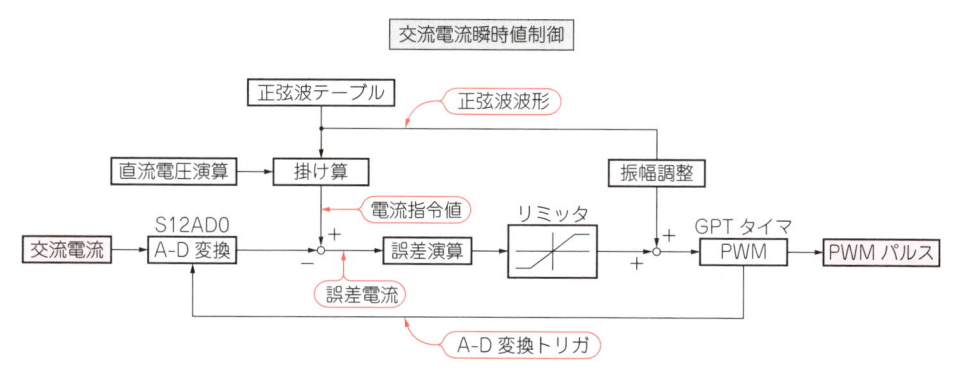

$A+B=C/2$ になるように C の値が制御される

図3-3 交流電流制御のブロック図

コンの周辺回路を理解します．双方向DC-ACインバータを実現するためには，A-D変換器とPWMと同期制御用タイマが重要です．使用するマイコンはルネサスエレクトロニクス社のRX62Gとします．

● RX62GのA-D変換器について理解する

RX62GのA-D変換器には，12ビット分解能と10ビット分可能があります．プログラマブル・ゲイン・アンプやアナログ・コンパレータが使用できるのは12ビットA-D変換器になるため，12ビットA-D変換器を使用することにします．表3-1に12ビットA-D変換器の概要を示します．

A-D変換器の構成を図3-5に示します．表3-1のように，12ビットA-D変換器は2ユニットに分かれており，それぞれ4チャネルあります．2ユニットは独立して動作します．A-D変換完了割り込みもユニットごとに発生できます．

A-D変換時間は100 MHzのクロックを1/2分周した周辺回路クロックを使用したとき，1チャネル当たり1 μsで終了します．サンプル＆ホールドは3チャネル/ユニット同時に行われます．これにより，同じタイミングでアナログ信号を取り込むことができます．

A-D変換の開始トリガは，出力電圧を発生させるPWMに連動させます．また，A-D変換開始タイミン

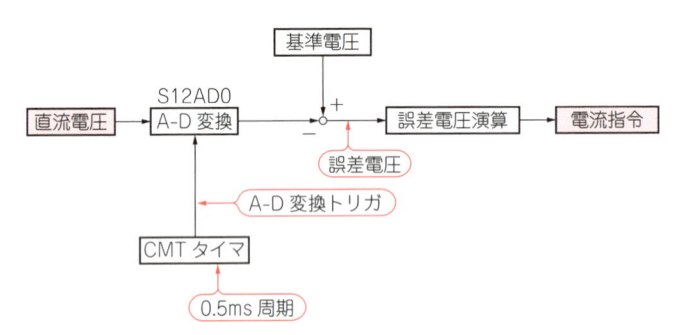

図3-4 直流電圧維持制御のブロック図

表3-1 12ビットA-D変換器の概要

番号	項　目	仕　様
1	ユニット数	2ユニット（S12AD0とS12AD1）
2	入力チャネル数	8チャネル（4チャネル×2） AN000～AN003とAN100～AN103
3	A-D変換方式	逐次比較方式
4	A-D変換時間	1チャネル当たり1.0 μs（A-Dクロック50 MHzのとき）
5	A-D変換クロック選択	4種類：PCLK，PCLK/2，PCLK/4，PCLK/8
6	データ・レジスタ	10本 AD000とAD100には2本のデータ・レジスタがある
7	スキャン・モード	1. シングル・モード 2. スキャン・モード ・シングル・スキャン・モード ・連続スキャン・モード ・2チャネル・スキャン・モード
8	A-D変換開始条件	1. ソフトウェアによるA-D変換開始 2. PWMタイマに連動したA-D変換開始 3. 外部トリガによるA-D変換開始
9	機能	1. サンプル＆ホールド 3チャネル/ユニット同時サンプル＆ホールド 2. 自己診断機能 3. プログラマブル・ゲイン・アンプによる入力信号増幅 3チャネル/ユニット 4. アナログ・コンパレータによるイベント入力 3チャネル/ユニット
10	割り込み	1. A-D変換終了による割り込み 2. A-D変換割り込みデータ・トランスファ・コントローラ起動可能 3. アナログ・コンパレータによる割り込み
11	消費電力低減	ユニットごとにモジュール・ストップ状態への設定可能

グは，PWMの出力エッジ（カウント開始）からの遅延時間の設定によって調整できるので，演算とPWMパルスの時間関係を最適に保つことができます．

各ユニットには3チャネルのプログラマブル・ゲイン・アンプとアナログ・コンパレータが実装されています．プログラマブル・ゲイン・アンプは，電流検出用シャント抵抗の両端電圧の増幅などに使用できます．ただし，マイコンのグラウンド・ラインが基準電位になり，ハイ・サイドでの電流検出の場合はそのまま接続できないので，絶縁アンプやレベル・シフト回路が必要です．

アナログ・コンパレータは，パルス・バイ・パルス過電流保護の電流検出として使用できますが，検出レベルはDAC（ディジタル・アナログ・コンバータ）が内蔵されていないため，段階的です．しかし，過電流保護であれば厳密なレベル設定は必要ないので問題ありません．また，コンパレータの入力にはノイズ・フィルタが設定できるようになっているので，ダイオードのリバース・リカバリ電流やスイッチング・ノイズによる誤動作を防止できます．

● 12ビットA-D変換器で使用されるおもなレジスタ

12ビットA-D変換器で使用されるおもなレジスタを表3-2に示します．これらのレジスタに値を設定する

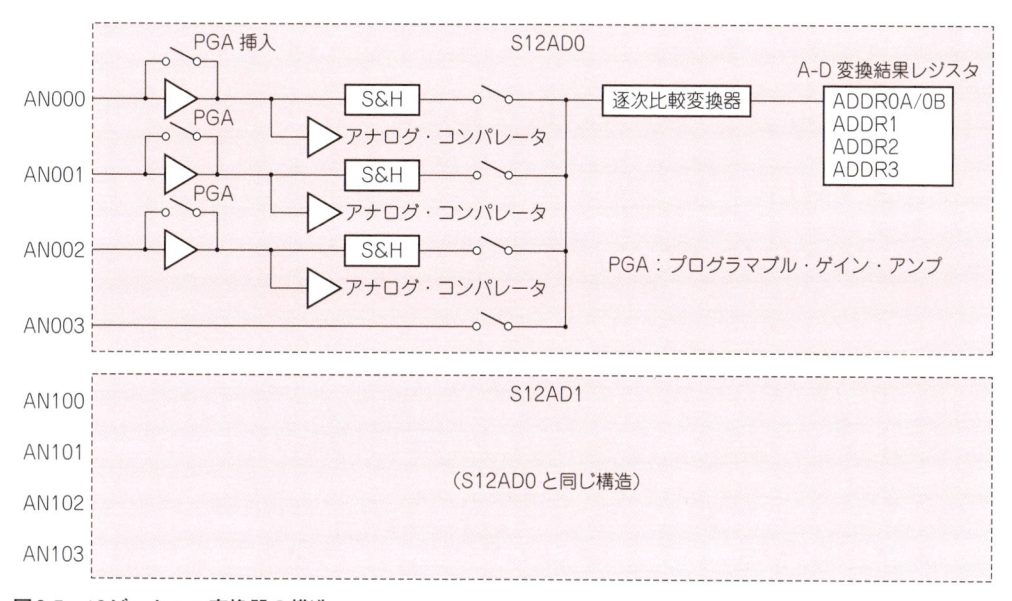

図3-5　12ビットA-D変換器の構造

表3-2　A-D変換器で使用するおもなレジスタ

番号	記号	名称	内容
1	MSTPCRA	モジュール・コントロール・レジスタA	モジュール・ストップ状態の制御
2	ADCSR	A-Dコントロール・レジスタ	クロック選択，A-D変換の開始／停止
			A-D変換モード選択，A-D変換トリガ設定
3	ADANS	A-Dチャネル選択レジスタ	A-D変換チャネル設定，プログラマブル・ゲイン・アンプの設定
4	ADCER	A-Dコントロール拡張レジスタ	A-Dデータ・レジスタのフォーマット，自己診断，割り込みなどの設定
5	ADSTRGR	A-D変換開始トリガ選択レジスタ	A-D変換開始トリガ方法の選択
6	ADSSTR	A-Dサンプリング・ステート・レジスタ	サンプリング時間の設定
7	ADDR0A/B	A-Dデータ・レジスタ0Aと0B	A-D変換結果の格納レジスタ
8	ADDR1	A-Dデータ・レジスタ1	A-D変換結果の格納レジスタ1
9	ADDR2	A-Dデータ・レジスタ2	A-D変換結果の格納レジスタ2
10	ADDR3	A-Dデータ・レジスタ3	A-D変換結果の格納レジスタ3
11	ADCMPMD0	コンパレータ動作モード選択レジスタ0	コンパレータの使用／未使用の設定
12	ADCMPMD1	コンパレータ動作モード選択レジスタ1	コンパレータの入力および基準電圧の設定
13	ADCMPNR0	コンパレータ・フィルタ・モード・レジスタ0	AN000～AN002の入力ノイズ・フィルタの設定
14	ADCMPNR1	コンパレータ・フィルタ・モード・レジスタ1	AN100～AN102の入力ノイズ・フィルタの設定

ことにより，A-D変換器は動作できるようになります．

A-Dデータ・レジスタADDR0については，ADDR0AとADDR0Bの二つがあります．A-D変換開始トリガはAとBの2本あり，AN000またはAN100入力を異なるタイミングでA-D変換して結果を別々のレジスタに格納できますが，この実験ではRDDR0Aのみ使用しています．

各レジスタのビット設定については，次頁の具体的な応用実験例の中で説明します．

● RX62GのPWMタイマについて理解する

RX62GのPWMタイマにはMUT3とGPTという2種類があります．

MUT3は，おもにモータ制御用として3相のPWMを発生させるのに都合がよいようにできています．GPTは，汎用PWMタイマでいろいろなモードで動作させることができ，各種スイッチング電源に使用できます．

本章ではディジタル制御を用いたモータ制御ではなくスイッチング電源の応用実験になるので，汎用PWMタイマのGPTを使用したPWMを紹介します．

表3-3にGPTの概要を示します．

GPTによるPWMでは，最大100 MHzのクロックを使用できます．仮に100 kHzのスイッチング電源とすると，式(1)のように分解能1000，約10ビット分解能のPWMが出力できます．

$$PWM = \frac{100 \text{ MHz}}{100 \text{ kHz}} = 1000 \quad \cdots\cdots\cdots\cdots (1)$$

PWMモードは，カウント方式とコンペア・マッチを組み合わせることにより，5種類のタイマ・モードが実現できます．また，PWMに同期したA-D変換開始遅延時間の設定とA-D変換開始トリガ間引きにより，高周波スイッチング電源でも安定したディジタル電源が実現できます．

さらに，ネゲート機能により，アナログ・コンパレータと組み合わせてパルス・バイ・パルス過電流保護が実装できます．これらについての詳細は，次頁の具体的な応用実験例のなかで説明します．

表3-3 汎用PWMタイマの概要

番号	項　目	仕　様
1	タイマの分解能	16ビット
2	チャネル数	GPT0〜GPT3の4チャネル
3	入出力数	チャネルごとに2本
4	動作周波数	最大100 MHz
5	PWMクロック選択	4種類：ICLK，ICLK/2，ICLK/4，ICLK/8
6	基本タイマ動作	1. カウント方式 　アップ・カウント，ダウン・カウント，アップダウン・カウント 2. コンペア・マッチによる波形出力 　各種タイマ・モードによるPWM波形出力 3. インプット・キャプチャ機能 4. 同期カウント
7	PWMタイマ機能	1. カウンタの同期動作 2. バッファ・レジスタを使用したデータ転送 3. デッド・タイムの挿入 4. A-D変換器の変換開始トリガの生成 5. A-D変換器の変換開始トリガの間引き
8	PWMモードの種類	1. ノコギリ波PWMモード 2. ノコギリ波ワンショット・パルス・モード 3. 三角波PWMモード1 4. 三角波PWMモード2 5. 三角波PWMモード3
9	A-D変換開始トリガ	PWMに同期したA-D変換開始遅延時間設定
10	A-D変換開始トリガの間引き	A-D変換開始トリガの間引きができる
11	割り込み	1. インプット・キャプチャ/コンペア・マッチによる割り込み 2. カウンタのオーバーフロー/アンダーフローによる割り込み 3. デッド・タイム・エラーによる割り込み
12	ネゲート機能	PWM出力端子をネゲート(非アクティブ化) ネゲート要因： 　1. アナログ・コンパレータ検出 　2. 専用入力端子 　3. ソフトウェア

● GPTを使用したPWMで使用するおもなレジスタ

表3-4に, PWMで使用するおもなレジスタの内容を示します. これらのレジスタに値を設定することによって, 各種PWMが実現できます.

これらのレジスタの設定値は後から出てくる具体的な応用実験例のなかで説明します.

● 同期制御を実現するために必要なMTUタイマのおもなレジスタ

MTU3タイマは本来, モータ制御に使用すると能力を十分に発揮できますが, 今回のような同期制御に使用することもできます.

同期制御は, MTUタイマのMTU5にあるパルス幅測定機能を使用してクロックをカウントすることにより, パルス幅を測定しています.

また, 交流電圧に同期させるためにMTU0を使用して交流電圧に同期した信号と90°遅れた信号を生成しています.

MTU1はXOR信号のパルス幅の取得とカウンタをクリアするためにインプット・キャプチャとして使用しています. まず, 表3-5にMTU3タイマの概要を示します.

表3-4 GPTを使用したPWMで使用するおもなレジスタ

番号	記号	名　称	内　容
1	MSTPCRA	モジュール・ストップ・コントロール・レジスタ	モジュール・ストップ状態の制御
2	GTSTR	ソフトウェア・スタート・レジスタ	PWMタイマ・カウンタ(GTCNT)の動作/停止
3	GTCR	タイマ・コントロール・レジスタ	PWMタイマ・カウンタ(GTCNT)の制御 PWMモードの選択, クロック選択 カウンタ・クリア要因の選択
4	GTPR	タイマ周期設定レジスタ	PWM周期の設定
5	GTCNT	タイマ・カウンタ	カウンタ
6	GTIOR	タイマI/Oコントロール・レジスタ	タイマ入出力端子GTIOCnAとGTIOCnBの機能を設定
7	GTCCR	タイマ・コンペア・キャプチャ・レジスタ	各チャネルにAからFまであり, アウトプット・コンペア/インプット・キャプチャの機能を設定
8	GTBER	タイマ・バッファ・イネーブル・レジスタ	バッファ動作の設定, バッファからの転送タイミングの設定
9	GTINTAD	タイマ割り込み出力設定レジスタ	タイマ割り込み要求, A-D変換開始要求の許可/禁止設定
10	GTADTR	A-D変換開始要求タイミング・レジスタ	A-D変換開始要求の遅延時間を設定
11	GTONCR	タイマ出力ネゲート・コントロール・レジスタ	タイマ出力GTIOCnAとGTIOCnBのネゲートの設定

表3-5 MTU3タイマの概要

番号	項　目	仕　様
1	タイマ分解能	16ビット
2	チャネル数	MTU0～MTU7までの8チャネル
3	動作周波数	ICLK/1～ICKK/1024
4	基本タイマ動作	・カウンタ 　フリーラン・カウント, 周期カウント, イベント・カウント ・コンペア・マッチによる波形出力 ・インプット・キャプチャ機能・同期カウント
5	モータ・コントロール用PWM	・3相リセットPWM ・3相三角波相補PWM ・3相ノコギリ波相補PWM
6	モータ・コントロールPWMの機能	・カウンタの同期動作 ・バッファ・レジスタによるデータ転送 ・デッド・タイム挿入 ・A-Dコンバータの変換開始トリガの生成 ・A-Dコンバータの変換開始の間引き
7	モータ・コントロール以外のPWM	・PWMモード1 　MTU5を除くMTU0からMTU7までのレジスタを使用して12チャネルのPWMが出力できる ・PWMモード2 　MTU0とMTU1を同期動作させ最大8チャネルのPWMを出力する
8	A-Dコンバータ変換開始	A-D変換開始遅延トリガ
9	A-Dコンバータ変換開始間引き	A-Dコンバータ変換開始の間引きができる
10	割り込み	38種類の割り込み要因

表3-6に，同期制御で使用するMTU3のMTU0とMTU1のタイマのおもなレジスタを示します．表3-7にMTU5のおもなレジスタを示します．

双方向DC-ACインバータの制御を実現するためのマイコン周辺回路の初期設定法

ここでは，今回実験した双方向コンバータに合わせたマイコン周辺回路の初期設定法を見ていくことにします．

● A-D変換器

A-D変換器は，直流電圧維持制御と交流電流制御を行うために，直流電圧，交流電圧，交流電流をディジタル値に変換します．

直流電圧制御では，前節の制御編で説明したように，直流電圧に含まれる交流電圧周波数のリプル電圧に応答しないようにする必要があります．そのため，直流電圧のサンプリングは0.5 msと遅くしています．その結果サンプリング定理により，最大帯域幅は1 kHzとなります．

そこで，この制御ではコンペア・マッチ・タイマ(CMT)を使用して，CMT割り込み時にソフトウェアによるA-D変換トリガを発生させています．なお，コンペア・マッチ・タイマはCMT0を使用していますが，0.5 ms間隔でA-D変換開始トリガを送出するだけなので解説は省略します．

直流電圧制御の応答性は10 Hz以下でよいので，制御帯域幅は100倍の1 kHzあれば十分です．直流電圧はS12AD1に割り当て，AN100端子に入力することにします．その結果，直流電圧のA-D変換値はS12AD1.ADDR0Aに格納されます．

交流電流制御では，低歪率の交流電流にしなければならないので高速な制御が必要になります．そのため，高速な演算を行う電流制御用の交流電流はS12AD0に割り当てています．A-D変換の開始はPWMパルスに同期して取り込むようにして，PWMタイマのGPT0にA-D変換開始トリガを設定しています．

交流電圧は，瞬時値を制御に使用していませんが，交流電圧と直流電圧の比を求めてPWMの大きさを計算するために必要になるので，交流電流と同じS12AD0でA-D変換しています．なお，制御の詳細は前節の制御編を参照してください．

表3-8に，S12AD0とS12AD1で使用する具体的なレジスタ初期設定値を示します．表3-9はS12AD0，

表3-6 同期制御で使用するMTU0とMTU1のおもなレジスタ

番号	記号	名称	内容
1	MSTPCRA	モジュール・ストップ・コントロール・レジスタ	モジュール・ストップ状態の制御
2	TSTRA	タイマ・スタート・レジスタ	MTUnのタイマ・カウンタ(TCNT)の動作/停止を制御
3	TCR	タイマ・コントロール・レジスタ	TCNTを制御
4	TIOR	タイマI/Oコントロール・レジスタ	MTIOCnAの入出力制御 MTIOCnCの入出力制御
5	TCNT	タイマ・カウンタ	カウンタ
6	TGR	タイマ・ジェネラル・レジスタ	インプット・キャプチャ，アウトプット・コンペア，バッファ・レジスタなどとして使用(TGRAからTGRFまで)
7	TMDR	タイマ・モード・レジスタ	動作モードを設定する
8	TIER	タイマ割り込みイネーブル・レジスタ	タイマ割り込みの許可禁止

表3-7 同期制御で使用するMTU5のおもなレジスタ

番号	記号	名称	内容
1	MSTPCRA	モジュール・ストップ・コントロール・レジスタ	モジュール・ストップ状態の制御
2	TSTR	タイマ・スタート・レジスタ	MTU5のタイマ・カウンタ(TCNT)の動作/停止を制御
3	TCRU	タイマ・コントロール・レジスタ	TCNTを制御
4	TIORU	タイマI/Oコントロール・レジスタ	MTU5の入出力の設定
5	TCNTCMPCLR	タイマ・コンペア・マッチ・クリヤ・レジスタ	TCNTカウンタのクリヤ要求の設定
6	TIER	タイマ割り込みイネーブル・レジスタ	タイマ割り込みの許可禁止

表3-8 S12AD0とS12AD1で使用するレジスタの初期設定結果

番号	記号	名称	設定値	内容
1	ADSSTR	サンプリング・ステート・レジスタ	20	サンプリング・ステートを20ステート(0.4 μs)に設定する

表3-10はS12AD1の具体的なレジスタ・ビットの初期設定値を示します．なお，表3-10のS12AD1は，S12AD0と同じ設定値になる項目は省略し異なる項目のみ示しています．

● PWM

PWMは，GPTタイマを使用して三角波PWMモード3で動作させます．

三角波PWMモード3の動作を図3-6に示します．PWMの正相パルスはGTCCRAレジスタに，逆相パルスはGTCCRBレジスタに設定する値でパルス幅が

表3-9　S12AD0のレジスタ・ビットの初期設定結果

番号	レジスタ名	ビット番号	ビット名	設定値	内容
1	MSTPCRA	17	MSTPA17	0	12ビットADCユニット0のストップ状態の解除 0：モジュール・ストップ状態の解除 1：モジュール・ストップ状態へ移行
2	ADCSR	0	EXTRG	0	トリガ選択 0：ADSTRGRで選択したタイマ要因による 1：外部トリガによる
		1	TRGE	1	トリガ許可 0：A-D変換禁止 1：A-D変換許可
		3, 2	CKS	3	クロック選択 0：PCLK/8 1：PCLK/4 2：PCLK/2 3：PCLK
		4	ADIE	0	A-D変換終了割り込み許可 0：A-D変換終了割り込み禁止 1：A-D変換終了割り込み許可
		6, 5	ADCS	1	0：シングル・モード 1：1サイクル・スキャン・モード 2：連続スキャン・モード 3：2チャネル・スキャン・モード
		7	ADST	0	0：A-D変換停止 1：A-D変換禁止 A-D変換禁止後から許可
3	ADANS	13, 12	CH	1	AN000とAN001をA-D変換
4	ADSTRGR	4-0	ADSTRS0	17	A-D変換開始トリガ GPT0.GTADTRAとのコンペア・マッチ
5	ADCMPD0	3, 2	CEN001	3	AN001用コンパレータはウィンドウ・コンパレータとして使用
6	ADCMPD1	2, 1, 0	REFL	1	Low側基準電圧はAVCC0の1/8の電圧
		6, 5, 4	REFH	7	High側基準電圧はAVCC0の7/8の電圧
		8	CSEL0	0	プログラマブル前置増幅器の前から入力
		9	VSELH0	1	内部電圧はHigh側基準電圧を使用
		10	VSELL0	1	内部電圧はLow側基準電圧を使用
7	ADCMPNR0	7, 6, 5, 4	C001NR	8	コンパレータ検出結果をPCLKで16回サンプリング
8	ADCSR	4	ADIE	1	0：A-D変換終了後の割り込み発生禁止 1：A-D変換終了後の割り込み発生許可
			ADST	1	0：A-D変換停止 1：A-D変換開始

表3-10　S12AD1のレジスタ・ビットの初期設定結果

番号	レジスタ名	ビット番号	ビット名	設定値	内容
1	MSTPCRA	16	MSTPA16	0	12ビットADCユニット0のストップ状態の解除 0：モジュール・ストップ状態の解除 1：モジュール・ストップ状態へ移行
2	ADCSR	0	EXTRG	0	トリガ選択 0：ADSTRGRで選択したタイマ要因による 1：外部トリガによる
3	ADANS	13, 12	CH	0	AN100をA-D変換

3　マイコンの周辺回路とプログラムでの初期設定

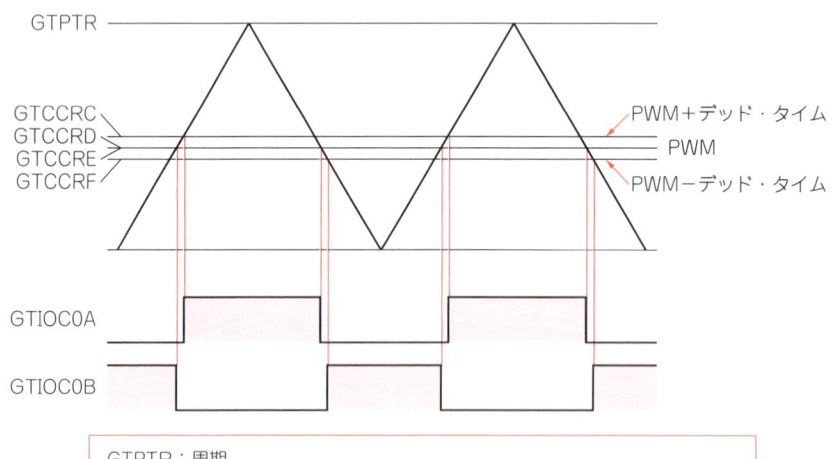

```
           GTPTR ─────
                                    ╱╲        ╱╲              ←  PWM+デッド・タイム
           GTCCRC ───────────────── ╱  ╲    ╱   ╲              ←  PWM
           GTCCRD                  ╱    ╲  ╱    ╲             ←  PWM－デッド・タイム
           GTCCRE
           GTCCRF
```

図3-6 三角波PWMモード3によるPWMパルスの発生

決まります．しかし，1個のレジスタでは立ち下がりと立ち上がりの2か所を同時に設定できないので，パルスが立ち上がった後で立ち下がりの値を設定します．

また，GTCCRAとGTCCRBはバッファ動作になっており，バッファに値を設定すると，エッジ（PWMパルスの出力開始）においてそれぞれのレジスタに転送されます．GTCCRAのバッファがGTCCRC，GTCCRBのバッファがGTCCRDになっています．しかし，立ち下がり時の値もバッファに入れておく必要があり，GTCCRAの立ち下がり時のバッファはGTCCREで，GTCCRBの立ち下がり時のバッファはGTCCRFになっています．

さらに，GTCCREとGTCCRFの値はエッジにおいてテンポラリ・レジスタAとテンポラリ・レジスタBに転送され，それぞれのパルスが立ち上がったあとテンポラリ・レジスタAからGTCCRAに，テンポラリ・レジスタBからGTCCRBに転送され，パルスの立ち下がりタイミングが決まります．

この実験では，GPT0とGPT1を使用してブリッジ・インバータの各トランジスタを動作させています．以上の内容を実現するために，**表3-11**にGPTタイマのレジスタ設定値を，**表3-12**にGPT0とGPT1のレジスタ・ビットの設定値を示します．

● MTUタイマ

同期制御に使用するMTU0とMTU1の具体的な設定値を**表3-13**に，それぞれのレジスタ・ビットの設定値を**表3-14**と**表3-15**に示します．**表3-15**は，表

表3-11 GPTタイマのレジスタの初期設定

番号	記号	名　称	設定値	内　容
1	GTPTR	タイマ周期設定レジスタ	2400	PWM周期の設定． 周期時間を50 μsに設定（20 kHz） 　クロック周波数／スイッチング周波数／2 　　= 96,000,000/20,000/2 = 2400
2	GTCNT	タイマ・カウンタ	0	初期状態ではクリヤしておく
3	GTCCRC	コンペア・バッファ・レジスタ	0	正相出力の立ち上がりは0に設定
4	GTCCRD	コンペア・バッファ・レジスタ	1	パルス幅　初期値は1に設定
5	GTCCRE	コンペア・バッファ・レジスタ	48	逆相出力の立ち上がり． 　パルス幅＋デッド・タイム
6	GTCCRF	コンペア・バッファ・レジスタ	2352	逆相出力の立ち下がり． 　周期－デッド・タイム

表3-12 GPTタイマGPT0，GPT1のレジスタ・ビットの初期設定値

番号	レジスタ名	ビット番号	ビット名	設定値	内容
1	MSTPCRA	7	MSTPA7	0	GPTタイマ 　0：モジュール・ストップ状態の解除
2	GTSTR	0	CST0	0	GPT0タイマ停止，後から始動
3	GTCR	2, 1, 0	MD	6	三角波PWMモード3
		9, 8	TPCS	0	クロック設定，ICLK/1に設定
4	GTUDC	0	UD	1	アップ・カウントに設定
5	GTIOR	5…0	GTIOA	3	GTIOC0Aの初期値はL，コンペア・マッチでトグル．周期の終わりで保持
		6	OADFLT	0	カウント停止時GTIOC0AはL
		13…8	GTOB	19	GTIOC0Bの初期値はH，コンペア・マッチでトグル．周期の終わりで保持
		14	OBDFLT	0	カウント停止時GTIOC0AはL
6	GTBER		CCRSWT		強制バッファ転送
7	GTONCR	0	NEA	1	GTIOC0A端子のネゲート許可
		1	NEB	1	GTIOC0B端子のネゲート許可
		2	NVA	0	ネゲート時GTIOC0A端子をL
		3	NVB	0	ネゲート時GTIOC0B端子をL
		7…4	NFS	0	AN000コンパレータ検出でネゲート
		8	NFV	1	ネゲート要因が1になったときネゲートする
		14	OAE	1	GTIOC0Aコンペア・マッチ時出力
		15	OBE	1	GTIOC0Bコンペア・マッチ時出力

表3-13 MTU0，MTU1のレジスタの設定

番号	記号	名称	設定値	内容
1	TCNT	タイマ・カウンタ	0	カウンタをクリヤしておく
2	TGRA	タイマ・ジェネラル・レジスタA	13636	55 Hzの1/2に設定
3	TGRB	タイマ・ジェネラル・レジスタB	27273	55 Hzに設定 96,000,000/55/64 = 27273
4	TGRC	タイマ・ジェネラル・レジスタC	6818	55 Hzの1/4に設定
5	TGRD	タイマ・ジェネラル・レジスタD	20454	55 Hzの3/4に設定

表3-14 MTU0のレジスタ・ビット設定

番号	レジスタ名	ビット番号	ビット名	設定値	内容
1	MSTPCRA	9	MSTPA9	0	MUTタイマ 　0：モジュール・ストップ状態の解除
2	TSTRA		CST0	0	MTU0タイマ停止後から始動
3	TCR	2, 0	TPSC	3	カウント・クロックは内部クロックICLK/64
		4, 3	CKEG	0	クロック・エッジ選択 　0：立ち上がりエッジ 　1：立ち下がりエッジ 　3：両エッジ
		7…5	CCLR	2	TGRBとTCNTのコンペア・マッチでTCNTクリヤ
4	TIORH	3…0	IOA	5	TRGAの機能 　MTIOC0Aの初期値はHigh，コンペア・マッチでLow
		7…4	IOB	2	TRGBの機能 　MTIOC0Bの初期値はLow，コンペア・マッチでHigh
5	TIORL	3…0	IOC	2	TRGCの機能 　MTIOC0Cの初期値はLow，コンペア・マッチでHigh
		7…4	IOD	5	TGRDの機能 　MTIOC0Dの初期値はHigh，コンペア・マッチでLow
6	TMDR1	3…0	MD	2	PWMモード1

表3-15 MTU1のレジスタ・ビット設定

番号	レジスタ名	ビット番号	ビット名	設定値	内容
1	TSTRA	1	CST1	0	0：MTU1.TCNTのカウント動作は停止 1：MTU1.TCNTはカウント動作
2	TCR	7…5	CCLR	0	TCNTのカウントクリヤ禁止
3	TIOR	3…0	IOA	8	MTIOC1Aの立ち上がりエッジでインプット・キャプチャ
		7…4	IOB	9	MTIOC1Bの立ち下がりエッジでインプット・キャプチャ
4	TMDR1	3…0	MD	0	通常動作（PWMは使用せず）
5	TIER	0	TGIEA	1	0：割り込み要求（TGIA）を禁止 1：割り込み要求（TGIA）を許可
		1	TGIEB	1	0：割り込み要求（TGIB）を禁止 1：割り込み要求（TGIB）を許可

表3-16 MTU5のレジスタ・ビット設定

番号	レジスタ名	ビット番号	ビット名	設定値	内容
1	TSTR	2	CSTU5	0	0：MTU5.TCNTのカウント動作は停止 1：MTU5.TCNTはカウント動作
2	TCRU	2…0	TPSC	3	カウント・クロックは内部クロックICLK/64
3	TIORU	4…0	IOC	29	外部入力信号のHighパルス幅測定用
4	TCNTCMPCLR	2	CMPCLR5U	0	MTU5.TCNTのカウント・クリヤ禁止
5	TIER	2	TGIE5U	0	0：TGIU5割り込み要求を禁止 1：TGIU5割り込み要求を許可

3-14と異なるところのみ示しています．また，MTU5のレジスタ・ビットの設定値を表3-16に示しています．

交流電源では50 Hzと60 Hzが使用されており，どちらの周波数になるかは設置された場所で決まるため，ここでは初期値として55 Hzで動作するようにしておき，電源周波数に応じて47 Hzから63 Hzまでの範囲で同期するようにしています．

MTUタイマは47 Hzから63 Hzの周波数を制御するため，クロックはPWMクロックを64分周した値を使用しています．

第4章

RXマイコンを使ってソフトウェアで制御する
MPPT機能付きDC-ACインバータの設計と試作

鈴木 元章
Suzuki Motoaki

　再生可能エネルギーとして太陽光発電が注目されて数年が経ち，さまざまな場所で太陽光発電パネル（Photovoltaic Panel；以降，PVパネル）を見かけるようになりました．また，再生可能エネルギーの固定価格買取制度も開始され，一般住宅や工場などで発電した電力を，電力会社の系統電力と接続して運用する動きも盛んです．一方，系統電力と接続せずに，発電した電力を充電池や電気自動車に蓄えるなど，家庭内で独立して使うシステムも多く見られます．

　本稿では，系統電力と接続しない独立型太陽光発電システムの基本的なハードウェア構成とソフトウェアの実装方法を，RXマイコンを使った試作ボードで紹介します．

独立型太陽光発電システム

● 系統連系型か独立型か

　太陽光発電システムは，設置される場所や使う電力の用途などにより分類することができます．電力会社の送電線に接続されるか否かで分類すると，「独立型」と「系統連系型」で大別されます．

　独立型は，太陽光パネルが発電した電力をすべて自家消費し，また，使う電力も電力会社の系統電力で補充することなく，太陽光パネルが発電した電力ですべて賄うシステムです（図1）．

　一方，系統連系型は，電力会社の系統電力へ接続され，余剰電力を送電網に送って電力会社に売電することも可能です．

　独立型太陽光発電システムのメリット，デメリットとしては，以下が挙げられます．

▶メリット
　送電線網を使用しない
　未電化地域でも使用できる
　災害発生などの停電時も使用できる

▶デメリット
　夜間や雨天時には蓄電装置が必要になる
　余剰電力を売電できない

　用途としては，一般住宅で使用されるほかに，使用電力が十分に小さければ，新たに送電線網を設置するよりもコストが安くてすむことから，信号機や街灯などにも使用されます．

● 機能

　独立型太陽光発電システムの機能には，以下の三つの機能があります．

（1）MPPT機能（Maximum Power Point Tracking；最大電力点追従機能）

　PVパネルは，日射量や温度などの自然環境によって出力が大きく変動します．PVパネルから効率良く電力を取り出すためには，PVパネルの出力電流と出力電圧のバランスを制御する必要があり，それを可能にするのがMPPT機能です．

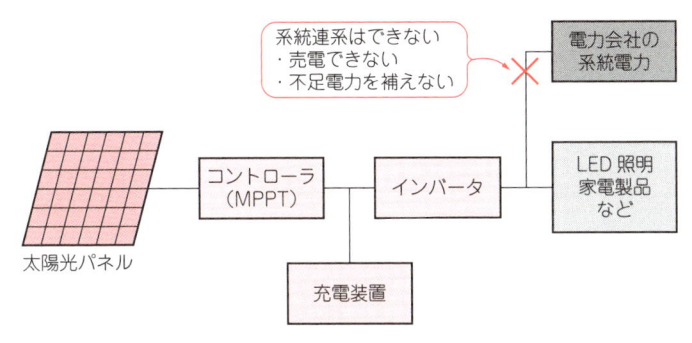

図1　独立型太陽光発電システム

(2) DC-ACインバータ

PVパネルが発電する電力は直流（DC）電力です．これを一般の電化製品で利用するには，直流（DC）電力を交流（AC）電力に変換する必要があります．

DC-ACインバータの機能に，電力会社の系統電力と接続する系統連系機能を追加すれば，パワー・コンディショナと呼ばれる系統連系型太陽光発電システムになります．

(3) DC-DCコンバータ

独立型太陽光発電システムでは，余剰な電力は，充電装置に蓄電されます．充電制御を行うためには，DC-DCコンバータが必要になります．また，近年では，直流電力から交流電力に変換する際の変換ロスを嫌い，自宅で発電した太陽光発電の直流電力を交流電力に変換せずに，宅内のLED照明に使用するなどの試みもされています．

本稿では，上記の独立型太陽光発電システムの機能の，(1)MPPT機能（最大電力点追従機能）と(2)DC-ACインバータについて，RX62Tマイコンを使った試作ボードを紹介します．

MPPTの概要

MPPTは，PVパネルから最大効率で電力を引き出すため，PVパネルを常に最大出力電力で動作させるように制御する機能です．本節では，MPPTの動作を説明するために，最初にPVパネルの特性カーブについて説明し，続いてMPPTを実現するための方法を紹介します．

● PVパネルのI-V特性

PVパネルは，光エネルギーを直接電力に変換して出力します．一般的にその出力は，発生する電圧と電流の相関関係となり，曲線の特性カーブで表すことができます．

PVパネルの特性カーブ（I-V特性，P-V特性）を図2に示します．

PVパネルの出力特性は，次の特徴があります．

(1) 開放電圧 V_{OC} [V]

PVパネルの出力端子を開放した状態（無負荷）で，出力端子間に発生する電圧です．

(2) 短絡電流 I_{SC} [A]

PVパネルの出力端子をショート（短絡）させた状態で流れる電流です．

(3) 動作点P（動作電圧 V_{OP} [V]，動作電流 I_{OP} [A]）

PVパネルは，電力を取り出すために設定された動作電圧 V_{OP} に対して，発生する動作電流 I_{OP} が決まります．このときの電圧，電流の点を動作点Pとします．動作点Pは，特性カーブ上を移動します．

(4) 最大出力 $P_{\max}$（最大動作電圧 V_{MPP} [V]，最大動作電流 I_{MPP} [A]）

PVパネルの出力電力は，特性カーブ上の動作点Pと原点を結ぶ面積となります．電力が最大となる動作点Pが，最大出力点 $P_{\max}$ です．このときの電圧，電流が，最大動作電圧 V_{MPP} [V]，最大動作電流 I_{MPP} [A]となります．

PVパネルからの電力を効率よく利用するには，電力が最大になる動作点Pで動作することが必要です．MPPT制御は，PVパネルの出力電流と出力電圧を変化させながら，電力が最大になる動作点Pを探します．

● MPPT機能

MPPTの実現方法には電圧追従法や山登り法などがありますが，試作ボードでは山登り法を採用し，MPPTを実現しています．

山登り法によるMPPT制御では，PVパネルの出力

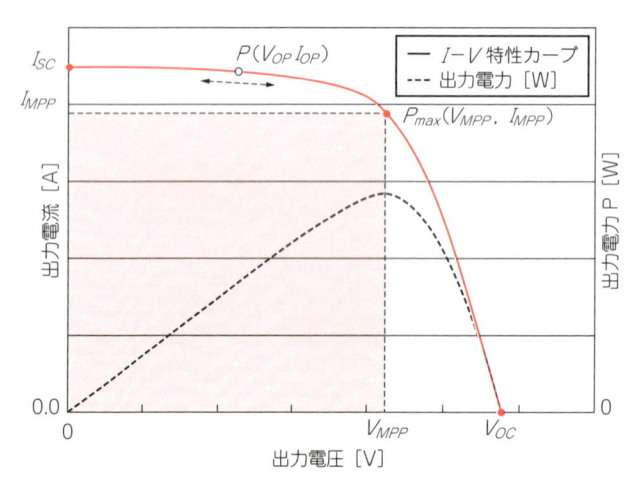

図2 PVパネルの特性カーブ

電圧/電流を常時変動させながら，PVパネルの出力電圧/電流（MPPTの入力電圧/電流）を検出し，算出された電力を比較しながら最大出力電力を探します．

図3にPVパネルの出力と山登り法による最大出力点の検出方法を示し，以下に図中の動作点②から動作点①を経由し，最大出力点③に追従するまでを例にMPPTの追従動作を記します．

MPPT制御では，PVパネルの出力電圧/電流を常時変動させます．ここでは，動作点②から電流を増加する方向にPWMの出力を常時変動させた場合を例にします．

動作点②にてPVパネルの出力電力を検出し，その値を保持します．次に，電流を増加させる方向にPWMの出力を変更し，動作点は①に移ります．動作

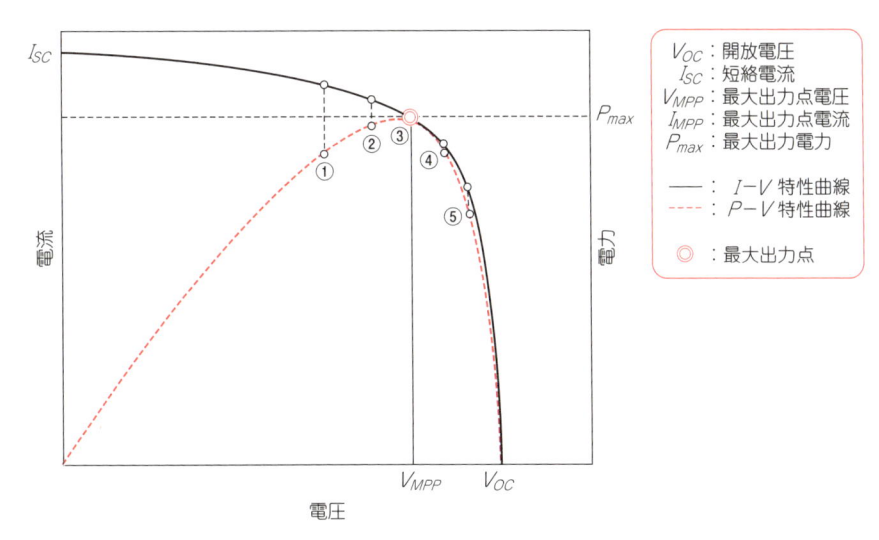

図3 MPPTの動作

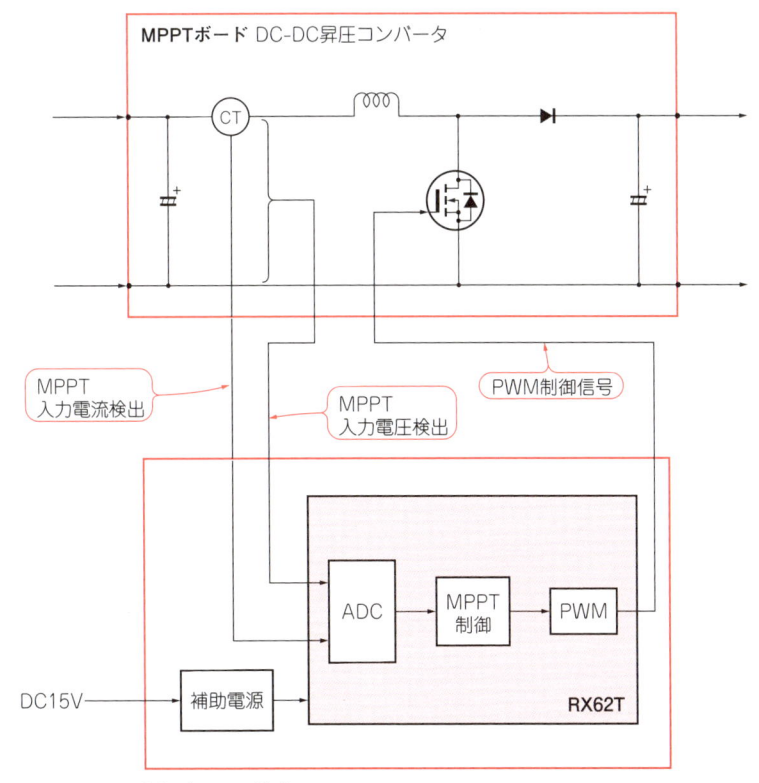

図4 MPPT試作ボードの構成

MPPTの概要 61

点①に移動後にPVパネルの出力電力を検出し，動作点②の値と比較します．

PVパネルの出力電力は，**図4**にあるように動作点②から①では電力が減少しているため，次は先ほどと逆に，電流を減少させる方向に変更し，動作点②に戻ります．再度，出力電力を比較すると，今回は電力が増加しているため，再び前回と同じ電流を減少させる方向に変更し，動作点③へ移動します．

電力が増加している限り，電流を減少させる方向に出力を変更しますが，動作点③から④へ移動したときに，PVパネルの出力電力は減少に転じます．ここで，再び電流を増加させる方向に出力を変更し，動作点③へ戻ります．

以降は，動作点は③を中心に②と④の行き来を繰り返して，動作点③近辺に留まることになります．

MPPT試作ボード

● システム構成

MPPT試作ボードのシステム構成を**図4**に示します．試作ボードは，以下の二つのユニットから構成されます．
(1) MPPTボード
(2) マイコン・ボード(RX62T)

PVパネルの出力は，MPPTボードの入力に接続されます．MPPTボードの出力は，負荷に接続されます．

また，マイコンの電源やパワーMOSFETのドライブ制御の電源用にDC 15 Vをマイコン・ボードの補助電源に供給します．システム全体は，RX62Tマイコンのソフトウェアでディジタル処理します．

動作仕様を**表1**に示します．

MPPT機能

MPPTでは，PVパネルの出力電流および出力電圧を制御するための電力制御の回路を必要とします．**図4**のDC-DC昇圧コンバータを使い，出力電流および出力電圧の制御を行います．

● MPPT制御ブロック

MPPTの制御は，RX62Tマイコンで処理します．制御ブロックを**図5**に示します．

制御ブロックのおもな処理は，RX62Tマイコンの内蔵周辺機能を使ったハードウェア処理と，演算を行うソフトウェア処理に分かれます．

● RX62Tマイコンの内蔵周辺機能

MPPTの制御には，下記のRX62Tマイコンのもつ内蔵機能を使用します．

表1　MPPTの動作仕様

項　目	設　定	備　考
入力電圧範囲	Vin_mppt	0〜20 [V]
入力電流範囲	Iin_mppt	0〜6 [A]
出力電圧	Vout_mppt	58 [V]
最大出力電流	Iout_mppt	1.32 [A]

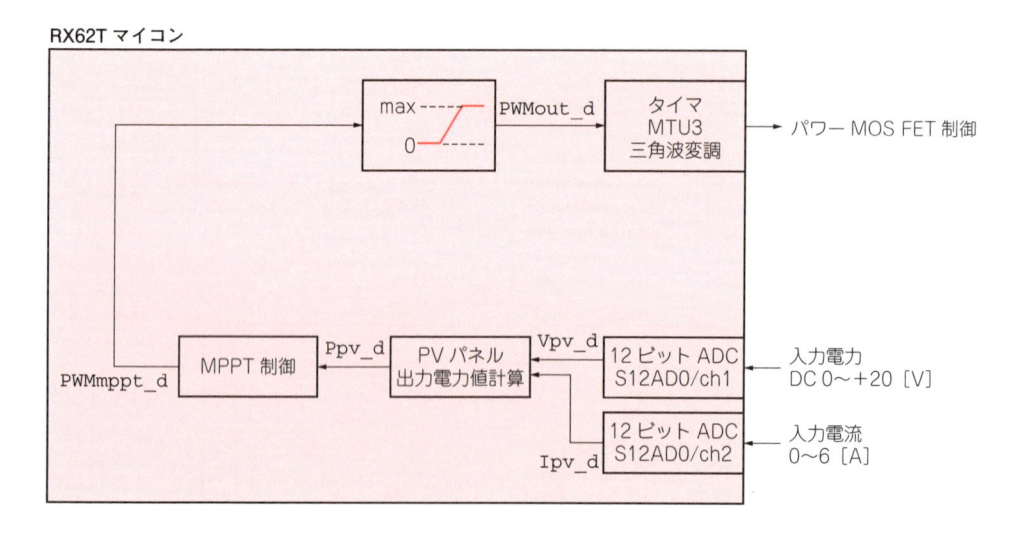

```
Vpv_d   ：入力電圧検出値 [digit]      PWMmppt_d：MPPT制御算出値 [digit]，PWM設定値相当
Ipv_d   ：入力電圧検出値 [digit]      PWMout_d ：有効範囲判定後PWM設定値 [digit]
Ppv_d   ：入力電圧計算値 [digit]
```

図5　MTTP制御のブロック図

表2 A-D変換器の設定

項 目	内 容
A-D変換クロック	ADCLK = 50 MHz
動作モード	1サイクル・スキャン・モード
A-D起動要因	MTU3_4のTRG4ANのトリガでA-D起動
割り込み	A-D変換終了で割り込み発生
サンプル&ホールド回路	入力端子(AN000, AN001, AN001)を同時サンプリング
入力端子	AN101(チャネル1)：MPPT入力電圧検出
	AN102(チャネル2)：MPPT入力電流検出

表3 MTU3の設定

項 目	内 容
使用チャネル	チャネル3
動作クロック	100 MHz
動作モード	相補PWMモード
キャリア周波数	20 kHz
PWM分解能	10 ns(1/100 MHz)
A-D変換スタート・トリガ	MTU3_4のTRG4ANのトリガでA-D起動
出力端子	MTU3_4

▶A-D変換器(12ビット)

MPPTボードの入力電圧値，入力電流値を検出します．RX62Tは，12ビットA-Dコンバータを2ユニット内蔵しています．設定を**表2**に示します．

▶マルチファンクション・タイマ・パルス・ユニット3(MTU3)

PWM信号を生成し，MPPTボードに搭載のパワーMOSFETのスイッチング制御を行い，出力電圧を調整します．

マルチファンクション・タイマ・パルス・ユニット3(MTU3)のチャネル3を相補PWMモード3に設定し，PWM出力信号を出力します．正相と逆相を出力しますが，ダイオード整流のため，PWM出力信号はロー・サイド(逆相)のパワーMOSFETにのみ接続されています．設定を**表3**に示します．

● 制御フローチャート

今回実装したMPPT試作ボードのMPPT機能のプログラムは，メイン関数とA-D変換終了割り込み関数から構成されます．

図6にフローチャートを，**図7**に制御タイミングを示します．

メイン関数では，PVパネルの出力電力をサンプリングし，PWMの設定値を計算します．

A-D変換終了割り込み関数では，PVパネルの出力電圧と出力電流をA-D変換器から読み込み，PWMの更新を行います．

▶PVパネル出力電力値計算

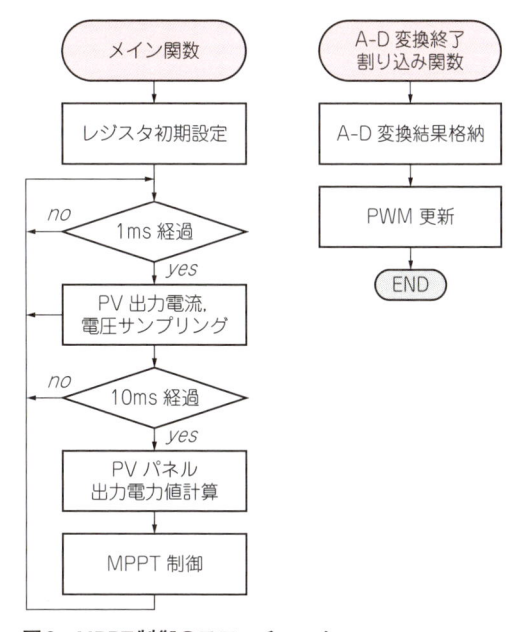

図6 MPPT制御のフローチャート

PVパネル出力電力値計算では，PVパネル出力電圧(MPPT入力電圧)とPVパネル出力電流(MPPT入力電流)から，PVパネルの出力電力値を算出します．

1 ms周期でPVパネル出力電圧とPVパネル出力電流を検出し，サンプル10回の平均値から10 ms周期ごとに，PVパネル出力電圧をマイコンのプログラムで算出します(**図8**)．

▶MPPT制御

MPPT制御方法の概要を**図9**に示します．

(1) 山登り法の追従動作範囲

PVパネルは，受光する日射強度の変化で短絡電流が大きく変化しますが，開放電圧には大きな変化はありません．よって，受光する日射強度の違いによる最大出力点の出力電圧も大きな違いはありません．そのため，最大出力点の出力電圧から大きく外れる電圧範囲に動作点をもっていくことは，無駄な処理になり，追従速度が遅くなります．

デモセットでは，最大出力点への追従速度を高速にするために，山登り法を実行する適用範囲を入力電圧

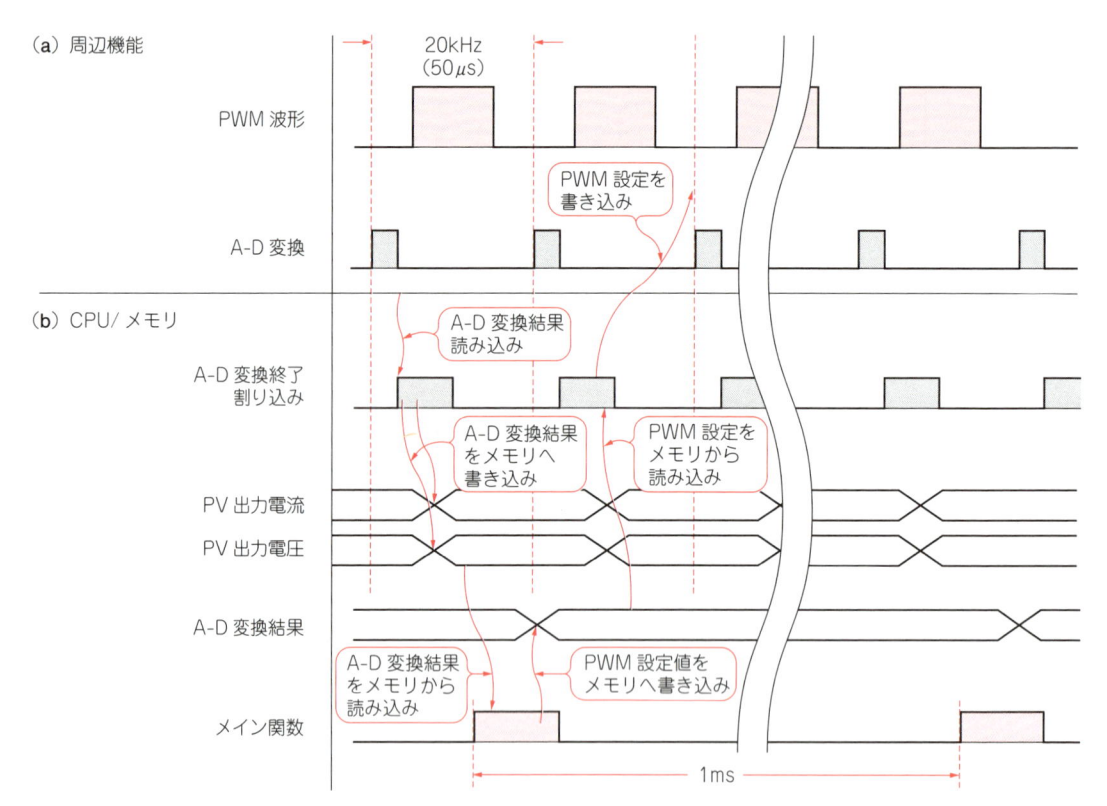

図7 MPPT制御のタイミング

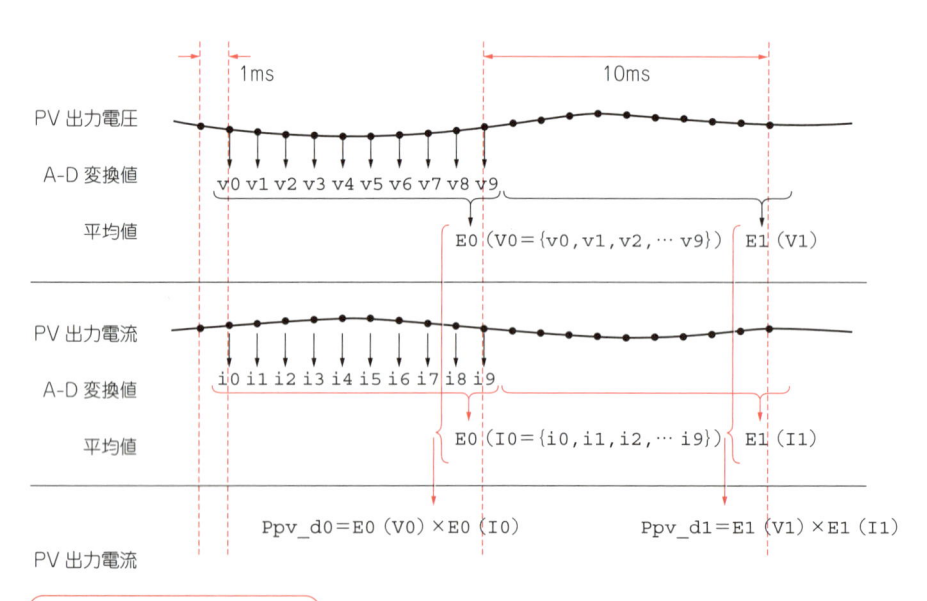

図8 PVパネル出力電力の計算

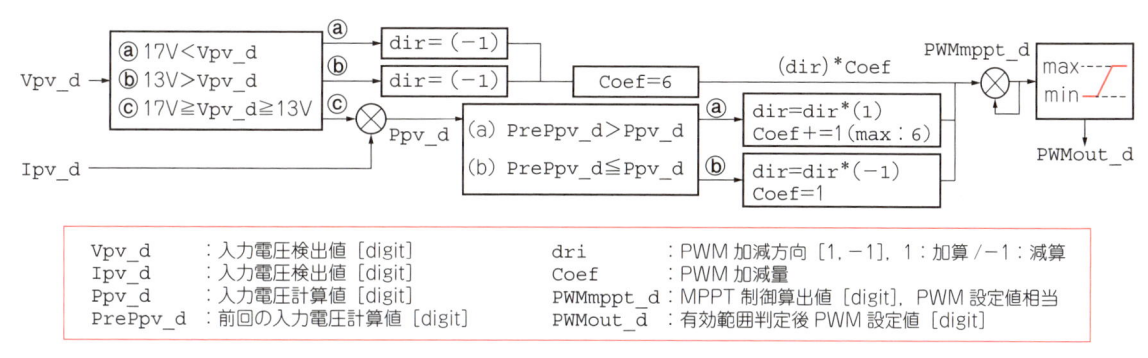

図9 MTTP制御

Vpv_d	：入力電圧検出値 [digit]
Ipv_d	：入力電圧検出値 [digit]
Ppv_d	：入力電圧計算値 [digit]
PrePpv_d	：前回の入力電圧計算値 [digit]
dri	：PWM加減方向 [1, -1]，1：加算/-1：減算
Coef	：PWM加減量
PWMmppt_d	：MPPT制御算出値 [digit]，PWM設定値相当
PWMout_d	：有効範囲判定後PWM設定値 [digit]

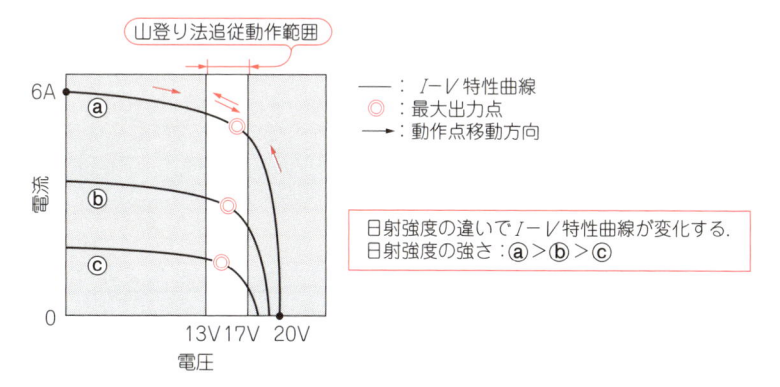

図10 山登り法による追従動作の範囲

で定めています．デモセットでの山登り法適用範囲は，13～17Vとしました．

適用範囲外の電圧の場合は，適用範囲内に向かう方向に動作点を移動するようにPWM出力を制御し，適用範囲内であれば山登り法を実行します．

山登り法の追従動作範囲とPVパネルのI-V特性を図10に示します．

(2) 山登り法によるMPPT制御

PVパネル出力電圧が適用範囲内であれば，山登り法を実行します．

検出した入力電圧(Vpv_d)と入力電流(Ipv_d)から，入力電力(Ppv_d)を求めます．求めた入力電力(Ppv_d)を，前回求めた入力電力(Ppv_d')と比較します．

入力電力が前回の入力電力より小さい場合(Ppv_d＜Ppv_d')は，現在のPWM加減方向(dir)が入力電力を減少させる方向に動作点を動かしていると判断し，PWM加減方向を変更します [dir*(-1)]．

入力電力が前回の入力電力より大きい場合(Ppv_d≧Ppv_d')は，現在のPWM加減方向(dir)が入力電力を増加させる方向に動作点を動かしていると判断し，PWM加減方向を保持し [dir*(1)]，さらに最大出力点までの到達時間の短縮を狙って，PWM加減量を増やします [Coef+=1(max：6)]．

入力電力の比較によって決定したPWM加減方向に従い，現在のPWMの設定値にPWMか減量を加えます [PWMmppt=PWMmppt+(dir)Δpwm]．

PWMの設定値には上限値および下限値が設定され，デモセットではパワーMOSFETのゲート信号のON幅がデューティ0～90％になるように，上限値および下限値を設定しています．

▶サンプル・プログラム

MPPT制御のサンプル・コードをリスト1に示します．サンプル・コード中の変数は，図9の図中の変数に対応しています．

DC-ACインバータ試作ボード

● 構成

PVパネルで発電した電力を，一般の電化製品に使用するためには，直流(DC)電力を交流(AC)電力に変換する必要があります．

試作ボードでは，充電池の出力電圧をDC-DC昇圧コンバータで昇圧し，ハーフ・ブリッジ・インバータで交流に変換しています．DC-ACインバータ試作ボードのシステム構成を図11に，外観を写真1に示し

リスト1　MPPT制御のサンプル・コード

```c
/***** PVパネル出力電力の計算 *****/
Ppv_d = Vpv_d * Ipv_d;                          // PV出力電力
/***** MPPT制御 *****/
if( Vpv_d < INPUT_V13 ){                        // 追従動作範囲外(PV出力電圧＜13V)
   Dir = -1;
   Coef = 6;
} else if( Vpv_d > INPUT_17 ){                  // 追従動作範囲外(PV出力電圧＞17V)
   Dir = 1;
   Coef = 6;
} else{                                         // 追従動作範囲内(13V≦PV出力電圧大なり≦17V)
   if( PrePpv_d > Ppv_d ){                      // 入力電力が前回より小さい場合
      Dir = (-1) * Dir;                         // PWM加減方向を変更
      Coef = 1;
   } else{                                      // 入力電力が前回の入力電力より大きい場合
      if( Coef < 6 ){
         Coef++;                                // 最大出力点到達へ加速する(最大値：6)
      }
   }
}
PrePpv_d = Ppv_d;                               //入力電力の更新
/***** 上限下限範囲判定 *****/
PWMmppt_d = PWMmppt_d + (Coef * Dir);           //PWM出力の更新
if( PWMmppt_d < COUNT_MINIMUM_PWM ){
   PWMmppt_d = COUNT_MINIMUM_PWM;
   Dir = (-1) * Dir;
   Coef = 1;
} else if( PWMmppt_d > COUNT_MAXIMUM_PWM ){
   PWMmppt_d = COUNT_MAXIMUM_PWM;
   Dir = (-1) * Dir;
   Coef = 1;
}
```

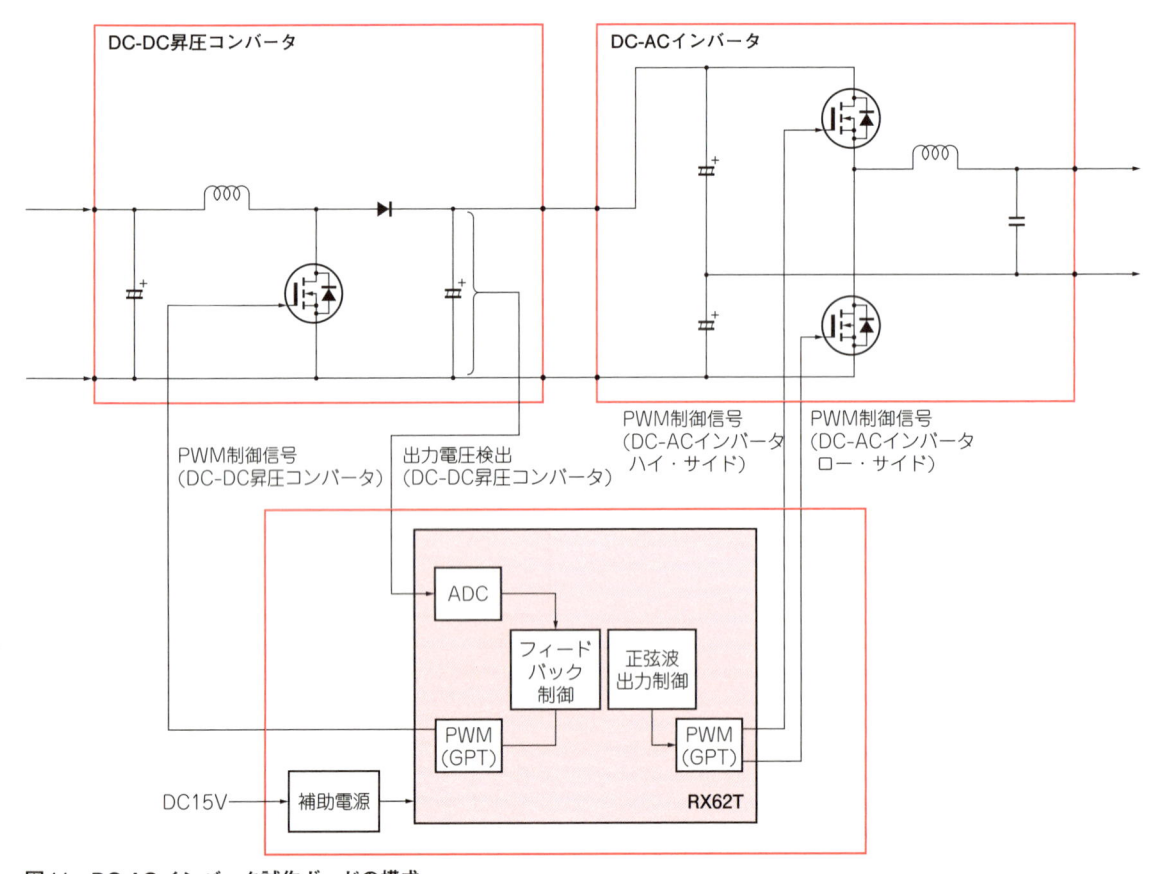

図11　DC-ACインバータ試作ボードの構成

ます.
　試作ボードは,以下の三つのユニットから構成されます.動作仕様を**表4**に示します.
(1) DC-DC昇圧コンバータ・ボード
(2) DC-ACインバータ・ボード
(3) マイコン・ボード(RX62T)

DC-DC昇圧コンバータ

　インバータが出力する交流電圧をAC 100 Vとした場合,ピーク電圧は141 V,ピーク・ツー・ピークで282 Vです.

　試作ボードは,ハーフ・ブリッジ・インバータで構成されるため,入力するDC電圧は,少なくてもピーク・ツー・ピークの282 Vが必要になります.そのため,インバータの入力の前段にDC-DC昇圧コンバータを配置し,インバータに必要な電圧を確保しています.

　試作ボードでは,DC-DC昇圧コンバータで入力電圧48 Vを出力電圧310 Vまで昇圧します.出力電圧をA-D変換器で検出し,フィードバック制御することで出力電圧を安定させています.

表4 インバータ動作の仕様

項　目	記　号	仕　様
入力電圧	V_{in}	DC 48 [V]
AC出力電圧	V_{out}	AC 100 [V]
最大出力電力	P_{out}	200 [W]
AC出力周波数	−	50 [Hz]

● RX62Tマイコンの内蔵周辺機能

　DC-DC昇圧コンバータの制御には,次のRX62Tマイコンの内蔵機能を使用します.
▶A-D変換器(12ビット)

写真1　DC-ACインバータ試作ボードの外観

DC-DC昇圧コンバータの出力電圧値を検出します．設定を表5に示します．

▶マルチファンクション・タイマ・パルス・ユニット3(MTU3)

PWM信号を生成し，DC-DC昇圧コンバータに搭載しているパワーMOSFETのスイッチング制御を行い，出力電圧を調整します．

正相と逆相を出力しますが，ダイオード整流のため，PWM出力信号はロー・サイド(逆相)のパワーMOSFETにのみ接続されています．設定を表6に示します．

DC-ACインバータ

インバータはハーフ・ブリッジで構成されています．ハーフ・ブリッジは，ブリッジに比べてスイッチング素子が2個で済むという利点があります．

一方，入力する直流電圧は2倍必要になり，スイッチング素子は2倍の耐圧が必要です．また，出力の片方は直流電圧源の中点につながるため，入力側のコンデンサが2個必要になります．

● RX62Tマイコンの内蔵周辺機能

DC-ACインバータの制御には，次のRX62Tマイコンの内蔵機能を使用します．

▶汎用PWMタイマ(GPT)

PWM信号を生成し，疑似PVパネルに搭載のパワーMOSFETのスイッチング制御を行い，出力電圧を調整します．

汎用PWMタイマ(GPT)のチャネル2を三角波PWMモード3に設定し，PWM出力信号の正相と逆相にデッド・タイムを付けたPWM信号を生成します．設定を表7に示します．

● ハーフ・ブリッジ・インバータの動作

交流波形を出力するためには，図12のDC-ACインバータボードの上下のスイッチング素子を交互に導通させ，そのON時間を変化させて出力電圧を変化させます．

図12の(A)の期間は，

G_AのON時間 > G_BのON時間

となる期間で，図12の出力コンデンサC_Cは上部が正極性となります．図12の(B)の期間は，逆に

G_AのON時間 < G_BのON時間

となる期間で，出力コンデンサC_Cの上部は負極性となります．

図13に各状態の動作を示します．

①に示すのは，図12の(A)の期間で，G_AがON，G_BがOFFした状態です．コンデンサC_Aから，電流は

$SW_A \to L \to C_C$

を通ります．C_Cは図中の上部が正極性です．

②に示すのは，図12の(A)の期間で，G_AがOFF，G_BがONした状態です．Lに流れる電流は，①と同じ向きです．コンデンサC_Bから，電流は

$SW_B \to L \to C_C$

を通ります．C_Cの図中の上部は，①の状態と同じく正極性のままです．

③に示すのは，図12の(B)の期間で，G_AがOFF，G_BがONした状態です．コンデンサC_Bから，電流は

$C_C \to L \to SW_B$

を通ります．C_Cの図中の下部が正極性となります．

④に示すのは，図12の(B)の期間で，G_AがON，G_BがOFFした状態です．Lに流れる電流は，③と同じ向きです．コンデンサC_Aから，電流は

$C_C \to L \to SW_A$

を通ります．C_Cの図中の下部は，④の状態と同じく正極性のままです．

表5 A-D変換器の設定

項　目	内　容
A-D変換クロック	ADCLK = 50 MHz
動作モード	1サイクル・スキャン・モード
A-D起動要因	MTU3_4のTRG4ANのトリガでA-D起動
割り込み	A-D変換終了で割り込みを発生
入力端子	AN101(チャネル1)：DC-DC昇圧コンバータ出力電圧検出

表6 MTU3の設定

項　目	内　容
使用チャネル	チャネル3
動作クロック	100 MHz
動作モード	相補PWMモード
キャリア周波数	20 kHz
PWM分解能	10 ns(1/100 MHz)
A-D変換スタート・トリガ	MTU3_4のTRG4ANのトリガでA-D起動
出力端子	MTU3_4

表7 GPTの設定

項　目	内　容
使用チャネル	チャネル2
動作クロック	100 MHz
動作モード	三角波PWMモード3(谷32ビット転送)
キャリア周波数	20 kHz
PWM分解能	10 ns(1/100 MHz)
デッド・タイム	100 ns
割り込み	周期終了で割り込み発生
出力端子	GTIOC2A(P73)
	GTIOC2B(P76)

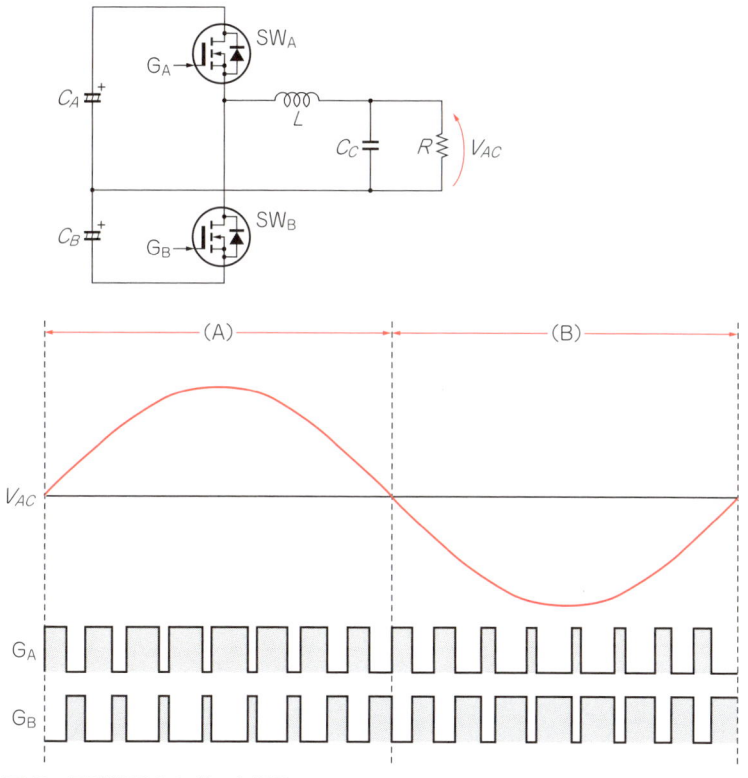

図12　正弦波出力とゲート信号

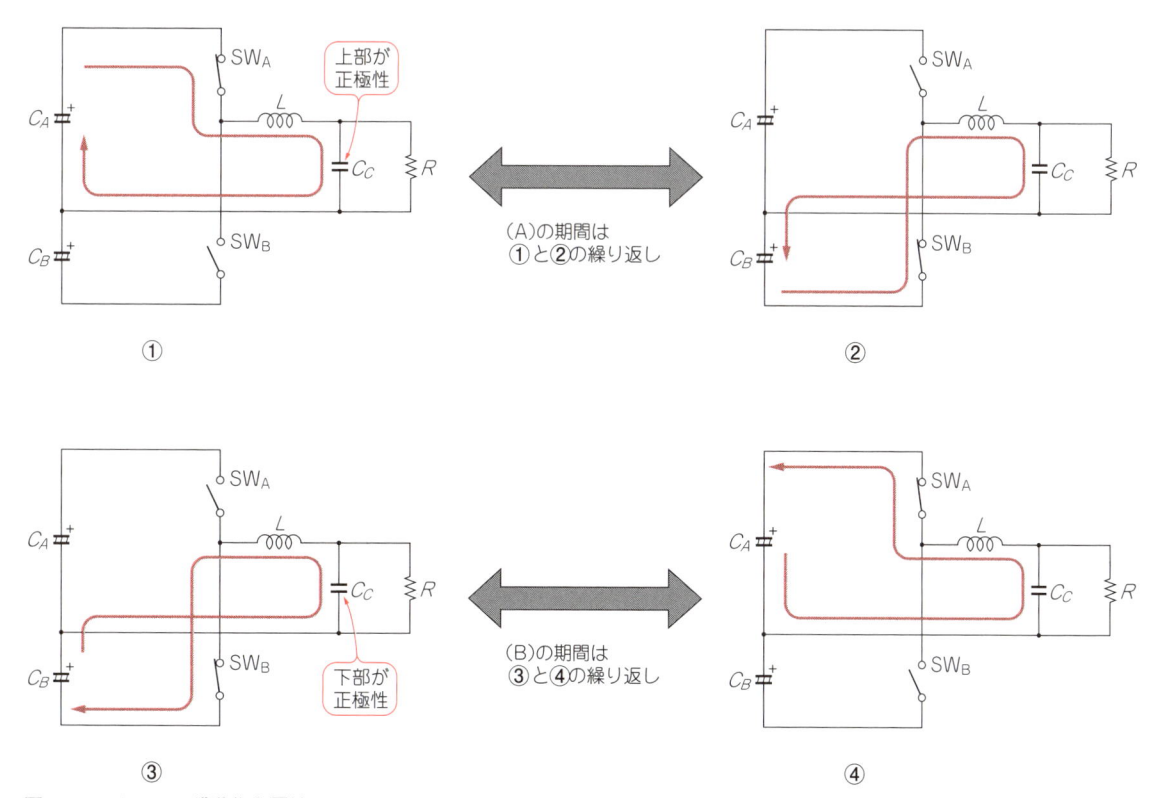

図13　スイッチング動作と電流

DC-ACインバータ

リスト2　正弦波データ・テーブル

```
const float sin_x[] = {    // sin(0)-sin(pi/2)
//  0.0000  0.0157  0.0314  0.0471  0.0628  0.0785  0.0942  0.1100  0.1257  0.1414    θ[rad]
    0.0000, 0.0157, 0.0314, 0.0471, 0.0628, 0.0785, 0.0941, 0.1097, 0.1253, 0.1409,/*sin(θ):*/
//  0.1571  0.1728  0.1885  0.2042  0.2199  0.2356  0.2513  0.2670  0.2827  0.2985
    0.1564, 0.1719, 0.1874, 0.2028, 0.2181, 0.2334, 0.2487, 0.2639, 0.2790, 0.2940,
//  0.3142  0.3299  0.3456  0.3613  0.3770  0.3927  0.4084  0.4241  0.4398  0.4555
    0.3090, 0.3239, 0.3387, 0.3535, 0.3681, 0.3827, 0.3971, 0.4115, 0.4258, 0.4399,
//  0.4712  0.4869  0.5027  0.5184  0.5341  0.5498  0.5655  0.5812  0.5969  0.6126
    0.4540, 0.4679, 0.4818, 0.4955, 0.5090, 0.5225, 0.5358, 0.5490, 0.5621, 0.5750,
//  0.6283  0.6440  0.6597  0.6754  0.6912  0.7069  0.7226  0.7383  0.7540  0.7697
    0.5878, 0.6004, 0.6129, 0.6252, 0.6374, 0.6494, 0.6613, 0.6730, 0.6845, 0.6959,
//  0.7854  0.8011  0.8168  0.8325  0.8482  0.8639  0.8796  0.8954  0.9111  0.9268
    0.7071, 0.7181, 0.7290, 0.7396, 0.7501, 0.7604, 0.7705, 0.7804, 0.7902, 0.7997,
//  0.9425  0.9582  0.9739  0.9896  1.0053  1.0210  1.0367  1.0524  1.0681  1.0838
    0.8090, 0.8181, 0.8271, 0.8358, 0.8443, 0.8526, 0.8607, 0.8686, 0.8763, 0.8838,
//  1.0996  1.1153  1.1310  1.1467  1.1624  1.1781  1.1938  1.2095  1.2252  1.2409
    0.8910, 0.8980, 0.9048, 0.9114, 0.9178, 0.9239, 0.9298, 0.9354, 0.9409, 0.9461,
//  1.2566  1.2723  1.2881  1.3038  1.3195  1.3352  1.3509  1.3666  1.3823  1.3980
    0.9511, 0.9558, 0.9603, 0.9646, 0.9686, 0.9724, 0.9759, 0.9792, 0.9823, 0.9851,
//  1.4137  1.4294  1.4451  1.4608  1.4765  1.4923  1.5080  1.5237  1.5394  1.5551
    0.9877, 0.9900, 0.9921, 0.9940, 0.9956, 0.9969, 0.9980, 0.9989, 0.9995, 0.9999,
};
#define SIZEOF_SIN_X (sizeof(sin_x)/sizeof(sin_x[0]))
```

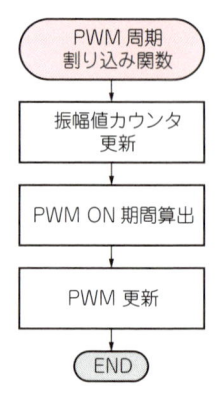

図14　正弦波出力のフローチャート

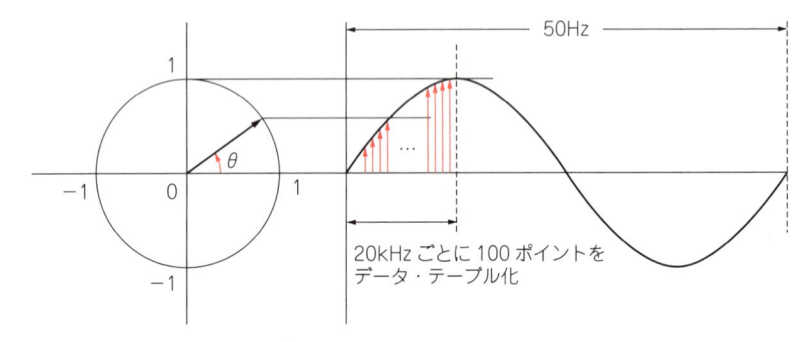

図15　正弦波データ・テーブルの範囲

● PWMによる正弦波出力

今回実装したDC-ACインバータ試作ボードのインバータ出力機能のプログラムは，PWMの周期終了割り込み関数で処理しています．

割り込み関数では，次の周期で出力する振幅値を計算し，周期ごとにPWMのON幅を変更することで正弦波出力を実現しています（図14）．

▶正弦波データ・テーブル

出力する正弦波の振幅値を計算するために，プログラムではあらかじめ振幅値のデータ・テーブルを用意しています．

正弦波データ・テーブルは，周波数50Hz，振幅1の正弦波の振幅値を，20kHzごとにテーブル化したものです．

正弦波データ・テーブルをリスト2に示します．データとしては，図15の第一象限のデータのみしかもちませんが，そのほかの期間も，このテーブルのデータを使って振幅値を計算しています．

▶PWM ON期間の算出

サンプル・コードをリスト3に示します．PWM周期の20kHzごとに実行され，実行するごとにカウントアップするカウンタ(sin_c)をもちます（リスト3の1～4行目）．このカウンタをポインタとし，正弦波データ・テーブルからデータを読み出し，PWM ON期間を算出します．

PWM ON期間の算出はswitch文で四つに分かれます（リスト3の6～21行目）．

case 0では，図15の0 [rad] ≦ θ＜π/2 [rad]の期間に実行されます．case 1, 2, 3の分岐は，θがπ，3π/2，2πで分かれています．

それぞれのcase文では，ON期間50％の設定値をベースに，最大振幅値に正弦波データ・テーブルの係

リスト3　PWM ON期間の算出

```
 1: sin_c++;
 2: if( sin_c >= (SIZEOF_SIN_X*4) ){
 3:   sin_c=0;
 4: }
 5:
 6: switch( sin_c/SIZEOF_SIN_X ){
 7:   case 0: //第一象限
 8:     pwm_reg = COUNT_NEUTRAL_PWM
           + (uint16_t)((float)(COUNT_RANGE_PWM/2) * sin_x[sin_c%SIZEOF_SIN_X]);
 9:     break;
10:   case 1: //第二象限
11:     pwm_reg = COUNT_NEUTRAL_PWM
           + (uint16_t)((float)(COUNT_RANGE_PWM/2) * sin_x[SIZEOF_SIN_X - 1
           - sin_c%SIZEOF_SIN_X]);
12:     break;
13:   case 2: //第三象限
14:     pwm_reg = COUNT_NEUTRAL_PWM
           - (uint16_t)((float)(COUNT_RANGE_PWM/2) * sin_x[sin_c%SIZEOF_SIN_X]);
15:     break;
16:   case 3: //第四象限
17:     pwm_reg = COUNT_NEUTRAL_PWM
           - (uint16_t)((float)(COUNT_RANGE_PWM/2) * sin_x[SIZEOF_SIN_X - 1
           - sin_c%SIZEOF_SIN_X]);
18:     break;
19:   default:
20:     break;
21: }
```

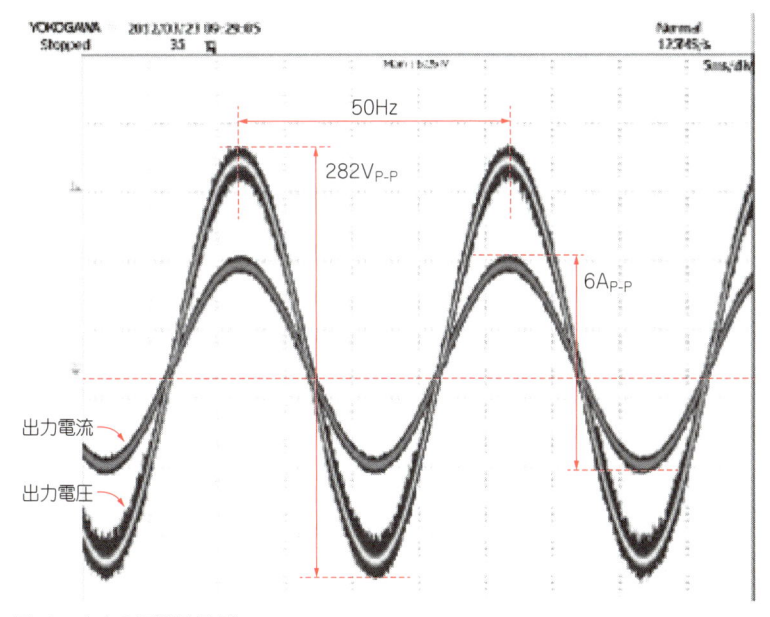

図16　出力の正弦波波形

数を掛けた値を加減算することで，PWMのON幅を変更し，正弦波を出力します．

出力波形

出力を実測した波形を図16に示します．

まとめ

独立型太陽光発電システムのMPPT機能とDC-ACインバータを，個別に試作ボードを作成して紹介しました．今回使用したRX62Tマイコンには，今回の試作ボードでは使用していない周辺機能が豊富にあるので，充電制御やDC-DCコンバータなどの機能追加をすることも可能です．

本稿で取り上げた太陽光発電は，環境を意識したアプリケーションであり，今後は，さらなるエネルギー効率の改善を目指した技術が導入されることが予想されます．

第5章

太陽光発電とリチウム・イオン蓄電池を利用した自立分散型エネルギー・システム

宮田 朗
Miyata Akira

　3.11の東日本大震災以降，毎年夏場になると全国の電力需給が逼迫する事態が現実のものとなり，国内のエネルギー政策は転機を迎えています．当面は化石燃料に頼らざるを得ない状況ですが，将来的には安全で持続可能なエネルギー源である再生可能エネルギーの導入が喫緊の課題となっています．

　再生可能エネルギーと言っても風力，太陽光，バイオマス，地熱，水力など種類も多く，さまざまな特徴があります．そのなかで太陽光発電は他の発電方式と比較し，設置制限が比較的少なく本体に可動部がないため，機械的故障が起きにくいうえに，発電時に廃棄物/排水/排気/騒音/振動が発生しないことから，家庭用の小規模発電からメガ・ワット級の大規模発電まで幅広く採用されています．

　一方，太陽光発電は気象条件に大きく左右されます．夜間は発電できず，昼間も天候によって発電量が大きく変動することがあります．これらの短所を補う有効な手段として，蓄電池と組み合わせたシステムが注目を集めています．ここでは，太陽光発電（PhotoVoltaics；PV）と蓄電池を組み合わせたシステムの種類と特徴について紹介します．

太陽光発電を取り巻く環境の変化

　先に紹介しましたが，太陽光発電は，再生可能エネルギーのなかでも急速に普及が進んでいます．

　日本国内では，2009年に経済産業省による「電力の余剰電力買い取り制度」が始まりました．これを契機に太陽光発電の効率改善や設置基準の整備，高効率パワー・コンディショナ（Power Conditioning System；PCS）の開発などが進み，家庭用太陽光発電の普及が加速しました．

　2012年には再生可能エネルギーの導入をさらに加速するため「固定価格買取制度」に制度改定され，中/大規模の太陽光発電事業者の参入と建設が進んでいます．

● 電力品質

　一方，太陽光発電電力は日射に左右されます．当然ですが夜間に電力が必要な場合は役に立ちません．また，天気の良い地域では一斉に発電量が増し，地域の消費電力を大きく上回って過剰電力となります．

　現在の送配電系統は，「固定価格買取制度」が始まる以前の設備であるため，送配電系能力の限界から新しい太陽光発電設備の電力系統への接続を制限している地域も発生しています．

　こうした状況から，これまでのように太陽光発電で発電したぶんをすべて電力会社が買ってくれる時代はそう長くは続かないと考えられ，電力品質の高さも求められてくるものと思います．

● 自立/分散型のエネルギー・システム

　3.11の東日本大震災のときには，発電所などのインフラの被害による長期間の停電や，その後の数週間に及ぶ計画停電を実際に経験しました．地震大国である日本は東日本に限らず全国的に，災害に強い自立/分散型のエネルギー・システムの導入が必要と考えられています．

　環境省は「再生可能エネルギー等導入推進基金」として自然エネルギーや地球温暖化対策に公共投資する日本版グリーン・ニューディール政策を進めています．

　民間企業においても，ビル全体のエネルギー効率を改善し，再生可能エネルギーを利用したゼロ・エネルギー・ビルディング（ZEB）が注目されています．

　　　　　＊　　　　　　　　　＊

　このように，太陽光発電を取り巻く環境は，単純な「売電」から送電系統に悪影響を与えない電力品質を求められるとともに，「自立/分散型のエネルギー・システム」の主要な構成要素として期待されつつあります．

　今後は，太陽光発電の優れた特長を生かしたまま，欠点である不安定さを克服していくことが重要となってきます．

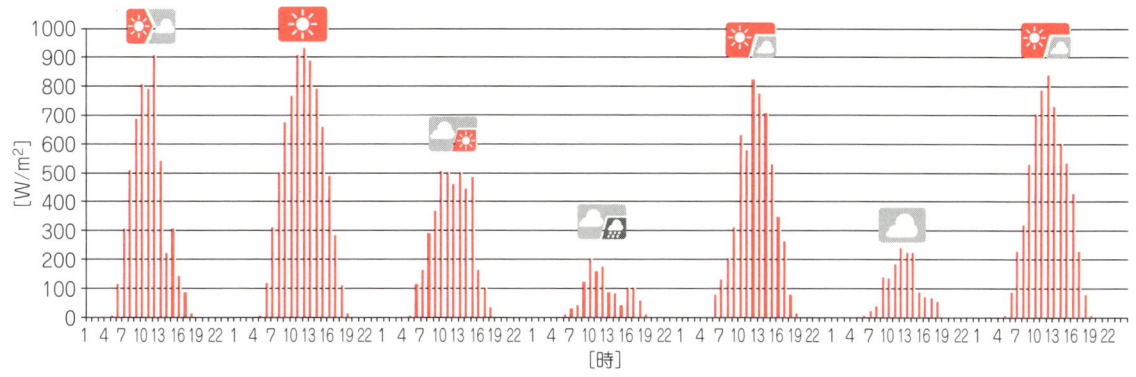

図1 東京の時間帯別発電量

リチウム・イオン蓄電池の利用

NEDO(独立行政法人新エネルギー・産業技術総合開発機構)のホームページに,年間時別日射量データベース(METPV-11)が公開されています.これを利用すれば,国内837地点,20年間(1990～2009年)の各時間の日射量,降水量や気温などを把握することができます.

● 天候と日射量

図1は,東京地方の5月の7日間の水平面日射量 [W/m^2] を示しています.天候によって,1日当たりの日射量(グラフ縦棒の合計)では6倍の差があることがわかります.

● 長期停電時のシミュレーション

ここで,ある事務所を例にして,長期停電が発生した場合の例を紹介します.

この事務所の消費電力は表1のとおりです.1時から24時間の消費電力を1時間単位で表しています.

設備は以下のとおりです.
(1) 太陽光発電設備
　出力:10kW,傾斜角:30°,方位角:0°
(2) リチウム・イオン蓄電設備
　PCS出力:10kW,蓄電池:44kWh

蓄電池が満充電の状態で,0:00時に停電が発生し,7日間停電が続いた場合の蓄電池残量推移のシミュレーションを図2に示します.

実線のラインが蓄電池残量を表します.0:00時の停電発生から事務所内の電力を蓄電池によって供給開始するため,夜明けの6:00時頃まで蓄電池残量は低下していきます.

夜明けとともに太陽光発電設備が発電を開始し,事務所の消費電力を上回ると余剰ぶんを充電して蓄電池残量は上昇し,満充電で止まります.日が暮れると蓄電池残量は再び低下していきますが,残量がゼロまで達しないため,夜間も停電することなく電力を供給し続けることができます.

このように,太陽光発電と蓄電池を併用することで,日中の余剰発電を蓄電池に充電し,夜間は蓄電池から放電することで,電力が必要なときに安定して供給できることがわかります.

● 蓄電池の特性

ここで,太陽光と併用する電池の特性にも目を向けてみましょう.

このような使いかたでは,毎日充電/放電を繰り返します.天気の悪い日には,放電末近くまで達します.グラフには現れませんが,太陽が雲に隠れたり再び現れたりした場合には,短時間で太陽光の発電量が大きく変動します.このことから蓄電池に求められる性能は以下のようになります.

- サイクル(繰り返し充放電回数)寿命が多いもの
- 利用可能なDOD(放電深度)の幅が広いもの
- 満充電や放電末のときでも劣化が少ないもの
- 急激な充放電電流の変化に対応できるもの
- 小型で大容量のもの

現在,鉛電池よりもリチウム・イオン蓄電池が多く使われているのはこのためです.

リチウム・イオン蓄電池のなかにも,さまざまなタイプのものがあります.選定の際には,それらの特性を見極めることが重要となります.

太陽光発電とリチウム・イオン蓄電池を組み合わせたシステム構成

次に,太陽光発電とリチウム・イオン蓄電池を組み合わせたシステムについて,PCSの構成の観点から見ていきましょう.

表1 事務所の消費電力の内訳

機器名	電力[W]/台数		消費電力[W]	1時	2時	3時	4時	5時	6時	7時	8時	9時	10時	11時	12時	13時	14時
事務室	48	2	96	96													
液晶テレビ	100	1	100						160	160	160	160	160	160	160	160	160
パソコン	15	3	45								45	45	45	45	45	45	45
冷蔵庫	100	1	100	100	100	100	100	100	100	100	100	100	100	100	100	100	100
携帯電話充電器	10	10	100								100	100	100	100	100	100	100
固定電話機	5	2	10							10	10	10	10	10	10	10	10
ラジオ	10	1	10								10	10	10	10	10	10	10
誘導灯	1.5	4	6	6	6	6	6	6	6	6	6	6	6	6	6	6	6
業務用石油ストーブ				110	110	110	110	110	110	110	220	220					
業務用電気ポット	900/23	3									2700	69		69	2,700	69	69	69
街路灯	25	2	50	50	50	50	50	50									
消費電力合計				362	266	266	266	266	426	386	3351	720	500	3,131	500	500	500

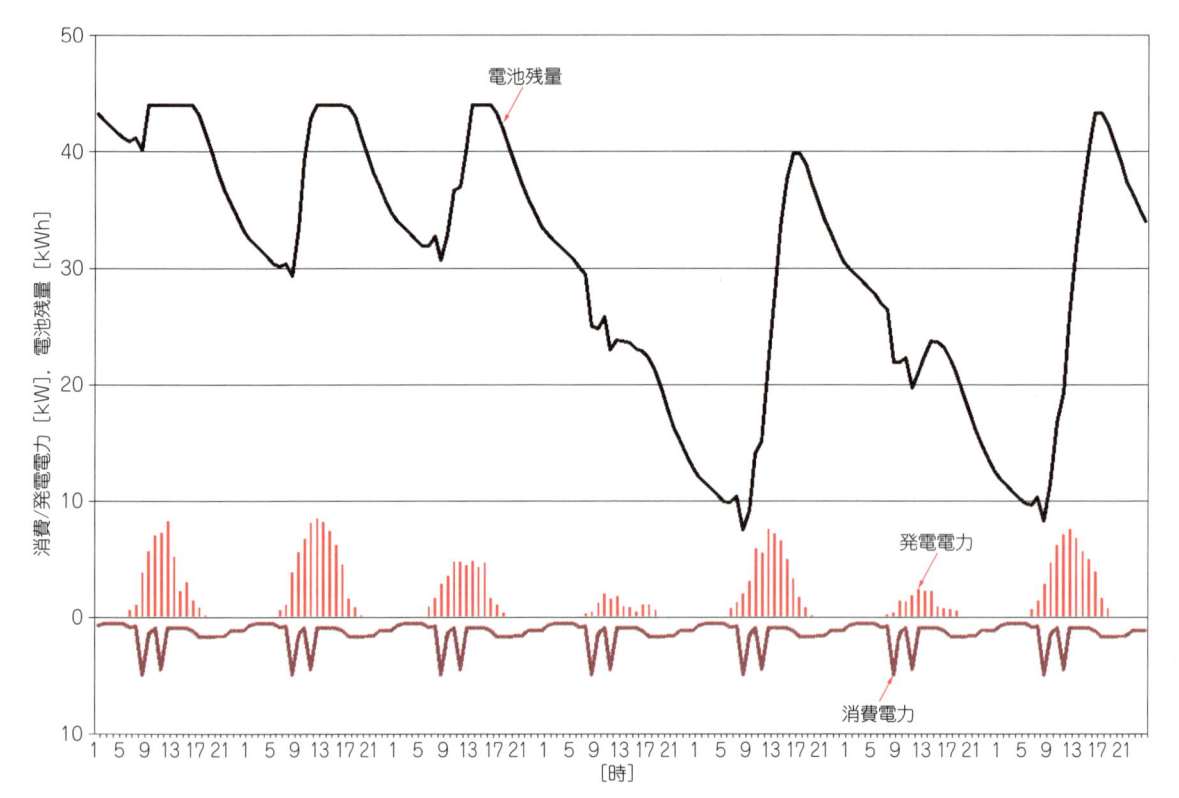

図2 長期停電時の蓄電池残量推移

● PV-PCSと蓄電池PCSを交流電源系統で接続

通常のPV-PCSと蓄電池PCSを，交流電源系統で接続する方式です（図3）．

リチウム・イオン蓄電池では，放電末から充電末までの電圧変動が多いため，蓄電池PCSにはDC-DCチョッパが付いています．これを省略したものもありますが，直流側の電圧低下により系統連系規定に適合した波形歪率が達成できなくなる場合があり，蓄電池の利用電圧範囲に制限を設けたものもあります．この場合は，実質的な蓄電池容量が低下するので注意が必要です．

▶長所

(1) PV用PCSを使用するので最大電力点追従制御（Maximum Power Point Tracking；以降MPPT）が可能
(2) 各社からさまざまな製品が販売されておりラインアップが豊富

15時	16時	17時	18時	19時	20時	21時	22時	23時	24時
	96	96	96	96	96	96	96	96	96
160	160	160	160	160	160	160			
45	45	45	45	45					
100	100	100	100	100	100	100	100	100	100
100	100	100	100	100	100	100	100	100	100
10	10	10	10	10	10	10			
10	10	10	10	10	10	10	10	10	10
6	6	6	6	6	6	6	6	6	6
		220	220	220	220	220	220	220	220
69	69	69	69	69	69	69			
		50	50	50	50	50	50	50	50
500	596	866	866	866	821	821	592	582	582

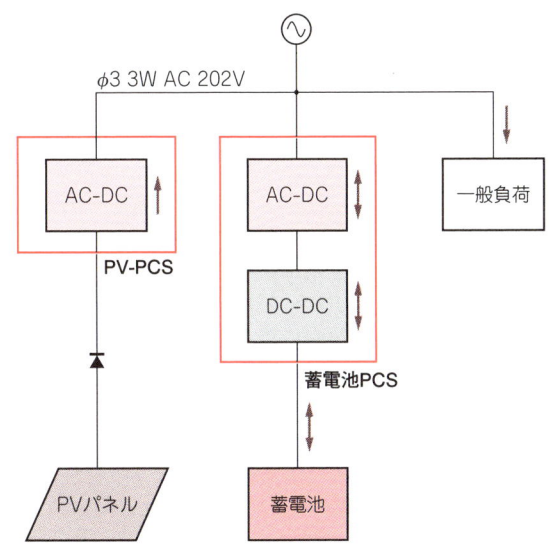

図3 PV-PCSと蓄電池PCSを交流電源系統で接続

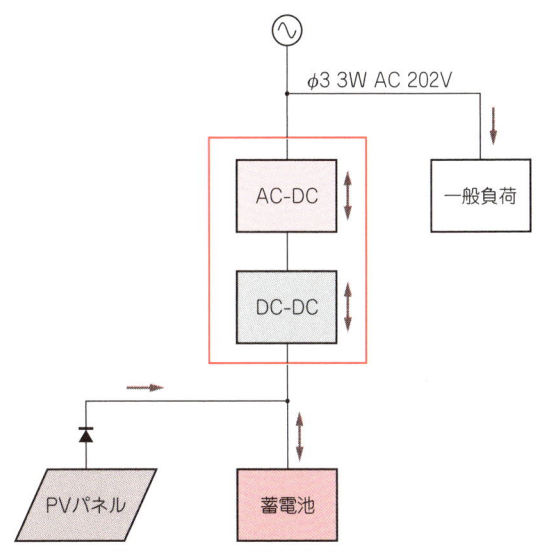

図4 PVパネルの出力と蓄電池を直流で接続

して制御する必要があります．停電時は，それぞれのPCSを自立運転すると周波数同期ができないため，蓄電池PCSを自立モード，PV-PCSを連系モードで動かします．

蓄電池PCSが自立運転時中に，
　　負荷＜PV発電
となったときに，PVの余剰電力を蓄電池に充電できる蓄電池PCSを選定する必要があります．また，この状態で蓄電池が満充電になるとPV発電を制限または停止できるようにする必要があります．

さらに，電池を放電末まで使うと蓄電池PCSを自立モード起動できないため，制御システムでPV-PCSから自立起動するモードを設けるなど，非常に複雑なシステムとなります．

▶短所
(1) 発電状況や負荷の状況に応じて2台のPCSを制御するためのコントローラが必要
(2) 2台のPCSが併設されるため停電発生時の単独運転検出が相互干渉しないようにする必要がある
(3) 長期停電時に蓄電池を放電末まで使うと蓄電池からの自立起動ができなくなる（PV-PCSを連係モードで使う場合）

▶注意点
現在，この構成のメーカ標準システムは少ないため，多くの場合は利用者またはシステム・ベンダが自らシステムを構築する必要があります．また，短所にも記載していますが，単純に2台のPCSを組み合わせるだけではだめで，2台のPCSを制御するコントローラが必要です．

通常時は，PV発電量，負荷状況，電池残量を監視

● PVパネルの出力と蓄電池を直流で接続
図4は，PVパネルの直流出力と蓄電池を直接接続する方式です．

DC-DCチョッパを省略した製品もありますが，前述のとおり実質蓄電池容量の低下などの制約もありますので注意が必要です．

▶長所
(1) 回路がシンプルで安価な方式
(2) 制御がシンプル
　PVパネルと蓄電池の電圧をうまく選定すれば，PV側の制御をする必要がありません．

▶短所
(1) PVのMPPT制御ができない
　電圧が蓄電池の電圧に引っ張られるためMPPT制御ができません．

（2）パネル・メーカやストリング構成に制約がある

PVパネルと蓄電池の電圧をうまくマッチさせないと過充電となります．さらにPVの最大効率点付近となるようにPVパネルを選定する必要があるので，パネル・メーカやストリング構成を変更できなくなります．

▶PVパネル表面温度と発電電力の関係

図5は，単結晶タイプPVパネルのパネル表面温度が－5℃，25℃，60℃のときの「電圧-出力特性」の一例です．パネルの表面温度により，カーブの頂点である最大電力点が大幅に変化することがわかります．

MPPT制御では，PVパネルから取り出す電圧を制御することでPVパネル能力を最大限に引き出しますが，PVパネルの出力と蓄電池を直流で直接接続する方式では，容量が大きく電圧が安定している蓄電池の電圧に引っ張られるためMPPT制御ができなくなります．

25℃で最大効率となるように設計したとしても，夏場などPVパネル表面温度が60℃を超えるような場合は，取り出せる電力が大幅に低下します．

▶整流器とコンタクタの利用

図6は，同じくPVパネルの出力と蓄電池を直流で接続する方式ですが，蓄電池とDC-DCチョッパの間に整流器とコンタクタ(Ctt1，Ctt2)が付いています．

Ctt1で充電，Ctt2で放電の入切を制御できます．このため，短所(2)の過充電/過放電の防止制御が可能となり，パネル選定の幅が広がります．

Ctt1，Ctt2をどちらも開いた場合はPV-PCSと同様となるので，短所(1)のMPPT制御が可能となりますが，Ctt1またはCtt2をONしたときには蓄電池電圧に固定されるためMPPT制御はできなくなります．

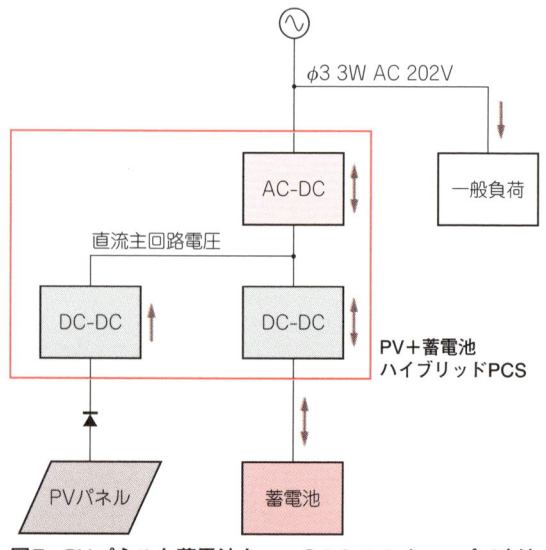

● PVパネルと蓄電池を二つのDC-DCチョッパで直流主回路に接続

図7は，PVパネルと蓄電池をそれぞれ二つのDC-DCチョッパで直流主回路に接続する方式です．

▶長所

（1）MPPT制御が可能

PV用DC-DCチョッパによりPV側の電圧を制御できるため，MPPT制御が可能です．

（2）蓄電池の利用可能電圧範囲が広い

蓄電池用DC-DCチョッパにより幅広い電池電圧に対応が可能です．このため蓄電池の定格容量まで利用できます．

（3）長期停電時もPVからの自立起動ができる

PV，蓄電池のいずれからも自立起動できるため，停電が何日も続く場合，蓄電池を放電末まで使い切っても，翌朝のPVからの自立起動ができます．

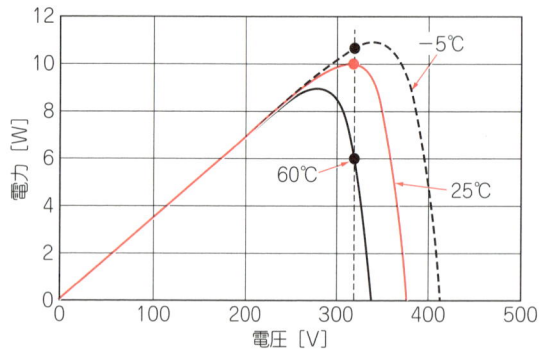

図5 PVパネル表面温度と発電電力の関係

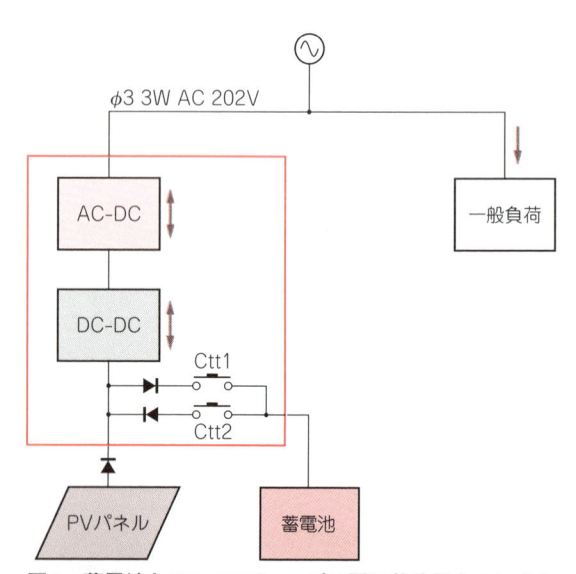

図6 蓄電池とDC-DCチョッパの間に整流器とコンタクタを使用してPVパネルの出力と蓄電池を直流で接続

図7 PVパネルと蓄電池を二つのDC-DCチョッパで直流主回路に接続

▶短所
(1) 構造が複雑
　DC-DCチョッパが2台必要なためスペース面，価格面でPVパネルの出力と蓄電池を直流で接続する方式よりも不利となります．
(2) 制御が複雑
　2台のDC-DCチョッパとAC-DCインバータを最適に制御する必要があります．特に，DC主回路電圧制御を担うインバータやチョッパの切り替えなど，高度な制御技術を必要とします．

太陽光発電とリチウム・イオン蓄電池を組み合わせた実際の製品

　現在，数社から太陽光発電とリチウム・イオン蓄電池を組み合わせた製品が発売されています．
　東芝ITコントロールシステム社では，PVと連系しない蓄電池PCSも販売しており，総称を「リチウム・イオン蓄電システム」と称しています．PVと連系するタイプは，最後に紹介した「PVパネルと蓄電池を二つのDC-DCチョッパで直流主回路に接続」するタイプを開発しており，このタイプを「ハイブリッドPCS」と称しています．
　DC-DCチョッパとAC-DCインバータを統括制御するマイコンを内蔵することで，MPPT制御や過充電/過放電防止制御，充電末や放電末それぞれのモードでの最適な制御を実現し，外部コントローラによる制御を必要としないものとなっています．

● システム構成
　図8にシステム構成を示します．
　電力系統は，三相3線200Vに対応した系統連系インバータとなっています．
　PVパネルは，「リチウム・イオン蓄電システム」に直流のまま接続することができます．「リチウム・イオン蓄電システム」の状態はEthernetで外部に通信することができ，図8の例では，監視用のウェブ・サーバ(オプション)を経由して，手持ちのパソコンまたは大型表示器に表示することが可能です．

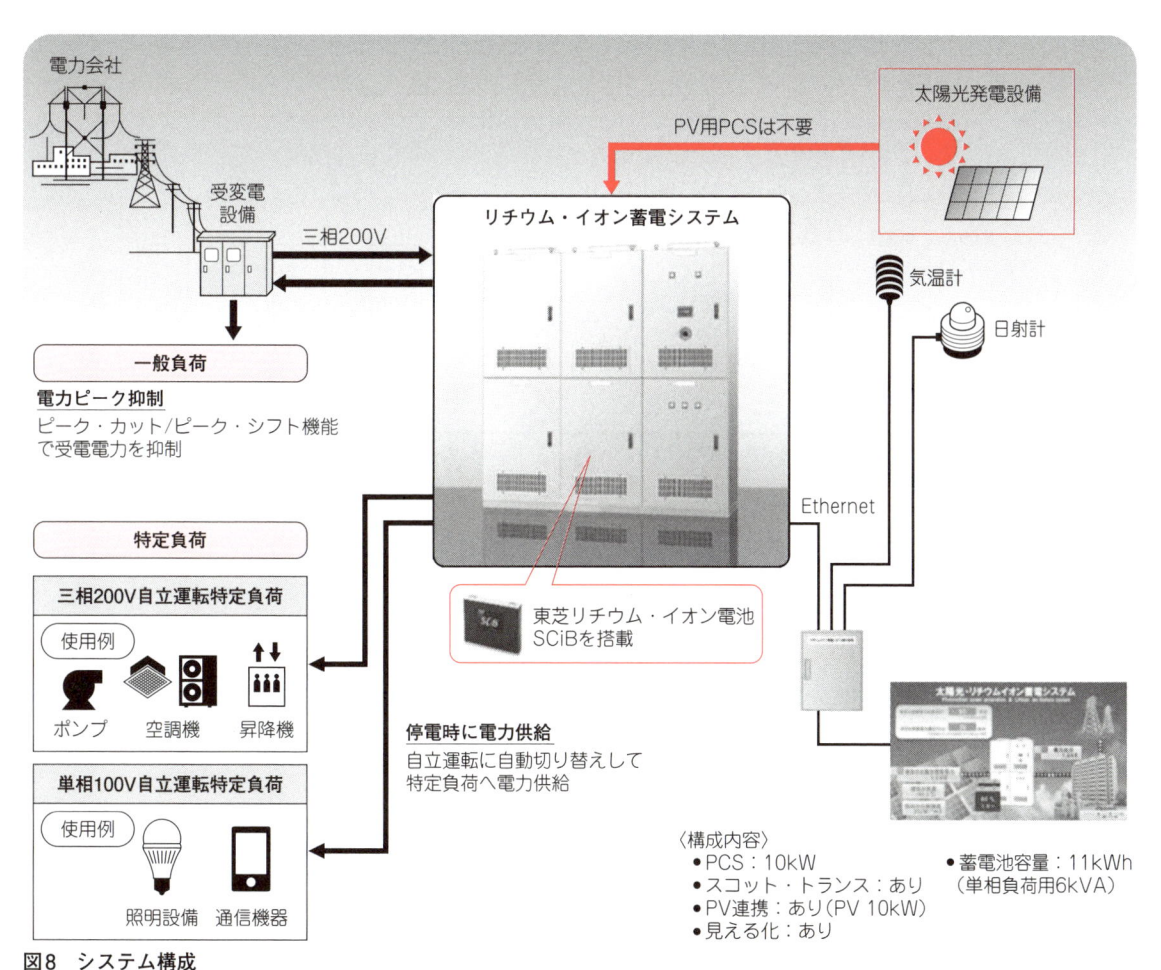

図8　システム構成

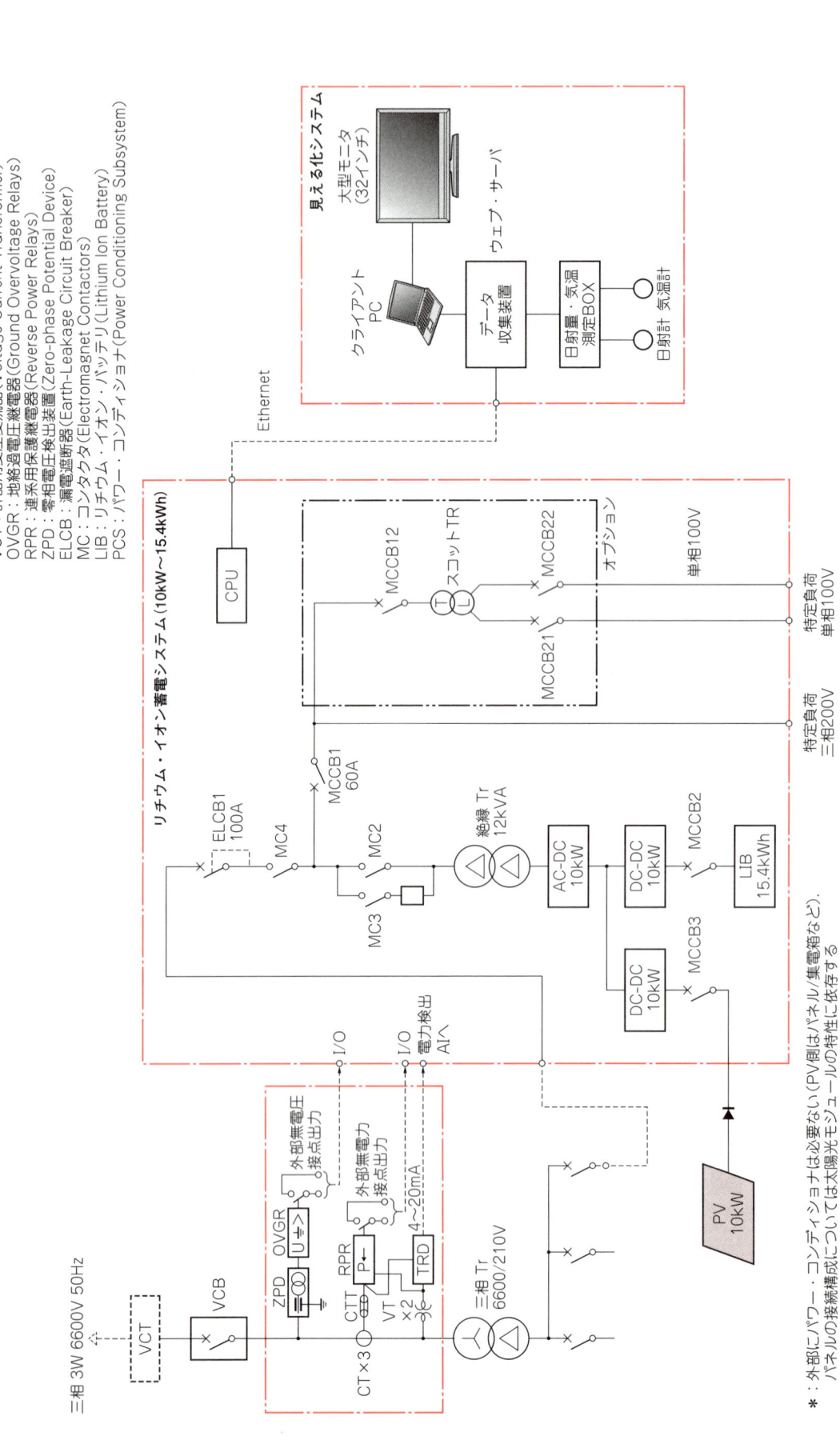

■用語集
VCT：計器用変圧変流器(Voltage Current Transformer)
OVGR：地絡過電圧継電器(Ground Overvoltage Relays)
RPR：逆系用保護継電器(Reverse Power Relays)
ZPD：零相電圧検出装置(Zero-phase Potential Device)
ELCB：漏電遮断器(Earth-Leakage Circuit Breaker)
MC：コンタクタ(Electromagnet Contactors)
LIB：リチウム・イオン・バッテリ(Lithium Ion Battery)
PCS：パワー・コンディショナ(Power Conditioning Subsystem)

* ：外部にパワー・コンディショナは必要ない(PV側はパネル/集電箱など)。パネルの接続構成については太陽光モジュールの特性に依存する

図9　IPCS-LIB-X100 単線結線図
構成：10kW-15.4kWhハイブリッド+見える化システム

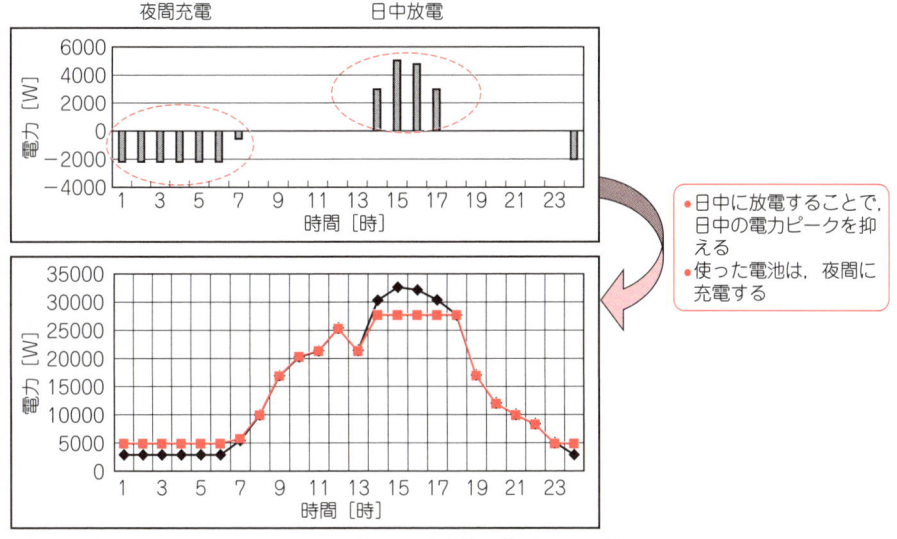

図10 ピーク・シフト(タイム・スケジュール)機能の使用イメージ

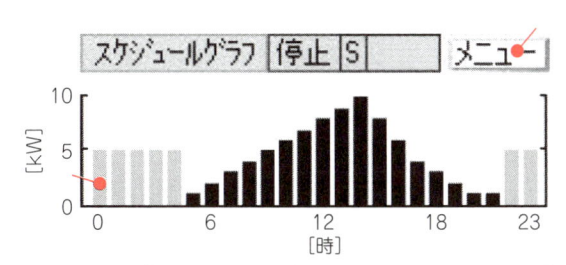

図11 前面グラフィック・パネルからのタイム・スケジュール設定イメージ

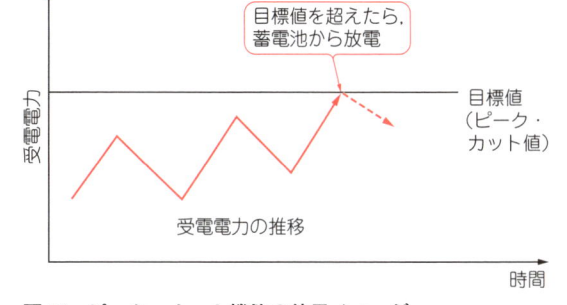

図12 ピーク・カット機能の使用イメージ

● 単線結線図

図9にシステム全体の単線結線図の例を示します．
この例では，高圧受電を行い，受変電設備で低圧200Vに降圧しているものとなっています．

● 太陽光発電とリチウム・イオン蓄電池を組み合わせた一体型ハイブリッド構成の特徴

この「ハイブリッドPCS」では，PCS定格10kWと25kWの2タイプがあり，蓄電池容量は11kWh～176kWhまで増設できます．

ハイブリッド・タイプは太陽光発電用PCSと蓄電システムの一体型システムのため，停電時も太陽光発電の定格に制限がかかりません．

蓄電池への充電は，系統の商用電源から行う場合と，太陽電池から直接行う場合の両方が可能で，停電時も特定負荷に電力を供給できます．

太陽電池で発電した直流電力を交流に変換することなく直流のまま蓄電池に充電できるため，ロスが少なく効率的な構成です．

● 機能

ここでは，停電バックアップ以外の通常時に利用できる機能を紹介します．

(1) ピーク・シフト機能(スケジュール)

タイム・スケジュール機能を使い，需要電力の低い時間帯(例えば夜間)に蓄電池を充電して，需要電力の高い時間帯(例えば日中)に蓄えた電力を放電することにより，ピーク時間帯の系統電力使用量を削減する機能です(図10)．

タイム・スケジュール機能では，1日を24分割して，1時間ごとの充放電電力をあらかじめスケジューリングします(図11)．スケジュール運転を開始すると，スケジュールされた内容に従い，自動で充放電を行います．

(2) ピーク・カット機能

本機能は，負荷変動により買電電力量が契約電力を超過することを防ぐことを目的として，受変電設備(受電点)が目標値(設定値)をオーバーしたら強制的に蓄電池から系統へ電力を供給する機能です(図12)．

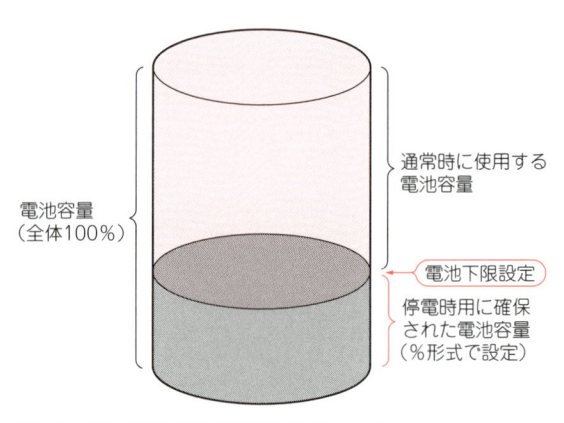

図13 停電用蓄電池残量確保機能のイメージ

写真1
三相3線200 V, 10 kW
＋15.4 kWh ハイブリッドPCSの外観

(3) 停電用蓄電池残量確保機能

この機能は，停電時用に蓄電池を使い切らないよう電池容量を確保する機能です．

確保する電池容量はパーセント形式（0～100％）で設定（電池下限設定）します（**図13**）．設定値に到達すると，運転を停止して電池容量を消費しないようにします．

● 小型化，低コスト化の取り組み

「PVパネルと蓄電池を二つのDC-DCチョッパで直流主回路に接続」するタイプは，機構的にも複雑でしたが，**写真1**に示す新型ではVACDの推進と主回路ユニットを見直し，蓄電池容量を1.5倍に増強しながら体積比で60％にコンパパクト化しました．価格面も「PVパネルの出力と蓄電池を直流で接続」するタイプ並みに改善しています．

さいごに

今回は，「災害に強い自立/分散型のエネルギー・システム」として導入が進んでいる太陽光＋蓄電池システムを中心に紹介しました．これらは，避難所や学校，ビルといった小さな分散領域を想定しているものです．

これからも太陽光をはじめとして，さまざまな再生可能エネルギーが電力系統に接続されるものと思われます．今後は，広域あるいは大規模なエネルギー変動抑制が必要となってきます．

パワエレ分野では高電圧大容量高効率化，蓄電池分野では小型大容量化と高充放電レート化が求められます．システム的には，通信環境の充実による広域監視と最適なデマンドレスポンスなど，新たな技術開発が必要です．今後ますます注目を集める分野と言えます．

Appendix

リチウム・イオン蓄電池パックの保護技術

鶴岡 正美
Tsuruoka Masami

　私たちの身の回りには携帯電話，スマートフォン，ノート・パソコン，デジカメなど，数多くの電池で動く機器があふれています．これらの多くの機器がリチウム・イオン蓄電池を利用しています．
　リチウム・イオン蓄電池は小型でエネルギー密度が高いので，ますます応用範囲が広がっていきます．ここでは，リチウム・イオン蓄電池パックの基本的な電気回路構造を解説します．

■ リチウム・イオン蓄電池の保護回路

　写真1に，一般的なノート・パソコン用のリチウム・イオン蓄電池パックの外観を示します．図1は，このような電池パックの保護回路の回路例です．ここで大事な働きをしているのが，リチウム・イオン蓄電池用保護ICです（O2マイクロ社製のICで説明）．
　おもな役割は下記のようになります．リチウム・イオン蓄電池の安全性を保つために各セルの電圧検知，パックの状態を観察しています．
（1）各セルの電圧が上昇し異常になったら充電を禁止する機能
（2）各セルの電圧が下降し異常になったら放電を禁止する機能
（3）出力端子からパックの規定を超える大電流を放電したときに放電を禁止する機能
（4）出力端子に短絡などの異常電流が流れたときに放電を禁止する機能

　ICの内部ブロックを図2に示します．各電池セルの電圧を検出する回路がメインとなり，周辺に制御回路があります．それでは，回路図を見ながら解説していきます．

▶セル電圧を観測するブロック
　ICには，各セルの両端の電圧を観測する端子があります．ICのブロック図のBAT_1〜BAT_4です．3セルなどの場合はBAT_1，BAT_2は同じ電圧になります．
　各端子の電圧を保護用の抵抗を通してICの端子に入力し，コンデンサで保護しています

▶放電を制御するFETのブロック
　Q_3が放電制御を行うFETになります．FETのゲート電圧をICが制御しています．放電を禁止するときにLowになり，FETをOFFにします．
　例えば，どれかのセルの電圧が3.0Vを下回ってしまうとゲート電圧をLowにして，FETをOFFに制御して電池パックからの放電を止めます．

▶充電を制御するFETのブロック
　Q_1は充電制御を行うFETになります．同じく，ゲート電圧をICが制御しています．充電を禁止するときにOFFになります．
　例えば，どれかのセルの電圧が4.35Vを超えてしまったときにゲート電圧をHighにして，FETをOFFにします．これによって充電を禁止します．

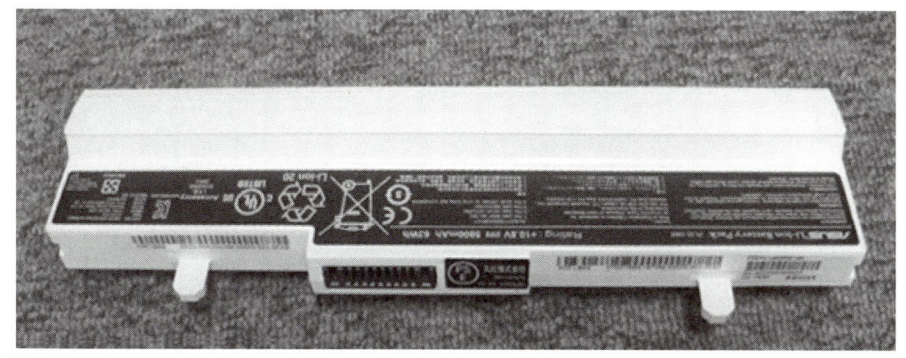

写真1　リチウム・イオン蓄電池パックの外観例

図1(1) 保護回路の例

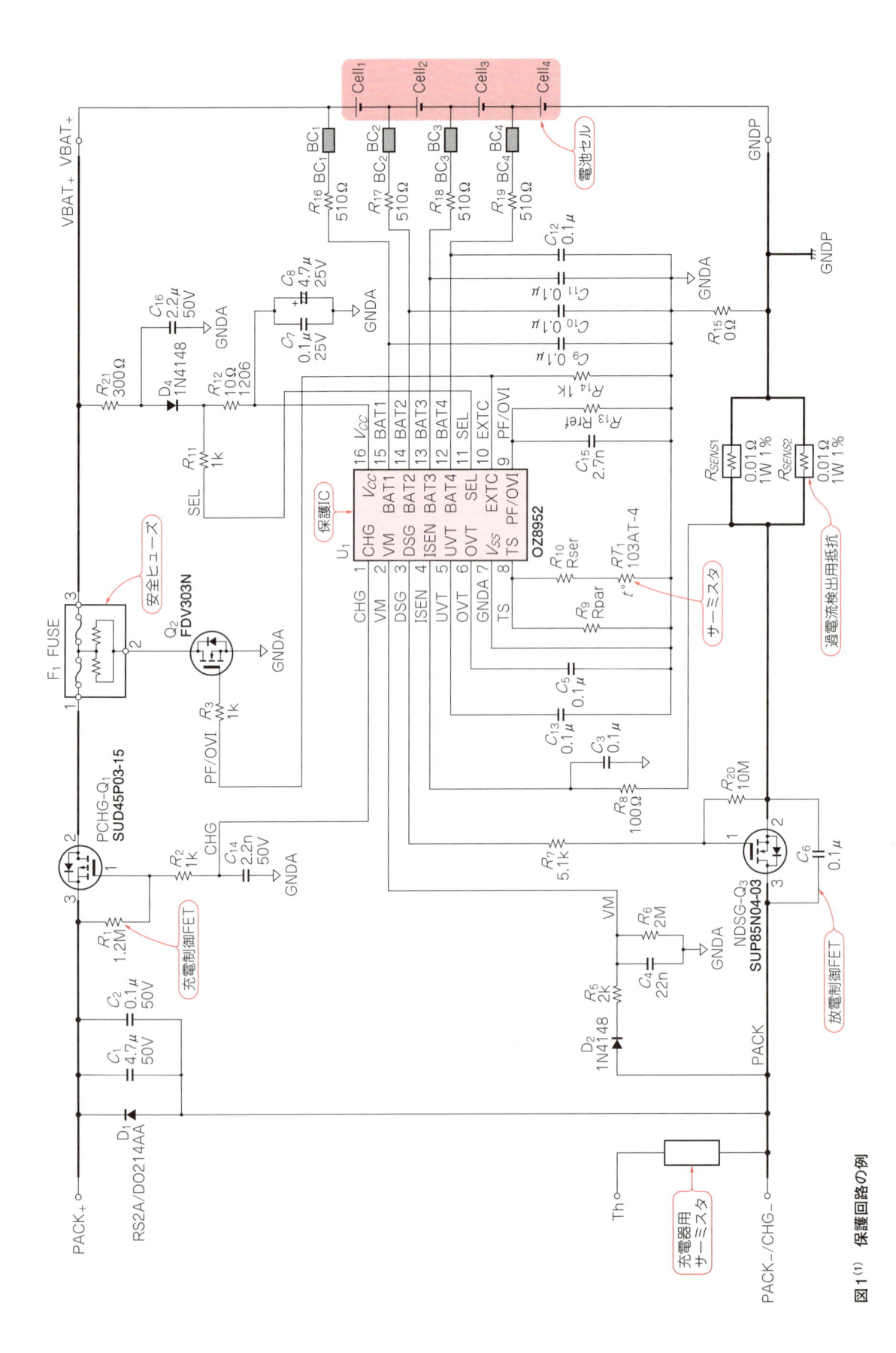

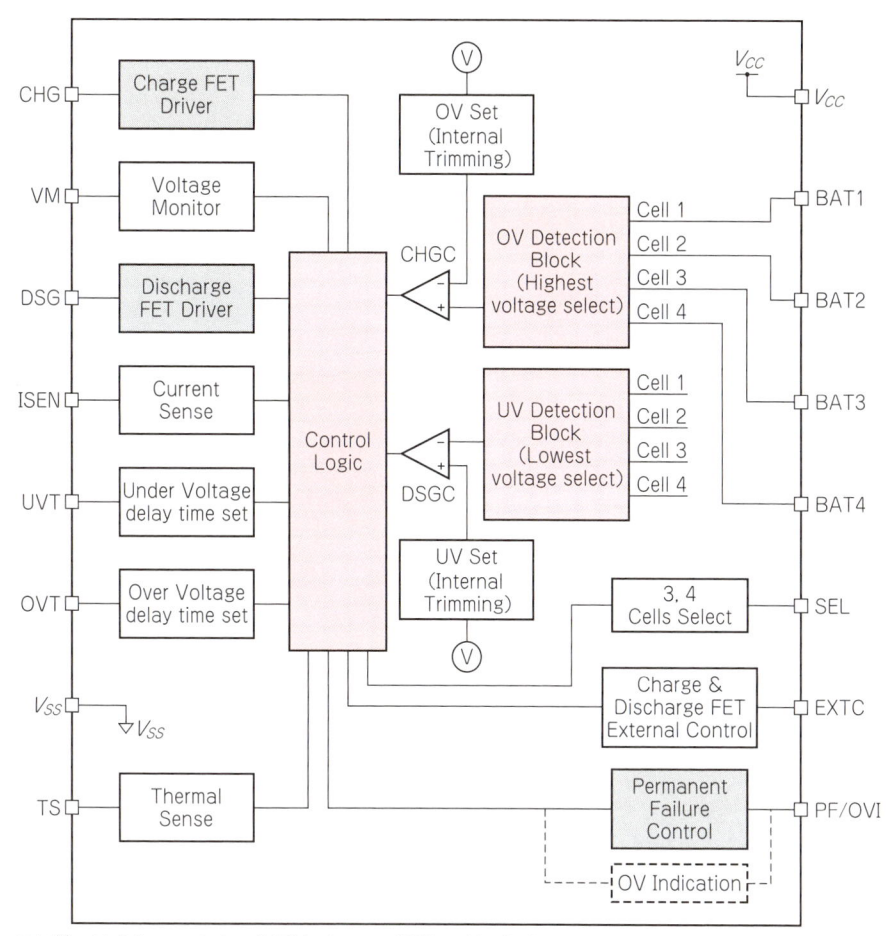

図2[(1)] **リチウム・イオン蓄電池パックの保護回路例**(制御IC：OZ8952，オーツーマイクロ・インターナショナル)

写真2[(2)] **安全ヒューズの外観**(SFH-0805，デクセリアルズ)
電池パック直列セル数：2セル，定格電流：5A，最大定格電圧：36V_{DC}，最大遮断電流：50A，動作電圧範囲：4.0〜9.0V，ヒータ抵抗：1.7〜2.9Ω，ヒューズ部抵抗：10〜20mΩ

▶放電電流を観測しているブロック

R_{SENS}抵抗が電池から流れる電流を電圧に変換して，それをICが観測しています．その電圧が規定値を超えると大電流が流れたと判断して，放電FETをOFFにして電池パックの損傷を防止します．

▶温度保護機能ブロック

RT_1はサーミスタです．保護ICは，付加機能として温度を検知して充電と放電を禁止できます．ある温度範囲内でのみ充電動作，放電動作を許可し，それ以外では禁止できます．

▶安全ヒューズ・ブロック

この安全ヒューズは電池パック独特の安全素子で，電池電圧が高くなってもFETが遮断できない場合など，異常時にもパックを事故から守ります．

電池のエネルギーでヒューズを溶かして安全を確保します．SCPと呼ばれている素子です(**写真2**，**図3**，デクセリアルズ社製)．ヒータ抵抗とヒューズ素子を組み合わせてあり，電池のエネルギーでヒューズを溶断することができます．

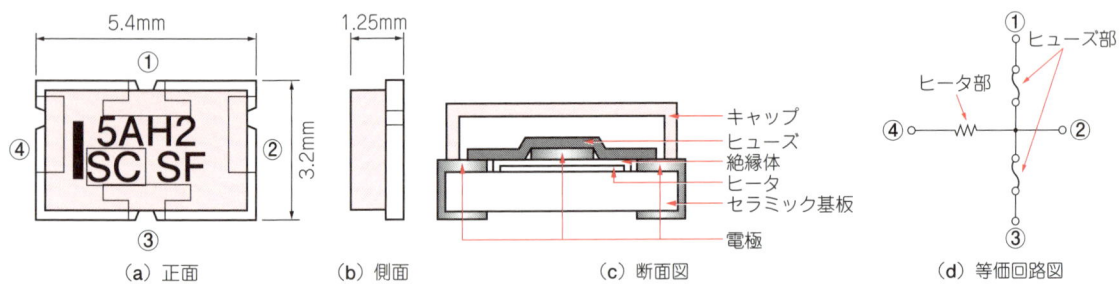

図3[(2)] 安全ヒューズの構造

(a) 正面　(b) 側面　(c) 断面図　(d) 等価回路図

実際は，全体のコストや安全への考えかたの違いや製品分野により，ブレーカ素子やPTC素子を配置する場合もあります．写真3は，バイメタル素子とPTC素子を組み合わせた保護素子の例です．タイコエレクトロニクスジャパン製です．

▶充電器用のサーミスタ・ブロック

ここは充電器に接続したときに充電器側のマイコンが観測して，充電に適した温度範囲にあるかどうか判断するために使用されるサーミスタです．

安全に充電するために電池の温度観測は欠かせません．通常，0℃～40℃以内の場合は充電を許可します．範囲以外では充電を禁止します．

＊　　　＊　　　＊

写真4に保護回路基板の外観を示します．写真5は，リチウム・イオン蓄電池セルの外観例です．

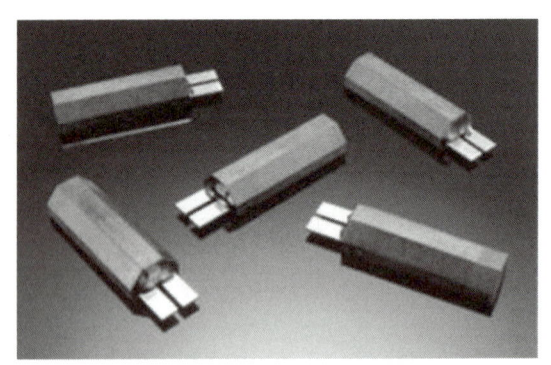

写真3[(3)]　Metal Hybrid PPTCデバイスの外観（タイコ エレクトロニクス ジャパン）
保持電流：$I_{HOLD}=30\,A\,@25℃$，動作電流：$I_{TRIP}=50\,A\,@25℃$，定格電圧：$V_{MAX}=36\,V_{DC}$，遮断時間：4.5±1.5秒（100 A @ 25℃），17±10秒（60 A @ 25℃），抵抗値：$R_{typ}=1.6\,m\Omega$

コラム　電子回路技術者にとってのリチウム・イオン蓄電池

電子回路技術者にとって，ポータブル機器の電源として使われるリチウム・イオン蓄電池は，大変重宝する電池です．軽くて，電気エネルギーが大きく，電圧が高く使いやすいのです．

しかし，電子回路技術者がよく使う電子部品と扱いが大きく異なります．化学物質でできたユニットと考えて，特性を生かす使いかたをしなければなりません．

一般的な化学物質と同じで，電子部品に比べると使用温度範囲や保存温度範囲がさらに限られています．温度範囲を守って使用しなければ，製品の寿命が設計どおりになりません．

また，使用しないで保存するときも注意が必要です．なるべく低温で保存して劣化を防ぎましょう．長期保存するときには満充電でも，空の状態でも望ましくなく，半分くらいの容量にします．長期保存の場合，半年程度で電圧を測定し，過放電してないかを確認して，足りなければ少し充電します．

すぐ使わないとわかっている場合は，満充電ではなく，少し放電した状態で保存しましょう．

機器に取り付けるまえに落下させたりした場合は，ケースに傷がないことを確認して，すぐに機器にセットして使用せず，しばらく様子を見て異常がないことを確認します．

機器の使用者に対しても温度範囲の件，落下させた場合の注意を知らせる必要があります．

リチウム・イオン蓄電池の電圧は1セルあたり3Vから4.2V以下の範囲で使用します（一般的なリチウム・イオン蓄電池の場合）．満充電でも4.2V以下になるように充電システムを設計します．放電電圧も機器のマイコンで観測して，3V以下になるまえに遮断します．

電池は，半導体に比べたら早く寿命が来ることを忘れないように機器の設計をします．充放電をしなくても長期保存しているだけで，容量の減少など寿命が来ることも頭に入れておいてください．

写真4 保護回路基板の外観（5セル用）

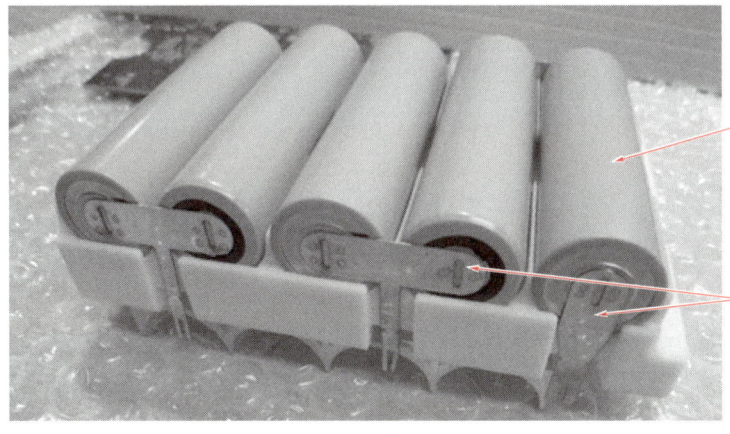

- 電池パックと接続する電極パターン
- MHP素子
- 保護IC
- FET（充電/放電制御）
- サーミスタ

写真5 写真4の基板と組み合わせられる電池パックの例

- リチウム・イオン蓄電池セル
- セルを結合する溶接タブ

Options Selection Table

Item	Parameter	Units	Choices														
1	V_{OVP} (Over Voltage)	V	3.60	3.65	3.70	3.75	3.80	3.85	3.90	3.95	4.00	4.05	4.10	4.15	4.20	4.25	4.30	4.35
	Selection filled with **X**																	
	Note: V_{OVP} Threshold requested except listed above need to be specified for range of V_{OVP}: 3.60V to 4.35V with resolution of 50mV → Specified V_{OVP}:																	
2	$V_{OVR\text{-}DELTA}$ Release Hysteresis	mV	0	100	112.5	125	137.5	150	163	175	188	200	212.5	225	237.5	250	262.5	275
	Selection filled with **X**																	
3	V_{UVP} (Under Voltage)	V	2.0	2.1	2.2	2.3	2.4	2.5	2.6	2.7	2.8	2.9	3.0					
	Selection filled with **X**																	
4	$V_{UVR\text{-}DELTA}$ Release Hysteresis	mV	0	100	200	300	400	500	600	700	800	900	1000					
	Selection filled with **X**																	
5	Over Current Detection Voltage 1 (V_{DOC1})	mV	25	50	75	100	125	150	175	200	225	250	275	300	325	350		
	Selection filled with **X**																	

図4(1) リチウム・イオン蓄電池パック保護用ICのパラメータ選択表の例

Appendix　リチウム・イオン蓄電池パックの保護技術

■ 保護ICの仕様の決めかた

セルの過電圧検出（Over Voltage）のランクはICを注文するときに選択表から選びます．選択表は**図4**のようになっています．通常はセル・メーカの推奨する電圧を選びます．

セルの低電圧（Under Voltage）も，2 V～3 Vのなかから選びます．こちらもセル・メーカと使用する機器の仕様から最適値を選んで指示します．一般的に，2.5 V～3 Vを選択することが多いです．

電池パックの過電流保護値は，電流検出に使う抵抗値と検出電圧値の組み合わせで決定しますので，回路設計時に電池パックの最大電流に合わせて設計します．検出電圧値 V_{DOG1} が100 mVで，抵抗値に100 mΩを使用すると過電流検知は1 Aとなります．1 A以上が約1 sec以上続くと放電を停止します．

短絡時などの大電流保護は，4.5 V検出なので45 A以上流れたときに250 μs以上続いたら停止します．

◆ 参考ホーム・ページ ◆

(1) オーツーマイクロ・インターナショナル（O2micro）
http://www.o2ev.com/ja-jp/index.html
(2) デクセリアルズ株式会社；SCP素子
http://www.dexerials.jp/products/c3/sfj0412.html
(3) タイコエレクトロニクス；MHP素子
http://www.te.com/japan/prod/news/2011/pdf/TEN_209_5.pdf

第6章

さまざまな規格の意味と
シミュレーションによる検討
ソーラ発電システムでの
EMCについての考察

庄司 孝
Shoji Takashi

「ソーラ発電システムでのEMC」に関して，国内規格，国際規格の動向や測定に関するレポートなどから得た情報をもとに解説します．また，現在参加している工業会での実験などで習得した現象の確認結果を参考に紹介しながら，ソーラ発電システムでのEMCについて考察を進めていきます．

EMCに関係することは，身の回りにある電気/電子機器に限らず，電力を供給する設備や送電線，配電線などのインフラに関するものまで，幅広い分野に跨っています．本稿では，ソーラ発電システムでのEMCを理解しやすいように，電気/電子機器でのEMCを中心に進めています．

さらに近年は，従来のEMC規格の周波数範囲ではカバーしていない周波数帯に対する関心が高くなっており，その背景やシミュレーションでの再現性なども考察したいと思います．その途中では，本題から脱線する内容もありますが，最後まで読んでいただけると幸いです．

ソーラ発電とEMC

● ソーラ発電システムでのEMC規格

まず「EMC規格」について考えてみます．

EMCのフルスペル表現は "Electromagnetic Compatibility" であり，日本語に訳すと「電磁両立性」または「電磁環境適合」になります．

具体的に，家庭やビルに設置したソーラ発電システムで考えますと，システムを設置したときに以下のことが満足できるかを規定した規格になります．

(1) 家庭やビルにある他の電気/電子機器に影響を与えないこと

これはエミッション規格で規定されます．

(2) 家庭やビルにある他の電気/電子機器および自然現象から影響を受けないこと

こちらはイミュニティ規格で規定されます．

「影響を与えないこと」および「影響を受けないこと」を「両立性」または「環境適合」で表しています．

ソーラ発電システムに限らず，電気/電子機器は，私たちの生活のなかではいろいろな製品が使われており，普段の生活や仕事場での「住宅/商用地域」や工業団地などの「工業地域」でも多くの製品が使用されています．規格では，使用する地域環境も考慮した内容になっています．

少し専門的になりますが，「低圧系統連系」で接続するソーラ発電システムは「住宅/商用地域」に分類されます．「低圧系統連系」は聞きなれない言葉と思いますが，家や仕事場で使用する交流100 V（国内の場合，欧州などでは200～240 V）のことを「低圧系統」と表現しています．柱上変圧器（電信柱の上に取り付けられたトランス）の入力の交流6600 Vの電線は「高圧系統」に分類されます．図1に示すように，電力会社の発電所で発電した電力は，低圧系統で各家庭に電力を供給しています．

家屋の屋根に取り付けた5 kVA以下のソーラ発電システムは，「低圧系統」に接続しており，ご存知のように50 Hzや60 Hzの交流周波数に同期して「連系」する必要があります．余談になりますが，UPS（無停電電源装置）は，入力として「低圧系統」に接続して使用しますが，系統への「連系」はしていません．資源エネルギー庁の「電力品質確保に係わる系統連系技術要件のガイドライン」で詳しく述べられていますので，興味ある方は確認してください．

また，東京電力のホームページでは，「系統連系」に関するアクセスや運用などのルールが公開されており，参考になると思います．

● スマート・グリッドとソーラ発電システム

近年では「スマート・グリッド（Smart Grid）」の言葉は，いろいろなところで聞かれるようになりましたが，ソーラ発電システムとスマート・グリッドの関係を検討したいと思います．図1で国内における発電所から各家庭や工場，ビル，鉄道などの需要先までをイメージしてみました．

スマート・グリッドに関する情報は，経済産業省のホーム・ページなどで検索できますので，興味ある方はアクセスしてみてください．

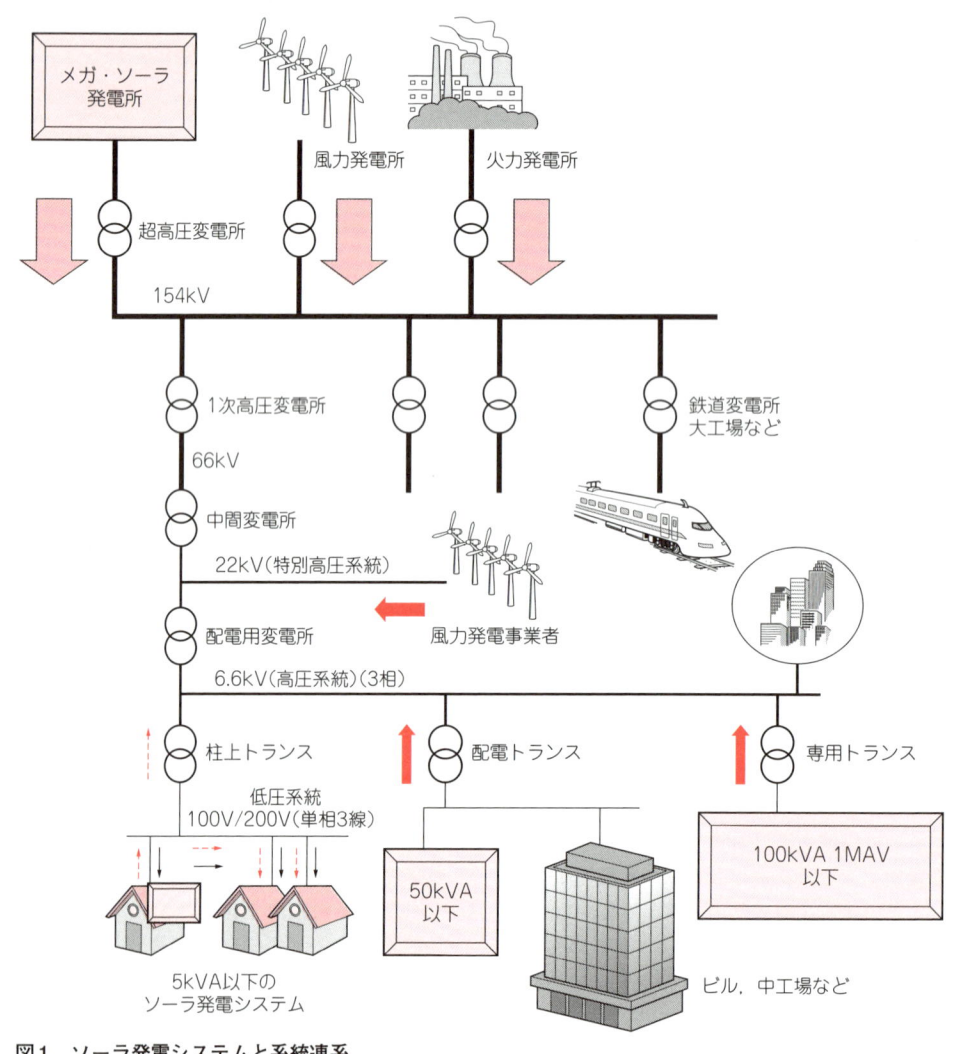

図1 ソーラ発電システムと系統連系

表1 ソーラ発電システムの規模と接続系統について

規模	接続系統	系統電圧	発電のおもな目的
5 kVA 以下	低圧系統	100 V/200 V(単相3線)	自家需要/供給
50 kVA～2 MVA 未満	高圧系統	6.6 kV(3相)	供給
2 MVA 以上	特別高圧系統	33 kV～66 kV(3相)	供給

掲載されている資料から「スマート・グリッド」を以下に引用します．

エネルギー供給源の出力変動と，家電や電気自動車などにおける需要変動の双方に適切に対応し，エネルギー利用の効率化を実現するために，情報通信技術を活用して，効率的に需給バランスをとり，電力の安定供給を実現するための電力送配電網が「スマート・グリッド」である．

スマート・グリッドにおけるソーラ発電システムの役割は，太陽光から得た再生可能エネルギーを有効に「需要し，供給する」ことになります．

ソーラ発電システムと言っても，一般電気事業者(電力会社)が保有する10メガVA級のものから5kVA以下の家屋の上に取り付けたシステムなど，大小さまざまです．図1に示すように，5kVA以下のシステムは低圧系統に接続されます．

一般的な系統連系区分を表1に簡単にまとめてみました．図1には示していませんが，小型のソーラ発電システムのなかには，常備灯に使用するものでは系統に連携していないものもあります．同様に，緊急時の

> **コラム　趣味の世界とEMC**
>
> 　電気/電子機器の技術は日進月歩で改善されており，EMCに関してもノイズの発生源の低減やノイズ耐量の向上など，常に進歩していると思います．エミッション規格およびイミュニティ規格も技術の向上とともに見直されていくものと思っています．
> 　これは個人的な意見ですが，アマチュア無線でもディジタル通信などの新技術を使った通信方式が行われており，イミュニティ耐量の改善も進んでいるのかなと思います．昔のアマチュア無線家は，通信の世界では最先端な試みや技術導入をして，本業のメーカに刺激を与えたと聞いています．現在は，被害者としての感がありますが，ノイズに強い無線機が出てくるのかなと思っています．
> 　私事ですが，実は40年前に購入した真空管のアマチュア無線機を20年ぶりに稼働させています．当然ですが，アルミ電解コンデンサなどは交換しています．アンテナも手作りのもので楽しんでいる状況です．趣味の世界は皆さんそれぞれで，想いや楽しみかたが違うと思います．時代の技術や環境を受け入れながら，皆さんがそれぞれ楽むことができればよいと思います．

み使用するようなシステムも系統連系しない場合があります．

　また，海外の離島や山奥の集落では，離島や集落単位での電力供給源としてソーラ発電システムを活用している場合があるようです．それらのシステムでもEMCに関する規格を整備する必要があると思います．

● **エミッション規格とイミュニティ規格の「電磁両立性」**

　ある現象に対する規格の規定を行ううえで重要なことは，勝手にエミッション規格，イミュニティ規格を決めてはいけないことがあります．言い換えますと，「規制する側」と「規制される側」の互いの整合性（妥当性）を事前に検討し，その後にそれぞれの規格で規定する内容の検討を行う順序を守ることにあります．
（1）エミッション規格を過剰に厳しくすることを防止する
（2）イミュニティ規格で過剰な耐量を要求しない

　「両立性」すなわち，「影響を与えるもの」と「影響を受けるもの」を意味しています．

　EMCには電磁妨害（EMI；Electro Magnetic Interference）と電磁感受性（EMS；Electro Magnetic Susceptibility）の二つのことを「両立性」で表現しています．

　以下のキーワードは覚えておくと役に立ちます．
- 電磁妨害（EMI；Electro Magnetic Interference）はエミッション規格に含まれる
- 電磁感受性（EMS；Electro Magnetic Susceptibility）はイミュニティ規格に含まれる

● **EMC（電磁両立性）とは**

　電気/電子機器における，それらから発生する電磁妨害が他の機器やシステムに対しても影響を与えず，またほかの機器，システムからの電磁妨害を受けても自身も満足に動作する耐量（耐性）のことを意味します．

　EMC測定技術には，2種類の異なる問題［Emission：エミッション，Immunity：イミュニティ（またはSusceptibility）］に対処するための国際規格および国内/海外規格が数多くあることを知る必要があります（低周波と高周波に分けて規格化されている）．

▶エミッション規格（ノイズ発生源の抑制規格）
　伝導ノイズ（雑音端子電圧），放射ノイズ（放射雑音），高調波電流抑制などがあります．
▶イミュニティ規格（ノイズ耐量の規格）
　雷試験，静電気ノイズ試験などがあります．
　イミュニティ規格には自然現象と，電気/電子機器，設備などのノイズによるものがあります．

● **電磁両立性を考えてみる**

　最近のニュースで，航空機内での携帯電話の使用を一部の航空会社が認めることがニュースで流れていました．今までの話と関係のない話のように思いますが，「両立性」を考えるのに良い例かと思い引用します．現在，国内においては航空機内での携帯電話の使用は航空法で制限されていますので留意ください．

　以下は，国土交通省のウェブ掲載資料（報道/広報）からの抜粋になります[5]．

　　航空機内における携帯電話等の使用可能時間が延びます．
　　従来の取扱い：
　　搭乗から降機まで機内にいる間は常時使用を禁止
　　本年（平成23年）4月1日以降：
　　航空機が停止しており乗降口が開かれている間，つまり，［1］出発時においては，搭乗から全ての乗降口が閉ざされるまでの間，及び，［2］到着時においては，乗降口のうちいずれかが開かれた時

から降機までの間の使用が可能.
(1) 機内での電気/電子機器の使用禁止

これをエミッション規格に例えると,「影響を受ける機器では耐量がないものがある.そのため,エミッション規格を厳しく規定する」ということです.

(2) 機内での電気/電子機器を使用しないことで,航空機の機器誤動作を防止している

これをイミュニティに例えると,「電磁波で誤動作の可能性の機器がある.イミュニティ規格の耐量は緩める(従来の耐量)必要がある」ということです.

上記のことは,「航空機の機器の誤動作(防止)」という「現象」に対してはエミッション規格とイミュニティ規格が歩み寄る必要があることを意味しています.エミッション規格の限度値は厳しく規制されます(電気/電子機器の電源をOFFにする).

航空機に使用している電気/電子機器も,当然ですがイミュニティの耐量は有しており,携帯電話の場合には移動可能な機器(無線機)ですので近傍での検証などの技術的な確認/検証ができていない状態では,厳しい要求をする必要があるものと思います.

これとは反対の事例では,
(1) パソコンや携帯電話は,事務所や家庭内で使用する

これをエミッション規格に例えると,「携帯電話の電波送信レベルを限度値とする」ということです.

(2) パソコンは携帯電話の通話中でも,誤動作してはならない

これをイミュニティに例えると,「誤動作しない耐量は,携帯電話の電波送信レベルの限度値より大きくなくてはならない」ということです.

上記のことは,「携帯電話」という「新技術」に対してはエミッション規格優先でイミュニティ規格の耐量が厳しい場合があることを意味しています.

余談になりますが,携帯電話においては,電波法や無線法規にて規制されており,携帯電話のように基地局とのペアで通信を行う無線機(移動機)の場合には,基地局の事業者に免許を与えているようです(携帯電話の利用者による免許の申請は不要で,事業者が申請する).

以上のように,同じ電気/電子機器でも使用する環境によって,規制内容は変わってきます.電磁両立性を検討するには,電気/電子機器の技術的な知識とそれを使用する環境の知識/見識など,それぞれの専門家が必要になります.また,国際規格だけでは,各国の実態や実情を網羅するのは困難であり,国ごとの規格への条件追加や自主規制,規制が必要になります.国内においてはJISや電気用品安全法などで規定,制定しています.

ソーラ発電システムでの法令,EMC規格,ガイドライン,認証試験

ソーラ発電システムとして必要な規格について考えながら,整理したいと思います.

国内においては,電気事業法で「低圧系統」など系統に関することが定められています.資源エネルギー庁の「電力品質確保に係る系統連系技術要件ガイドライン」では,系統に接続するときの「系統連系」に関するガイドラインが示されています.また,電力会社の公開されたルールなどがあります.表2にまとめてみました.

国内の工業製品の規格であるJIS規格(Japanese Industrial Standards:日本工業規格)がないことに気がつくと思います.ソーラ発電システムに関する規格の整備は今後も進められ,JIS規格にも追加されると思います.

それでは,ソーラ発電システムはどのようにして世の中に製品として認められるのでしょうか? 現在は,認証試験で確認しています(および工場調査の実施).

表2 電気事業法,ガイドライン,ルールで関連する法令などの例

適用	名称	低圧系統に関する内容(概要)	関連省庁
電気事業法	電圧及び周波数の維持	101 V±6 V, 202 V±20 V 定める周波数の維持	経済産業省
	事業用電気工作物の維持,技術基準適合命令	系統に使用する機器,設備に対する法令	
ガイドライン	高圧又は特別高圧で受電する需要家の高調波抑制対策ガイドライン	総合電流歪み率5%以下,各次電流歪み率3%以下	商務情報政策局
	電力品質確保に係る系統連系技術要件ガイドライン	101 V±6 V, 202 V±20 V 瞬時電圧変動10%以内	資源エネルギー庁
ルール	系統への接続規則	太陽光発電システム全般規則,機能・性能	電力会社
	高調波抑制対策	総合電流歪み率5%以下,各次電流歪み率3%以下	
	高周波障害対策	電波妨害,伝導妨害が発生しないこと	

一般財団法人 電気安全環境研究所(JET)がソーラ発電システムの認証機関であり，詳細はホーム・ページで確認することができます．

● ソーラ発電システムでのEMC規格

「EMC規格」について，もう少し話を進めます．ソーラ発電システムに限らず，電気/電子機器は多くのEMC規格があります．大きく三つに分かれます．

(1) 家庭やビルにある他の電気/電子機器に影響を与えないこと

このことに対してはエミッション規格(妨害抑制の規格)が用意されます．電磁妨害の限度値を規定しています．

(2) 家庭やビルにある他の電気/電子機器及び自然現象から影響を受けないこと

このことに対してはイミニュティ規格(電磁ノイズ耐量の規格)が用意され，加えられる電磁ノイズの耐量値を規定しています．

(3) それぞれの電磁現象に関する電磁両立性に関する規格

エミッション規格とイミニュティ規格の整合性を規定しています．電磁両立性に関しては，後にもう少し詳しく説明します．

ソーラ発電システムで試験されているエミッション規格およびイミニュティ規格のEMC規格の例を**表3**，**表4**にまとめてみました．

表3について補足説明をします．「影響を与える機器」に示していますように，電気/電子機器や系統の設備に影響を与えるものがあります．

「発生の特徴」での「系統接続の全体の影響」について説明します．系統に接続している各電気/電子機器の全体の影響で，影響を与えるものです．1台の電気/電子機器だけでは，系統の設備には，それほど影響を与えないのが一般的です．規格では各電気/電子機器を抑制することで系統全体の電流歪を少なくし，設備への影響の防止を図っています．

表4について補足説明をします．「現象の分類」に示しているように，自然界で発生した静電気や雷の発生によるものや系統の電圧変動によるもの，電気/電子機器によるものなどがあります．

また，「影響の特徴」に示しているように，特定の電気/電子機器からの影響や系統から影響を受けるものがあります．

● ソーラ発電システムでのEMC規格は何があるか

この問いについては，現在(2013年11月時点)は，国内において「法令に準ずるものが必要」，「規格化されたものはない」，「規格化が進んでいる」，「ガイドラインに基づいている」，「認証機関での認証試験の制度」の状況です．

2014年には，国際規格の審議用の文書が作成される状況のようですが，数ある規格の一部からになると思われます．まずは，電磁両立性(イミニュティとエミッションの整合性)に関する規格のようです．

● なぜEMC規格がなかったのか？…疑問

「ソーラ発電システムは従来の製品にない技術分野」であることが，一番の要因になります．

ソーラ発電システムは他章でも説明されていると思いますが，**図2**のイメージ図にて説明します．

身近な家庭内や職場にある電気/電子機器では，そのほとんどは商用の交流100Vで動作します．EMC規格は，それらの電気/電子機器に対するノイズの抑制や外来ノイズに対する耐量を規定したものです．2階の部分にはソーラ発電システムが備わっており，1階には従来の電気/電子機器があるとします．

太陽電池からパワー・コンディショナ(PCS；Power Conditioning Subsystem)への入力はDC電圧になり

表3 エミッション規格の例

タイトル	妨害の種類	影響を与える機器	発生の特徴
伝導妨害の抑制	大地とのコモンモード	電気・電子機器	特定の電気・電子機器
電波妨害の抑制	空中放電(電波)	電気・電子機器	特定の電気・電子機器
高調波電流の抑制	系統の電流歪	系統の設備	系統接続の全体の影響

表4 イミニュティ規格の例

タイトル	現象の分類	影響の特徴
静電気放電試験	自然現象	特定の電気・電子機器
雷サージ試験	自然現象	特定の発生エリア
電源周波数磁界試験	設備からの影響	特定の電気・電子機器
電源瞬時変動試験	系統からの影響	系統接続全体
放射イミニュティ試験	電気・電子機器	特定の電気・電子機器
伝導イミニュティ試験	電気・電子機器	特定の電気・電子機器

ます．PCSからの出力は交流電圧で出力し，家庭内の交流電圧入力の電気/電子機器への供給と，商用交流電源(低圧系統)への供給を行います．

「ソーラ発電システムは従来の製品にない技術分野」すなわちPCSに対するEMC規格は，従来の規格を使うことができず，新たな規格を制定する必要性が出てきました．

● ソーラ発電システムと従来の電気/電子機器のEMC規格について

EMC規格の代表として，低周波EMC，高周波EMCについて考えてみます．図3のイメージ図に，接続状態とノイズ放出の状態を示します(接続箱，分電盤，電力量計は省略)．

ソーラ発電システムでは，太陽電池とPCSとをDCケーブルで接続しており，DC電圧がPCSに供給されます．また，PCSの内部ではDC電圧をAC電圧に変換する電気回路が備わっています．

9 kHz以下の低周波EMC規格は，もともと商用の交流入力で動作する電気/電子機器を対象にエミッション規格(ノイズ発生の限度値)およびイミニュティ規格(ノイズへの耐量)を規定しています．

ソーラ発電システムは，PCSよりAC電圧を放出する違いはありますが，従来の規格を用いて改訂(メン

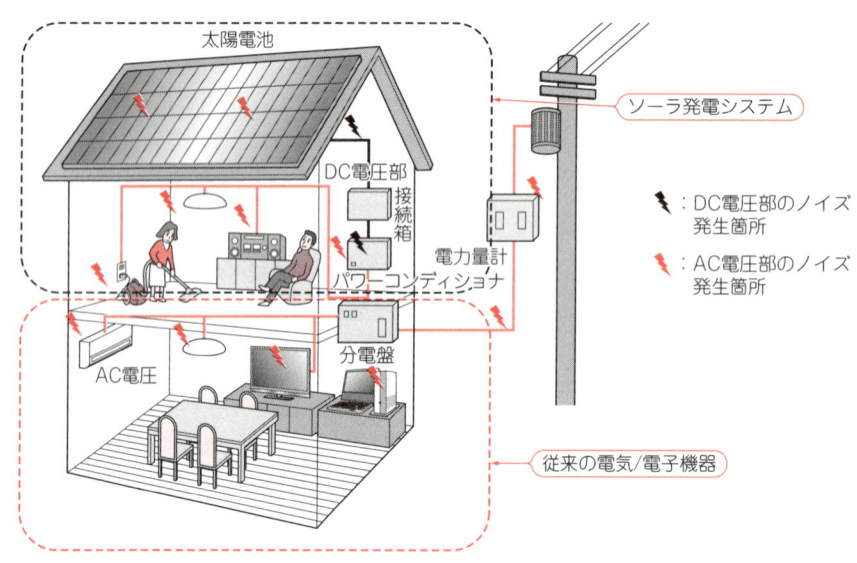

図2 ソーラ発電システムでのノイズの発生

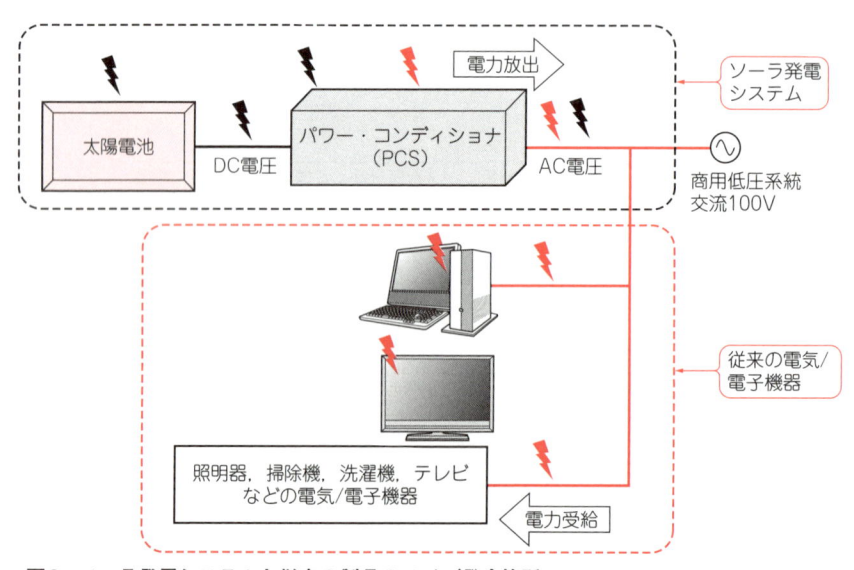

図3 ソーラ発電システムと従来の製品のノイズ発生箇所

テナンス)することで規定できそうだと，皆さんも考えると思います．

9 kHzを超える高周波EMC規格も同様に，商用の交流入力で動作する電気/電子機器を対象にしており，従来の規格を用いて規定のメンテナンスが進められています．

しかしながら，DC電圧を入力とするEMC規格は，従来の規格とは異なります．では，何が違うのでしょうか？ そのことに関しては，次に検討します．

● EMCノイズ測定と疑似電源回路網

エミッション試験における発生ノイズの測定，イミュニティ試験の限度値印加による耐量の確認試験では，再現性を担保する必要があります．どこの試験所，どの国の試験でも同じ結果でないことには，国際規格としての役割を果たせないからです．

そこで，エミッション規格の「電磁妨害EMI」の「伝導ノイズ，放射ノイズ」では，CISPR(国際無線障害特別委員会)がCISPR規格としてCISPR 16-1-2(150 KHz～30 MHzの伝導妨害)，CISPR 16-1-5(30 MHz～1 GHzの空中放射妨害)で規定しています．

それぞれの測定では，AC電源と被測定機器の間にAMN(Artificial Mains Network)を用いて測定しています．AC入力の電気/電子機器は，すでに規格化された試験方法，AMN，レシーバなどを用いて再現性のある確認ができています．

しかしながら，ソーラ発電システムのように商用低圧系統に接続するDC入力の電気/電子機器がなく，今までは規格化の必要がありませんでした．また，ソーラ発電システムのPCSは出力はAC電圧を出力するため，出力側にもAC電源との間にAMNを入れる必要があります．

図4にイメージ図を示します．表5に，関連するCISPR規格の例を示します．

● スマート・メータの2 kHz～150 kHz周波数帯のEMC規格

スマート・グリッドでは，従来の系統電源にソーラ発電システムや風力発電に代表される太陽光や風力，太陽熱，水力，バイオマス，地熱などのエネルギーなどの再生エネルギーで電力を発生させ，系統電源に電力を供給します．当然ですが，供給したエネルギーの対価は，供給者に還元されます．

その際に，電力量計で供給量を測定しますが，正しい計測が必要になります．スマート・メータという名称を聞く機会がよくあると思います．

「スマート・メータ＝通信機能を備えた次世代型の電力量計」では，電力を計算するのに「電圧と電流」を同時に測定する必要があります．測定値を通信で送るためには，ディジタル値に変換してデータとして送信されます．そのデータの信用性は供給者にとっては重要であり，例えば外来ノイズで「データが送れない」「データが変化する」などによって「電力量の誤り」をなくす必要があります．

すなわち，外来ノイズに対する耐量を備える必要があります．国際規格では，低圧系統のスマート・メータに対するイミュニティ規格をIEC 61000-4シリーズで規定する動向のようです．周波数帯域は，低圧系統(50 Hz/60 Hz)の高次高調波の周波数帯域である2 kHz～150 kHzに対する電流変動や電圧変動で，ス

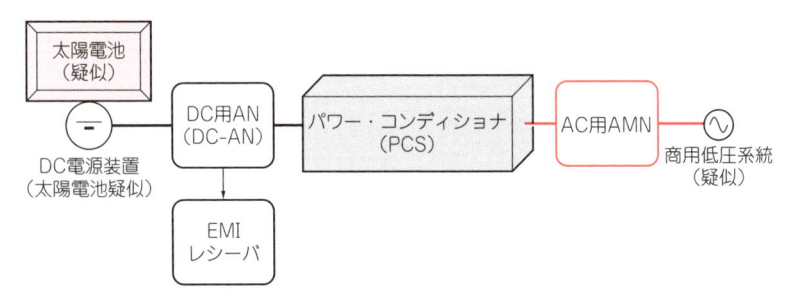

図4 PCSの伝導ノイズ測定のイメージ

表5 関連するCISPR規格の例

規格	名称
CISPR 16-1-2	無線妨害及びイミュニティ測定装置並びに測定方法の仕様書－第1-2部：無線妨害及びイミュニティ測定装置－補助機器－伝導妨害
CISPR 16-1-5	無線妨害及びイミュニティ測定装置並びに測定方法の仕様書－第1-5部：無線妨害及びイミュニティ測定装置－30 MHz～1000 MHzのアンテナ校正試験サイト ＊：DC入力の伝導妨害に関する規格を準備する必要あり

マート・メータに影響がないかを試験するものです（専門用語ではディファレンシャル・モード・イミュニティ規格と表現）．

「高次高調波」の表現は，後述の2 kHz以下の「高調波電流抑制の規格」と区別するためです．

● 2 kHz～150 kHz周波数帯のEMC規格の必要性

近年は，スマート・メータに限らず2 kHzを超える周波数帯域のEMC規格の見直しが進んでいるようです．なぜ，2 kHz～150 kHz周波数帯のEMC規格が必要になったかを考えてみます．

従来よりIEC EMC規格では，9 kHz以下の低周波数帯はIEC傘下の小委員会であるSC77Aで，9 kHzを超える高周波数帯はSC77Bが規格化やメンテナンスを行っています．

低周波EMC規格として，電気/電子機器に対するディファレンシャル・モードのエミッション規格としては，**表6**に示す高調波電流を抑制するエミッション規格があります（関連する規格は他にもあるが省略）．この規格は，商用低圧系統の基本周波数である50 Hz/60 Hzの39次までの周波数に対して電流限度値を規定しています．

基本周波数50 Hzでは，50 Hz×39＝1950 Hz，すなわち50 Hz～1.95 kHzにおける各次数です．

基本周波数60 Hzでは，60 Hz×39＝2340 Hz，すなわち60 Hz～2.34 kHzにおける各次数です．

高周波EMC規格としては，すでに**表5**に示しています．150 kHz～30 MHzはコモンモード（大地間）の雑音の抑制，30 MHz～1 GHzは空中放射の抑制を目的としたエミッション規格になります．

言い換えると，150 kHz～30 MHz（AMラジオの周波数～FMラジオの周波数）は電磁波領域と電波領域，30 MHz～1 GHz（FMラジオの周波数～テレビの周波数～携帯電話の周波数）は電波領域になります．蛇足になりますが，アマチュア無線や業務無線などでは，135.7 kHz～1 GHzの周波数は，電波利用されており（それ以上の周波数帯もありますが），時代とともに新分野の技術が世の中で採用されると，影響を受ける場合が出てくるようです．

説明が長くなりましたが，2 kHz～150 kHzのディファレンシャル・モードのエミッション規格は，ぽっかりと空いている状況です（規格化の審議は進められている）．国内においては，国際規格に先行してJIS(TS)の検討が進められているようです．

● 2 kHz～150 kHz周波数帯のディファレンシャル・モードとは？

ディファレンシャル・モードは聞きなれない言葉と思いますが，電源設計者や装置開発に従事している方であれば，「ノーマル・モード」は直ぐにイメージ，理解できると思います．

「2 kHz～150 kHzのディファレンシャル・モードのエミッション規格」を具体的に表現すると，「ディファレンシャル・モード」は，「AC電圧を入力している電気/電子機器での入力ラインの変動モード」と表現し，「2 kHz～150 kHz周波数帯」と「エミッション規格」までを表現すると，「AC電圧を入力している電気/電子機器での入力ラインの変動モード」が「50 HzのAC電圧とは別に，例えば2 kHzの周波数成分も含まれている」，その「2 kHzの周波数成分の限度値を抑制する」「規格」と表現できます．

かえって意味不明と思われる方にはすみません．**図5**に，50 Hzの交流100 Vに2 kHzの交流10 Vを重畳した場合のイメージ図を示します．

それではなぜ，高調波電流を抑制するエミッション規格では，「上限の周波数を1.95 kHz/2.34 kHz」にしたのでしょうか？

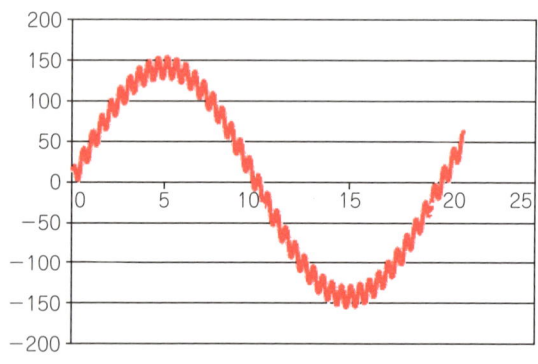

図5 50 Hzの交流100 Vに2 kHzの交流10 Vを重畳したときの電圧波

表6 高調波電流を抑制するエミッション規格（IEC規格）

規格	名称
IEC 61000-3-2	電磁両立性（EMC）－第3-2部：限度値－高調波電流エミッションの限度値（機器入力電流≦16 A/相）
IEC 61000-3-12	電磁両立性（EMC）－第3-12部：限度値－商用低電圧系統に接続された相あたり16 A超75 A以下の入力電流をもつ機器によって生成される高調波電流の限度値

● 高調波電流エミッション規格で「上限周波数が1.95 kHz/2.34 kHz」の理由

高調波電流を抑制するエミッション規格の「目的」と，その当時の「現象」を考えるとわかりやすいと思います．

国際規格を規定するには，各国の当該委員会での審議があります．日本国内ではIEC/SC77A国内委員会で審議され，各工業会や連盟，連合，電気事業者などから派遣された委員によって審議されています．当時，筆者は電源開発に従事しており，上長が工業会に参加していました．あるときに，「高調波電流を抑制する規格ができるよ」と説明されました．そのとき，私自身がどこまで規格内容について理解できていたかは，はっきりと覚えていませんが，対策回路が必要になり「電源のコスト増加は仕方なし」と思ったことは覚えています．

話が横道にそれましたが，目的は「商用低圧系統の電流品質を向上させる」，また当時の現象としては「高圧系統の進相コンデンサの過熱による障害」を新聞記事で読んだことは今でも覚えています．

当時の国内の電気/電子機器では，通商産業省（現在の経済産業省）より「家電/汎用品高調波抑制ガイドライン」が制定され，現在は国際規格「IEC 61000-3-2」に準じたJIS規格（日本工業規格）「JIS C 61000-3-2」で規定されています．

本題に戻りますが，高調波電流の「上限の周波数を1.95 kHz/2.34 kHz」にした理由は明らかで，系統の設備に影響を与える周波数は，39次までを抑制すれば，それ以上の周波数は問題ないと技術的に解明ができていたからです．

また，当時の技術的背景には，パソコンやパソコン用モニタ，プリンタ，テレビが家庭内や会社のオフィスで急速に普及され，それらの電気/電子機器にはスイッチング電源が使用されています．少し専門的になりますが，スイッチング電源のAC電圧入力部には容量の大きなアルミ電解コンデンサを使用しており，AC電圧とは位相がずれた入力電流で動作します（コンデンサ・インプット方式と称している）．図6にて簡単に示します．

また，ヒータの温度調整や照明での調光でも，AC電圧とは位相がずれた入力電流で動作する電気/電子機器があります．
(1) 電流波形は，正弦波でない波形になっている
(2) そのため，実効値電流は正弦波電流より大きくなる

身の回りにある製品（商品）で「AC電圧と電流の位相がずれない製品」は，今では見かけなくなりつつある「白熱電球」がその一つです．現在の電球は，皆さんご存じのようにLEDを用いています．LED照明は省エネ製品として，「エネルギーの低炭素化に向けた提言－地球温暖化対策」に貢献する製品です．外観や取り付け方法では「白熱電球」のままですが，中身は新技術が使われています．

白熱電球はレトロな技術ですが，実は高調波電流に対しては完璧な製品であったと言えます．LED照明も高調波電流のエミッション規格の対象製品に上げられており，ゆくゆくは規格のメンテナンス時に追加されるようです（IEC 61000-3シリーズ）．

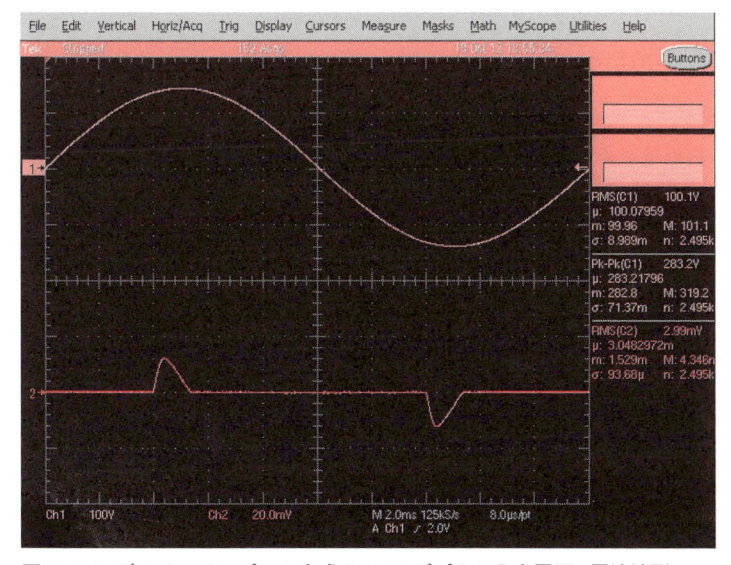

図6 コンデンサ・インプット方式のACアダプタの入力電圧/電流波形
上：電圧波形，下：電流波形

コラム　メガ・ソーラ発電所

ソーラ発電システムのEMCについて，ときには横道にそれたりしながらいろいろ述べてきました．最後に，中部地区のメガ・ソーラ発電所を見学する機会がありましたので紹介します．

表Aに概要を示します．

ソーラ発電所の発電量を計算してみます．ソーラ発電は太陽光を利用しますので，実際には24時間の発電はできませんが，概算のために計算してみます．

出力：7500 kW ⇒ 7.5 MW（7.5メガ・ソーラ）
24時間発電可能と想定した場合の年間発電量：
65,700,000 kWh = 7,500 kW × 365日 × 24 h
想定年間発電量：約7,300万 kWh
上記より，
7,300万 kWh ÷ 65,700,000 kWh = 11 %

出力の11 %が日照時間や天気の影響を考慮したときに，電力エネルギーとして発電できるようです．24時間運転できる火力発電所と比較してみましょう．24時間換算の出力換算は

7,500 kW × 11 % = 825 kW
の出力となります．

火力発電とソーラ発電所で留意すべきことに気付いた読者の方もいると思いますが，
(1) 火力発電所は24時間運転が可能である
(2) ソーラ発電所の平均発電量は11 %として考える必要がある
(3) 晴天時の最大出力を考慮する必要がある

上記のことを考慮して，一般電気事業者が安定に電力供給を行うためには，
(1) 瞬時に出力電力が変動するソーラ発電を安定した火力発電などで補う必要がある（家庭で使用しているソーラ発電システムでは，ソーラ発電システムからの出力が低下し，供給量が不足する場合には，低圧系統からの供給が行われる）
(2) 電力供給の状況を逐次監視して，的確な供給管理が必要になる

私見ですが，発電所レベルでのエネルギーの監視と的確な供給を行うのに，発電所の現場の方々は相当な苦労をされていると思います．見学の際の話では，次の日の天候や気温などで電力の需要を予測して，前日より火力発電のタービンを動かす準備などを行うようです．仕事とはいえ，その対応には頭が下がります．

参考ですが，一般家庭の1世帯あたりの年間使用電力量は，3,600 kWと想定されています（電気事業連合会公表値）．

表A　メガ・ソーラ発電所の概要

所在地	愛知県知多郡武豊町
出力	7,500 kW
想定年間発電量	約7,300万 kWh（一般家庭約2,000世帯ぶんの年間使用電力量に相当）
運転開始	2011年10月31日
開発敷地面積	約14万 m²

余談になりますが，白熱電球の電流波形が，なぜに正弦波になるのでしょうか？　白熱電球の原理と電気回路を思い出せば，その答えはとても簡単です．電気回路の教科書では計算式で求めていますが，以下の文言でも導き出せると思います．
(1) 白熱電球の原理は，内部のフィラメント（金属の細い線）が電流により発熱し発光する
(2) 金属は高温になれば抵抗値が上昇し，放熱と発熱のバランス点で抵抗値は一定となる
(3) $I = V/R$ であり，交流の場合には入力電圧により電流値が変化する（同位相）
(4) 電流は電圧位相と同じで，電流のピーク値が $I = V_{max}/R$ の正弦波となる

…少々強引な導きかたでした．

● 高次高調波電流エミッション規格での「2 kHzを超える周波数が必要」な現象

この背景の「現象」は，5 kHz付近の周波数で動作する電気/電子機器による障害事例が，5～6年ほどまえに頻発したことによります．その「現象」の例としては，下記のようなものがあります．
(1) 家庭内のブレーカが突然遮断する（電力のオーバロードはしていない状態で発生）
(2) パソコンの操作をしていたら，誤動作が頻発する
(3) 停止中の電気/電子機器からときどき，不定期に異音が聞こえだした
(4) 電気/電子機器が故障した

当時の原因調査の結果で判明したのは，**図7**や**図8**のようなAC電圧の状態と類似のAC電圧波形が観測

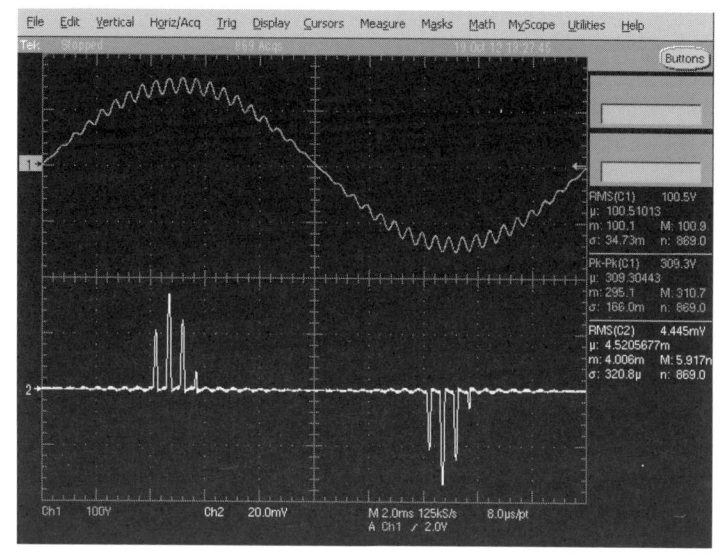

図7 「2 kHz, 10 V$_{RMS}$」の電圧波形を加えた場合
上：電圧波形，下：電流波形

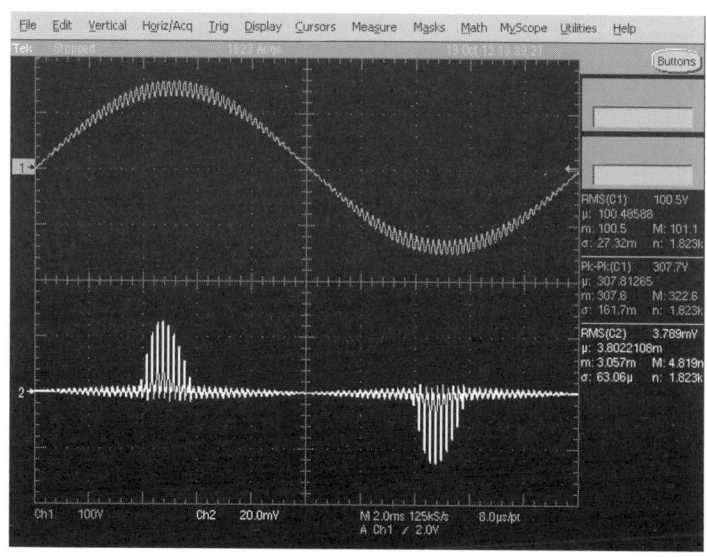

図8 「5 kHz, 10 V$_{RMS}$」の電圧波形を加えた場合
上：電圧波形，下：電流波形

されたようです．このことは日本国内のみならず欧州などでも発生し，2 kHzを超えるディファレンシャル・モードのエミッション規格の必要性が高まってきました．同様に，この現象に対するディファレンシャル・モードのイミニュティ規格の必要性も議論の対象になってきました．

図7と図8は，昨年の工業会の実験で確認した電圧波形と電流波形です．

図7は，50 Hz, 100 V$_{RMS}$のAC電圧に「2 kHz, 10 V$_{RMS}$」の電圧波形を加えて，電気/電子機器に入力したときの電流波形を観測したものです．同様に図8では「5 kHz, 10 V$_{RMS}$」の電圧波形を加えています．50 Hz, 100 V$_{RMS}$のAC電圧のみの波形は，図6になります．

電圧波形の変化により，電流波形が影響を受けていることが確認できます．

系統連系のPCSやUPSでは，系統の交流電圧の波形に同期して制御しており，特に「電圧ゼロ検出」に影響がある場合には注意が必要になります．

2 kHz〜9 kHz規格をシミュレーションする

ディファレンシャル・モードの2 kHz〜9 kHzノイズのシミュレーションについて述べたいと思います．

● シミュレーション条件

シミュレーションの条件は以下になります．
(1) AC電圧は100 V_{RMS}，50 Hzの正弦波
(2) 印加するノイズの周波数は2 kHz，5 kHz，9 kHzで代表する
(3) 印加電圧は10 V_{RMS}（値はユニークに変更可能）
(4) 使用したシミュレーション・ソフトウェア名はSCAT（印刷，保存できないなどの制約はあるがデモ版でも動作する）

● 確認事項

今回のシミュレーションの目的（利用目的）として，イミニュティ規格やエミッション規格の限度値を入力した場合に，以下の確認を行ってみました．
(1) 電気/電子機器の入力電流波形を確認する（実機との再現性の確認）
(2) 入力の電流波形に影響する回路の定数を変更した場合の電流波形の変化確認

● シミュレーションの実行と結果

本稿では，定数の変更については述べておりませんが，実機波形との比較検証の過程ではシミュレーションの回路定数をいくつか変更して実施しています．

まず，実際の電気/電子機器に印加したときの接続図を図9に示します．2 kHzを加えたときの波形を図10に，5 kHzを加えたときの波形を図11に，9 kHzを加えたときの波形を図12にそれぞれ示します．

EUTの入力電圧波形（上段）と電流波形（下段）をディジタル・オシロスコープで波形確認を行いました．

いよいよシミュレーションですが，SCATの場合はシミュレーションでの収束性が大変良くて，そんなに苦労せずに再現できました．シミュレーションでの条件は以下になります．

2 kHzを加えたときのシミュレーション回路を図13に参考として示します．
(1) AC電圧源を用いる（AC電圧は100 V_{RMS}，50 Hz）

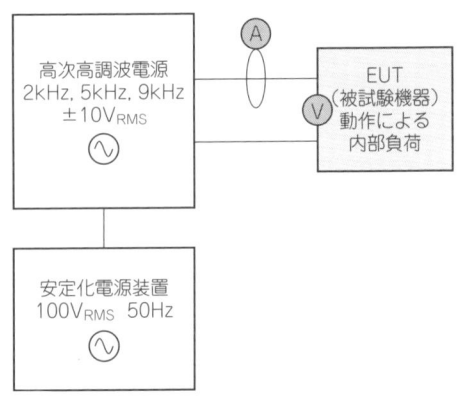

図9 実験の接続図

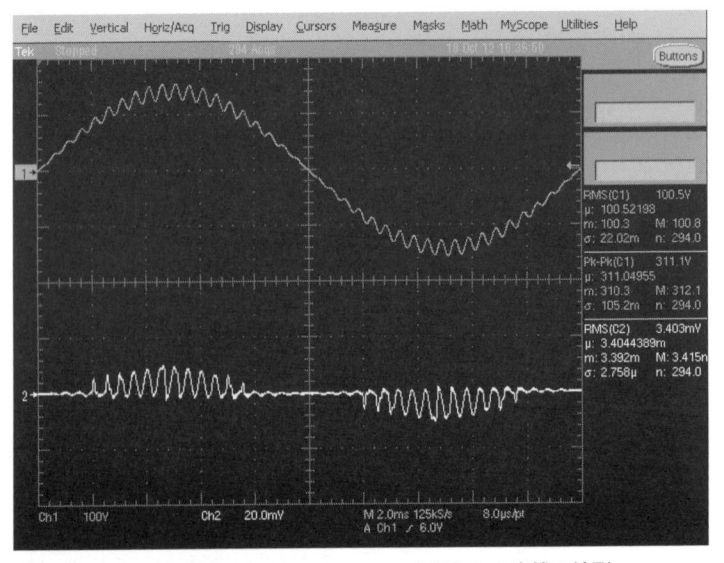

図10 100 V_{RMS}，50 Hzに2 kHz，10 V_{RMS}を印加した実機の波形
上：電圧波形，下：電流波形

(2) 高次高調波用電圧源にプログラマブル電圧源を用いる(AC電圧は10 V$_{RMS}$，2 kHz，5 kHz，9 kHz)
(3) 高次高調波の電圧値は，50 Hzに位相比例して変化する(50 Hzの90°，270°がピーク)
(4) 二つの電圧源を直列接続する
(5) 入力のXコンデンサ(C_1)，ノーマル・コイル(L_1，L_2)，ブリッジ・ダイオード(DB1)，入力コンデンサ(C_2)，EUTの負荷電流(I_{AC1})
(6) シミュレーションでの収束性，波形再現生を向上させるため，小抵抗値(R_2)を入れる(二つの電圧源とパラレルに入れている抵抗R_1はなくても動作に影響はない)

高次高調波用の電圧源は「プログラマブル電圧源」を使用しており，SCATの専門知識が必要になります．SCATの参考書なども出版されているようですので，ぜひトライしてみてください．

シミュレーション結果を図14，図15，図16に示します．

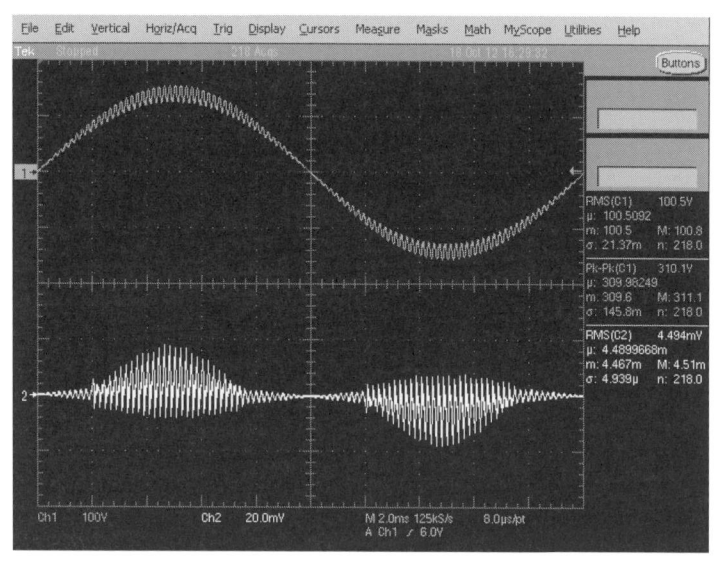

図11 100 V$_{RMS}$，50 Hzに5 kHz，10 V$_{RMS}$を印加した実機の波形
上：電圧波形，下：電流波形

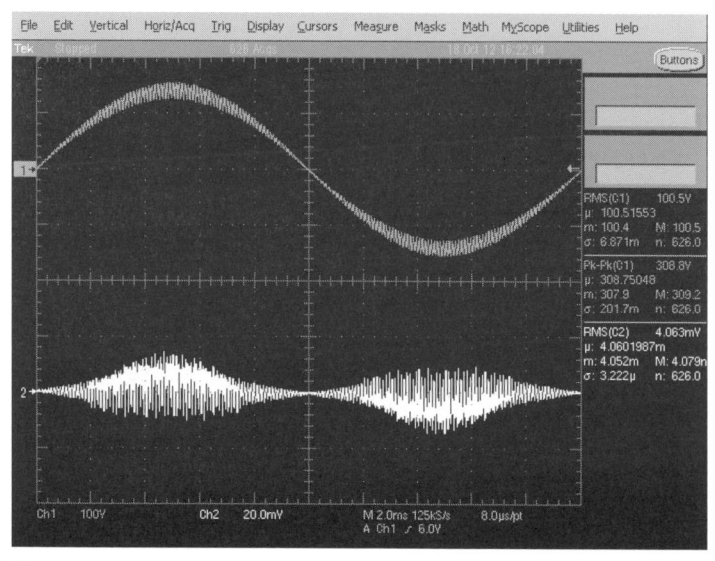

図12 100 V$_{RMS}$，50 Hzに9 kHz，10 V$_{RMS}$を印加した実機の波形
上：電圧波形，下：電流波形

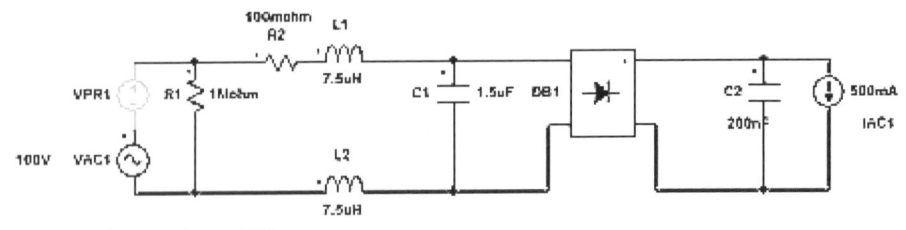

図13 シミュレーション回路

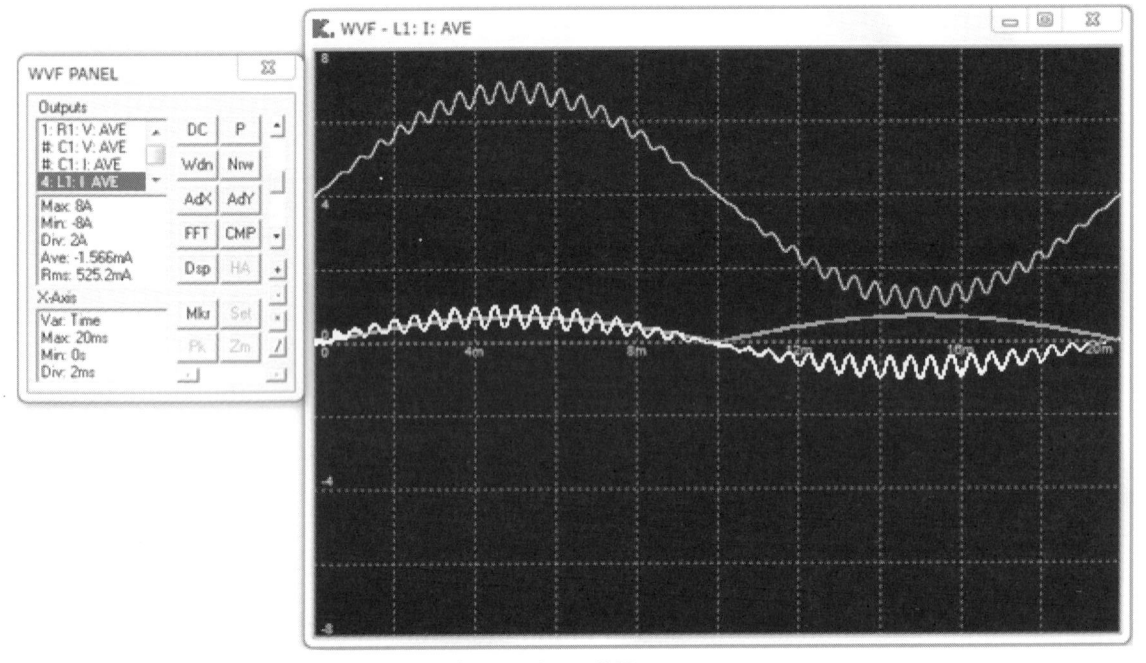

図14 100 V$_{RMS}$，50 Hz＋2 kHz，10 V$_{RMS}$のシミュレーション結果
上：電圧波形，下：電流波形

　今回のシミュレーションでは，高次高調波の電圧値は，50 Hzに位相比例して変化させています．そのため，AC電圧の「電圧ゼロ」点では高次高調波の電圧値は「0 V」になっています．

　　　　　＊　　　　　　　　　＊

　「ソーラ発電システムでのEMCの考察」のテーマで述べさせていただきましたが，少しでも皆さんの参考になれば幸いです．文末になりますが，今回の執筆の機会を与えてくださった関係者の皆様にお礼申し上げます．

◆ 参考文献 ◆
(1) 経済産業省のホームページ；公開情報より
(2) 資源エネルギー庁；電力品質確保に係わる系統連系技術要件ガイドライン，平成25年5月31日．
(3) 東京電力，九州電力など一般電気事業者のホームページ；「系統連系」に関するアクセスや運用などのルール公開情報より
(4) 日本規格協会；IEC 61000シリーズ収録規格一覧，CISPR一覧表
　　http://www.webstore.jsa.or.jp/
(5) 国土交通省；航空機内における携帯電話等の使用について
　　http://www.mlit.go.jp/report/press/cab02_hh_000039.html

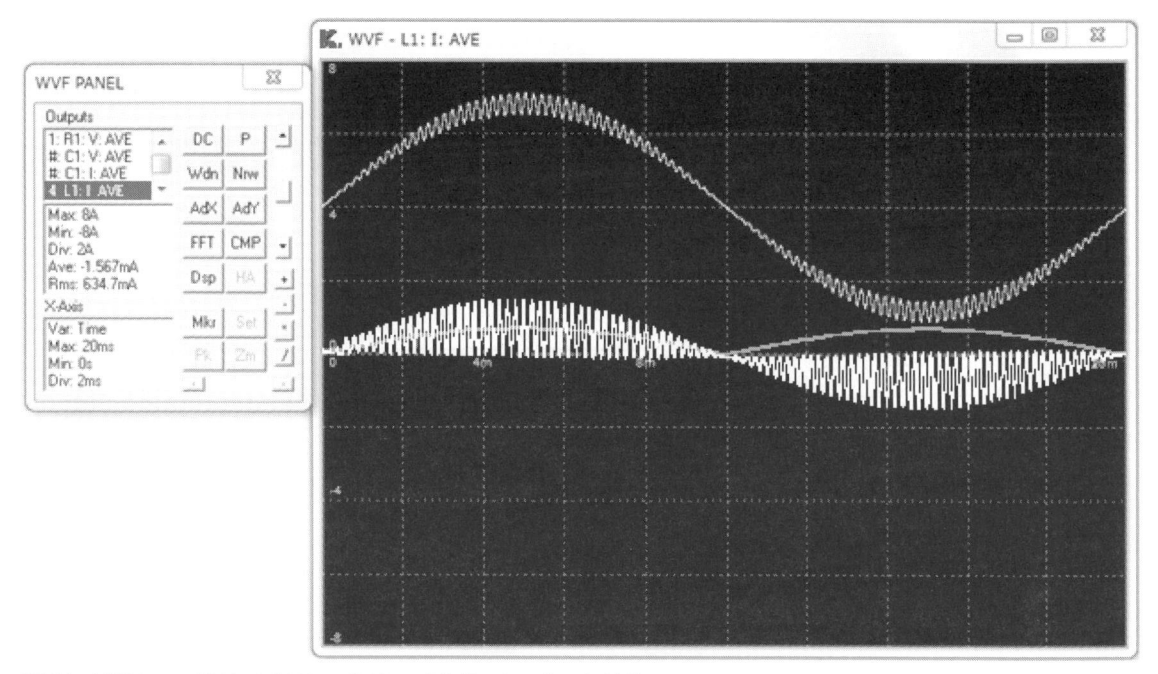

図15 100 V$_{RMS}$,50 Hz＋5 kHz,10 V$_{RMS}$のシミュレーション結果
上:電圧波形,下:電流波形

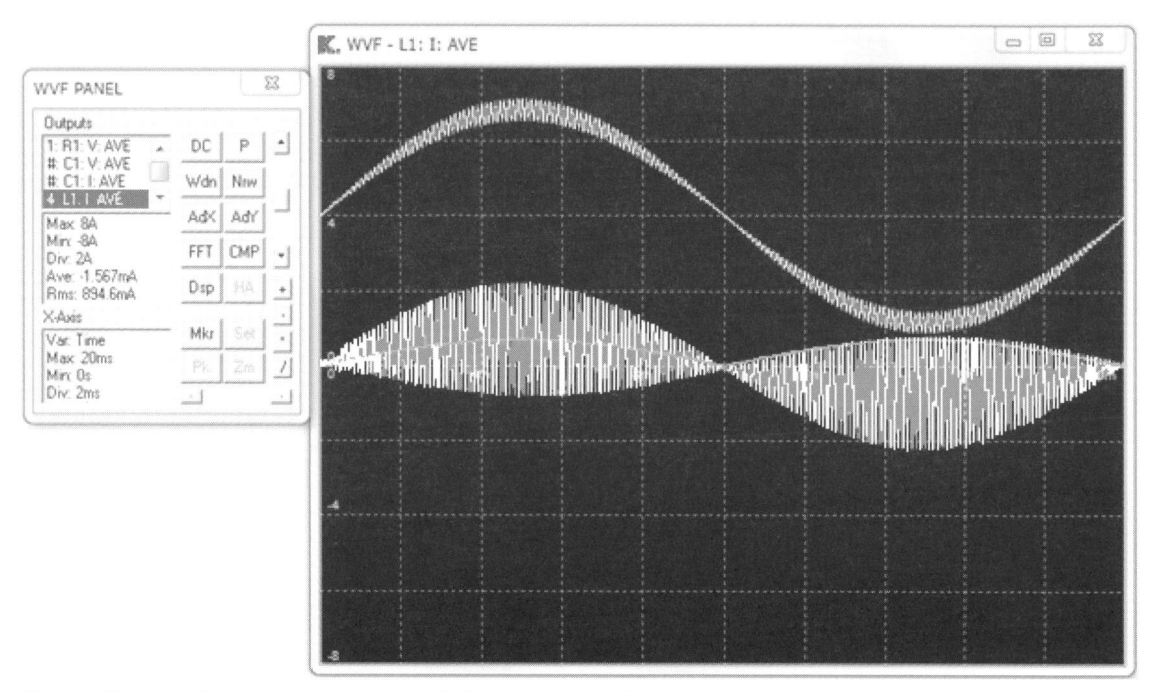

図16 100 V$_{RMS}$,50 Hz＋9 kHz,10 V$_{RMS}$のシミュレーション結果
上:電圧波形,下:電流波形

第7章

発電量を1分ごとに計測しながらデータベース化する
メガ・ソーラの最適な発電効率を保つためのシステム

東 日出市
Hideichi Azuma

現在，新しいエネルギー政策が多くあります．2012年7月より「再生可能エネルギーの固定価格買取制度」がスタートしてからその注目度は高く，多くの発電事業者が誕生しています．そのなかでも太陽光発電は，故障やメンテナンスが少ないため，手堅いエネルギー・ビジネスとして注目されています．20年間の売電事業ですので，20年間の発電効率をいかに保つかが重要となります．

太陽光発電の現状

● 発電量の低下

図1は，産業技術総合研究所の資料になります．さまざまなメーカの太陽電池パネル（以降，パネル）の10年間に渡る発電量のグラフです．

メーカ名は伏せられていますが，早いものは4～5年で30％低下した例もあるようです．最初の1年はおおむね良いのですが，それ以降のパネルの発電低下を防ぐためには，発電効率が低下したパネルを見つけて不良品として交換することが最適です．

● パネル・メーカの保証と条件

メーカの保証には，製品保証と出力保証があります．製品保証は1～2年ですが，出力保証は10～25年とメーカによりさまざまで，さらに保証には「経年劣化」という条件があります．

多くのパネル・メーカは一般的に1年に0.8～1％の経年劣化を記しており，不良品と認定されるには，その経年劣化より多く発電量が低下した製品が対象となります．例えば，1年で1％の経年劣化とした場合，5年で95％未満の発電となれば，その製品は出力保証の対象となります．

● 出力保証の現状

実際には，出力低下したパネルを見つけ出すことは容易ではありません．まず，メーカの出力数値はメーカ基準であり，事業者がおのおのの現地においてメーカ基準の何パーセント発電をしているかわかりません．地域で言えば，北海道と沖縄では太陽光の角度が違います．季節についても，メーカ基準が夏至なのか7～8月なのかはわかりません．

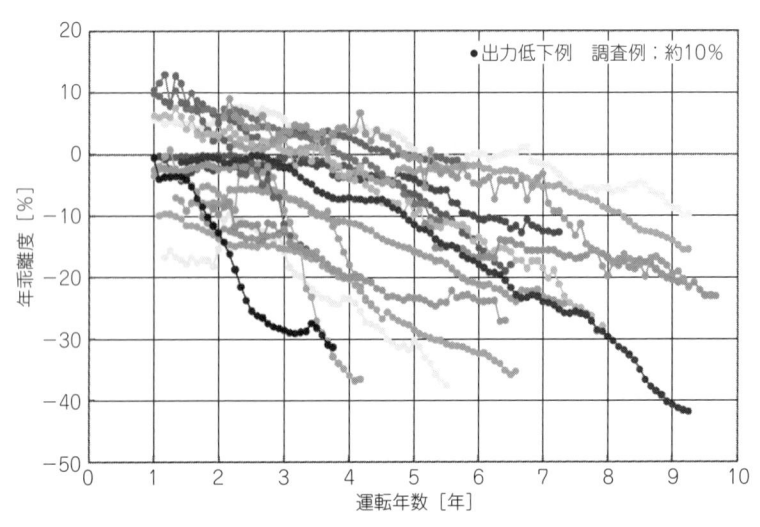

図1[(2)] さまざまな太陽電池パネルの10年間での発電低下例のグラフ

1 MW(メガ・ワット)の規模になりますと,太陽電池パネルが3000～4000枚になります.使用環境がさまざまであり,天候も刻々と変化するなかで,仮に4000枚の1%に当たる40枚が発電低下したとしても,4000枚のパネルを同時にメーカ基準で検査することは事実上不可能です.

システムによる発電監視

ここで紹介するシステムは,各パネルの発電量の電流をCT(カレント・トランス)で検出し,そのアナログ値をディジタルに変換し,通信で全数同時に計測してデータを蓄積し続けるシステムです.分単位で計測し,データを通信で送り続ける機能をもっています.その膨大なデータから,発電不良パネルの検出を行い,発電効率の維持に努めます.

写真1は,売電用の電力量を監視するメータの様子です.

● ブロック図について

太陽光発電システムは,図2のような構成になります.太陽光パネル→接続箱→集電箱→パワー・コンディショナ→キュービクルの接続系統に,順に売電電流が出力されます.

接続箱とパワー・コンディショナを通信線で繋ぎ,中央のPC(パソコンなど)で情報を収集します.このシステム構成は,発電量が違う場合でも基本的には変更はありません.

写真2に示す接続箱だけは,パネルの発電量を計測するので,CT容量などのアナログ的な仕様に適合させるため,部品構成を変える必要があります.

後述する実例では,パネル数は4000枚(1 MW),接続箱の総数は24台です.

● CT付きの特殊な接続箱

写真3に,CT付きの接続箱の内部を示します.中央部分にある基板がCTで,パネルからの電線を通じて直流電流(パネル電流)を検出し測定出力とします.測定したデータ情報は左下の計測器TDC16(タケモトデンキ)から,RS-485通信にてパソコンにデータ伝送を行います.

写真4は,パネル毎数に応じて数台設置している接続箱の1台の調整点検をしている様子です.

写真1 売電用の電力量を監視するメータ

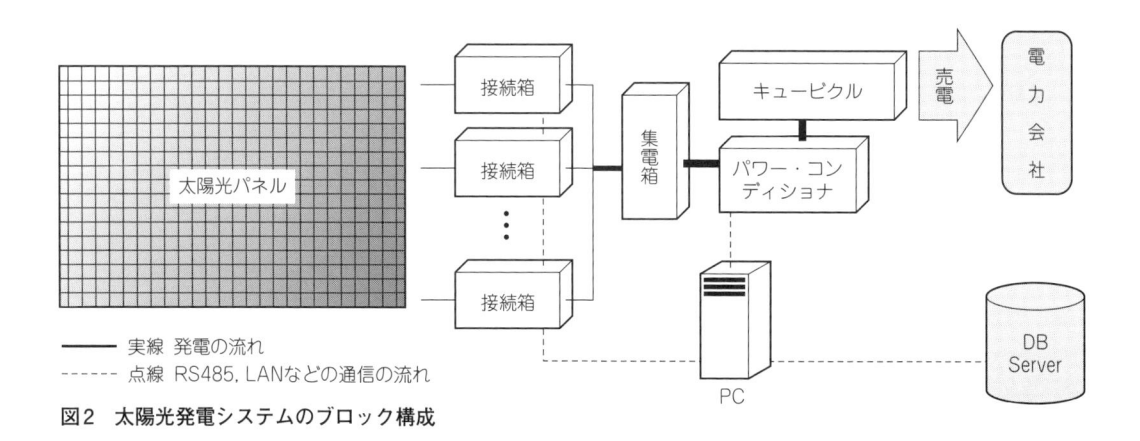

図2 太陽光発電システムのブロック構成
実線 発電の流れ
点線 RS485,LANなどの通信の流れ

写真2　接続箱の外観

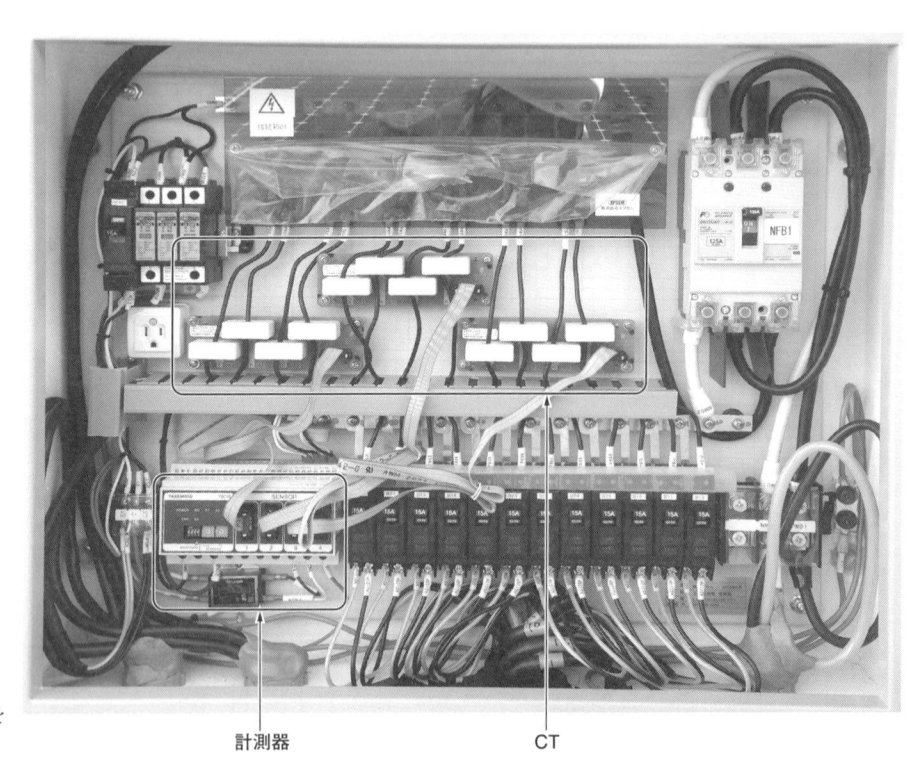

写真3　接続箱の内部
（CTセンサと計測器を搭載）

計測器　　　　CT

● **データ量について**（発電量1MWのシステムの場合）

1分単位でデータ収集をした場合，無圧縮のデータで1日約5Mバイト，1年で1.8Gバイトになります．20年間で36Gバイトですので，パソコン1台のHDDで十分に足りる容量になっています．

このデータには必要のない夜間や空欄も含まれているので，運用時には半分以下には減らすことができます．

● **発電状況の見える化**

図3は，1分単位のデータを元に，発電流を色でわかるように表示した画面例です．配置は現地の地形に

写真4 接続箱の調整点検をしている様子

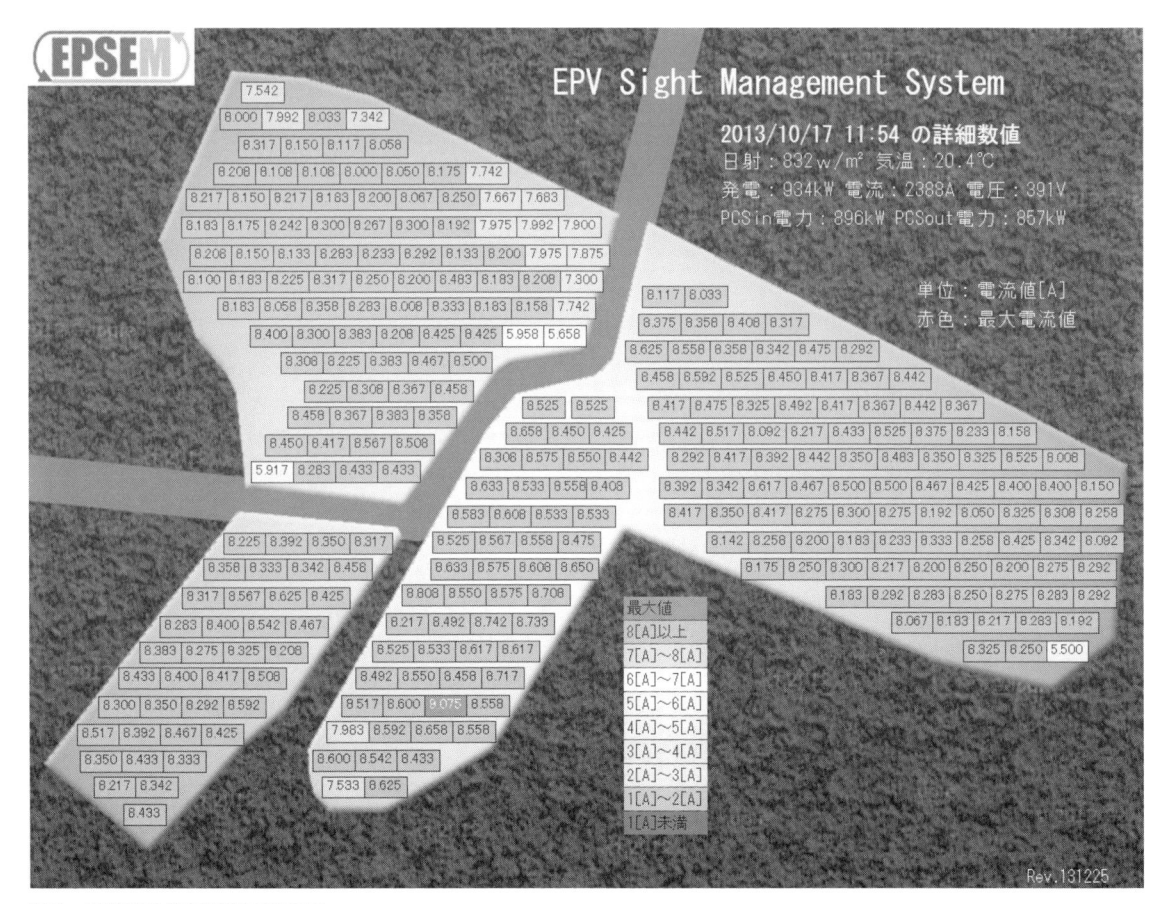

図3 正常時の発電監視画面の例

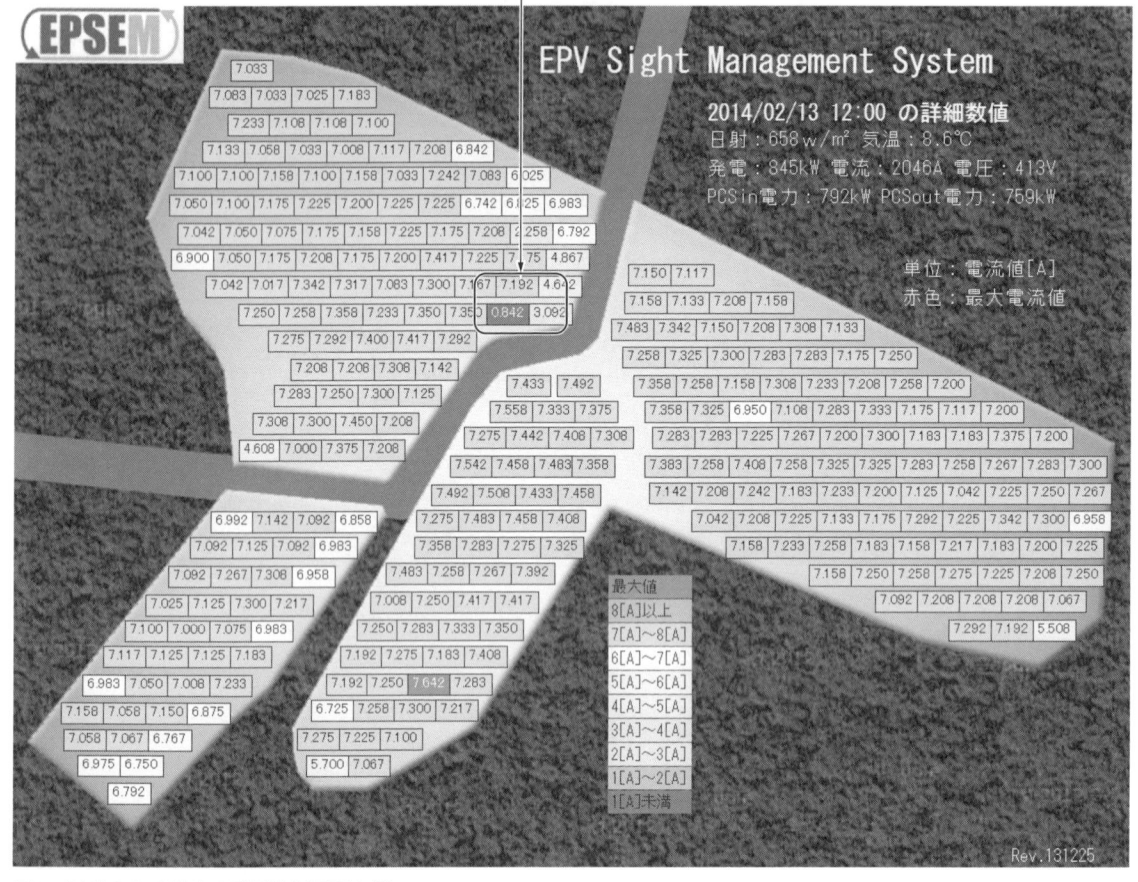

図4　異常のある場合の発電監視画面の例

合わせていますので，視覚的にわかりやすい監視ができます．

また，各パネルの発電流値が表示されるので，数値的にも発電効率が計算できます．システムはウェブ上で管理しますので，ウェブ表示，タブレット，スマートフォンでも閲覧が可能です．

具体的な例として，パネル周辺の樹木の影，雑草やほこりなどの汚れによる環境の管理も可能です．

● 発電不良の部分の調査

図4のように，発電量が少ないところが局所的に確認できるので，単純に影になっているのか，パネルの発電不良があるのか，現地での原因調査が容易になります．

また，メーカ基準の発電量の実力性能の個々の評価は一般的には難しいのですが，ここでは隣り合うパネルとの比較で確認が容易にできます．同じタイミングで隣のパネルとの発電量に差があり，それが何日も続くようであれば，そのパネルが発電不良であると判断できます．あとはメーカに送り，メーカ基準の性能であるかアドバイスなどを受けることが可能となります．

● グラフとデータ解析

図5に示すように，1分単位のデータを元に発電量，発電流，発電圧，日射強度，温度など，さまざまな解析が可能となります．1週間通した解析や，1年前の数日間による同時刻，同日射量，同温度での発電比較も可能になります．

1年ごとの発電量の比較がはっきりできるので，低下していた場合，経年劣化としてメーカの出力保証の評価の判断にもなり発電量の維持対策に有効に利用できます．

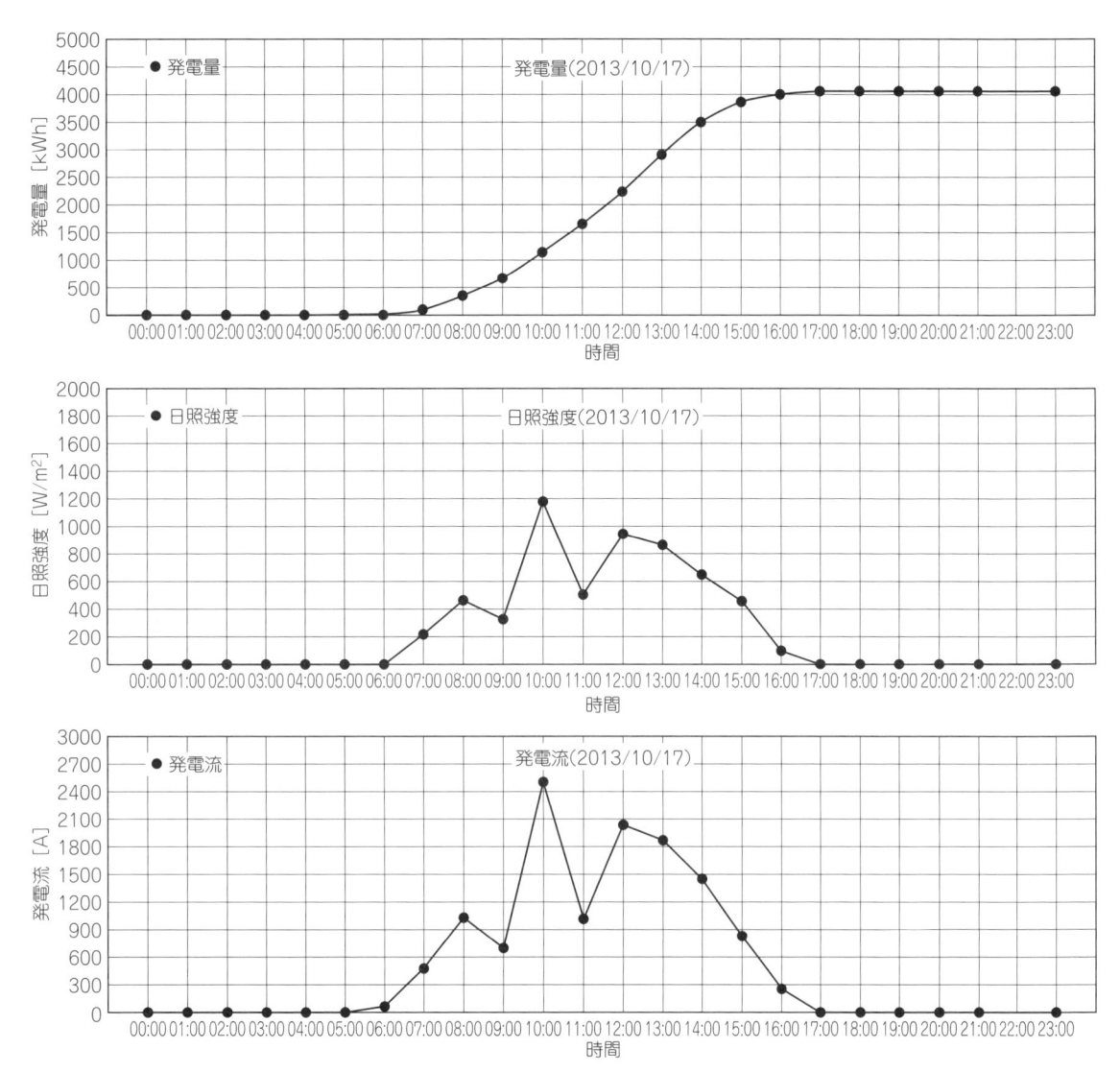

図5 発電量グラフの例

● 今後について

すでに完成している発電所に対してこのシステムを導入する場合は，データ伝送機能のための通信線の追加工事が必要となります．完成している発電所に対しては「後付け(オプション)」を可能とするような製品開発がスタートしているようです．データ伝送を有線でなく無線方式にすることで，通信線の工事が必要なく容易に導入が可能となり，スマートなメガ・ソーラ発電が構築できると考えます．

このように，メガ・ソーラ事業には，発電の糧となるパネルの性能を十分に発揮できるよう，発電不良を検出することが重要となります．発電監視システムは，今後のメガ・ソーラには欠かせないシステムとなるでしょう．

◆ 参考・引用*文献 ◆
(1) 株式会社エプセム：太陽光発電管理システム "EPV-SiMaS" http://www.epsem.co.jp
(2)* 大関 崇：太陽光発電における太陽放射エネルギー利用の現状と課題，独立行政法人 産業技術総合研究所，太陽光発電光学研究センター，[地球観測連携拠点(温暖化分野)平成24年度ワークショップ，基調講演，地球温暖化観測推進事務局/環境省・気象庁(OCCCO)]．
http://occco.nies.go.jp/121115ws/

第8章

シリコン結晶/薄膜シリコン/
化合物薄膜…

太陽電池の三大材料と発電メカニズム

豊島 安健
Yasutake Toyoshima

(a) 手前が多結晶シリコン，奥が単結晶シリコンの各太陽電池

(b) アモルファスシリコン太陽電池

写真1 太陽電池は種類によって色味が違う
ここでは白黒写真になってしまうので分かりづらいかもしれない．濃さから想像して欲しい．目次の写真も参照．(b)のアモルファスシリコン太陽電池モジュールのガラス面には空の雲が映り込んでいる．(a)では奥の単結晶シリコン・モジュールのほうが手前の多結晶シリコン・モジュールよりも濃く見える．この違いは，光閉じ込めのためのテクスチャ処理やセル表面の保護膜による影響もあり，材料そのものの色あいだけではないことにも注意が必要

発電する電池

● 静かな発電装置だから？

最近，注目を浴びている再生可能エネルギーの代表例として太陽光発電が挙げられますが，その心臓部である太陽電池は太陽の光から電気を生み出す発電装置です．太陽以外の光源からの光でも発電することができるので，光電池と呼ばれることもあります．ディーゼル発電機のような，機械的に動く部分はありません．この点乾電池などとよく似ています．ただし，電池といっても電気を長時間にわたって貯めておく機能は無

く，電気を取り出せるのは光が当たっている間だけに限られます．ですから，電池という呼び方はあまりふさわしくないかも知れません．太陽光発電という用語がありますので，太陽光発電装置などと呼べばいいのでしょうが，そういう呼び方はあまり聞いたことがありません．似たような発電装置に，燃料電池というものもあります．どうやら，機械的な可動部分がない発電装置に対し，電池という名称を付けてしまう傾向があるように感じられます．

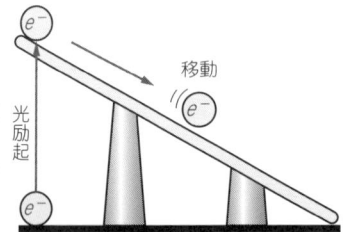

● 光エネルギーを電気エネルギーに変える

太陽電池はどうやって光を電気に変えるのでしょうか．その説明をする際に，光がエネルギーの一種であることが重要です．光が物質に吸収されるという現象は，光のエネルギーが物質に受け渡されることを意味します．我々の身の回りの物質は原子から，そしてそれらの原子は電子と原子核から出来ていますが，光吸収で受け渡されたエネルギーは基本的に電子が受け取ります．このエネルギーを得た電子を物質の外に取り出し，その持ち出したエネルギーを電力として利用し

図1 光により励起された電子の外部への取り出しのイメージ
このすべり台の正体についてはワンポイント・セミナを参照

たのち，電子は元の物質に戻してやる，という手順で光を電力に変換することができます．そのための仕組みの代表的な例が半導体のpn接合と呼ばれるものなのですが，その説明は後回しにして（ワンポイント・セミナ参照，p.115），ここではミクロなすべり台のようなもの，と思ってください（図1）．光を吸収してその分のエネルギーを得た電子は垂直に飛び上がりますが，その先にすべり台があれば，その斜面を滑り落ちることにより横方向へ移動させることができるので，光を吸収した物質の外へ取り出すことが可能となるのです．

太陽電池の外見

● 発電効率の良いものは黒っぽい

太陽電池がどれだけの電気を発電できるか，つまり定格出力あるいは発電効率を知るには，そのための決められた測定方法があるのですが，太陽電池の見かけから，ある程度その様子を見て取ることができます．概して，発電効率の高い太陽電池は，太陽光の吸収が強いため，外見でも黒っぽい感じがします．また，色の感じから，どのような半導体材料が用いられている太陽電池であるのかも判別することができます．単結晶シリコン太陽電池，多結晶シリコン太陽電池，アモルファスシリコン太陽電池の3種類を写真1に示しました．表1にいろいろな太陽電池について材料別にまとめました．

● アモルファスシリコンは赤っぽい

アモルファスシリコンは，結晶シリコンに比べ光吸収が短波長側にずれているので，赤い光を吸収できず，そのため赤っぽい色に見えます．また近づいてよく見ると，一定間隔で細い金属線によりストライプ状に分割されているように見えますが，これは薄膜系の太陽電池で採用されている集積構造（後出の図5）に由来するものです．薄膜系の太陽電池にはアモルファスシリコン以外の材料を用いるものもあり，その材料によって見かけの色も異なりますが，おおむねこの集積構造が採用されています．

● シリコン結晶系は青っぽく見える

一方の結晶シリコン系の太陽電池は，青っぽい感じのものが多いです．これは人間の目には白色に感じられる太陽光のうち，結晶シリコンが発電に使える波長域は赤色の領域が中心となりますので，この領域の光を最も吸収しやすい構造に太陽電池は作られており，その結果として赤の補色の青色に見えるのです．この他に青空の色が映り込んで，より青っぽく見えている場合もあるようです．空の色の影響で，見かけの色が本当の太陽電池の色とは限らない点には注意が必要です．もし身近に太陽電池が設置されているところがあれば，晴れの日と曇りの日で見かけの色を比べてみたりするといいかも知れません．

写真1で単結晶シリコン太陽電池の方が黒っぽく見えるのは，単結晶という高価な材料を用いている分，レベルの高い反射防止処理などを施されていることなどが要因と考えられます．最近は多結晶シリコン系でも，特に高効率なものに黒っぽい感じのものが増えてきています．後述するように，太陽電池セルの角に着目すれば，単結晶か多結晶かを簡単に区別することができます．

なお，最近少しずつ増えてきたシリコン以外の半導体材料を用いたタイプの太陽電池は，発電効率を向上させるためのいろいろな工夫が施されていることもあり，外見だけで材料を見分けることが難しい場合があります．

表1 太陽電池材料の種類と特徴

いろいろな太陽電池の種類と特徴をまとめた．量産されているものがあるいっぽう，研究中や試作段階のものもある．それぞれに一長一短があり，すべてにおいて理想的な太陽電池は現状では存在しないといえる

大分類	分類	材料	特徴	代表的変換効率 小面積	代表的変換効率 大面積
半導体	シリコン	単結晶	高効率・高性能だが価格も高い ウエハが円形のためセルの角が丸い 最近，シェアを伸ばしている	25%	20%
		多結晶	性能（発電効率）と価格との妥協 セルは角張った四角形	18%	15%
		水素化シリコン	アモルファスシリコンなど 効率が低く，光劣化する問題あり	14%	8%
	化合物薄膜	CuInGaSe	光吸収が強い 薄膜で唯一変換効率が20%を超える 大面積の効率向上が課題	20%	13%
		CdTe	最も低コストで製造可能 カドミウムが嫌われる	17%	12%
	化合物混晶	GaAs/Geなど	多接合で超高効率だが非常に高価 集光や宇宙用などの特殊用途向け	45%	30%
	有機半導体	（開発途上）	安価・軽量と期待されるが寿命に懸念	11%	―
湿式	色素増感系	（開発途上）	電圧がほぼ一定など半導体系と異なる．発明者に因みグレッツェル・セルとも呼ぶ	12%	―

シリコン結晶系

■ 2種類ある

● 単結晶シリコンと多結晶シリコン

まず，シリコン結晶とはどういうものなのかを説明しておきましょう．

図2を見てください．一つ一つのシリコン原子が隣の4個のシリコン原子と正四面体状に規則正しく結合している状態がシリコン結晶の基本構造です．この規則正しい並び方が結晶全体に広がっているのが単結晶と呼ばれる状態です．一方の多結晶というのは，単結晶で出来ている粒々がたくさん集まって一塊となっている状態です．このような単結晶と多結晶の違いは，先ほどのすべり台にたとえるなら，一枚板でスムーズなすべり台と，何枚もの板をつぎはぎだらけでつないだ滑りの悪いすべり台をイメージしてもらえばいいかも知れません．

● 高性能だがコスト高な単結晶シリコン系

単結晶シリコン太陽電池は，おしなべて高性能ですが，どうしても高価になります．

その根本的な理由としては，単結晶シリコンの製造過程において超高純度(99.999999999％程度，9が11個並んでいることからイレブンナインと読み，11Nと略記します)を実現するため，非常に多くの手間とエネルギー・コストがかかることが挙げられます．超LSIのような付加価値が非常に大きい半導体デバイス用に使うのであればともかく，発電する電力量によって決まる太陽電池の価値というものは残念ながらそれほど高くないですから，この大きなコスト増は太陽電池の経済性を削ぐ主な要因となります．

● 低コスト化を目指した多結晶シリコン系

このため，若干の性能を犠牲にしても，より低コストで太陽電池を製造しようとして考え出されたのが，多結晶シリコン太陽電池です．

前述の単結晶シリコンを製造する中間生成物である超高純度ポリシリコンと区別するために，同じシリコンの多結晶体なのですが，マルチクリスタルと呼ばれることがあります(同じ理由で単結晶系の太陽電池で

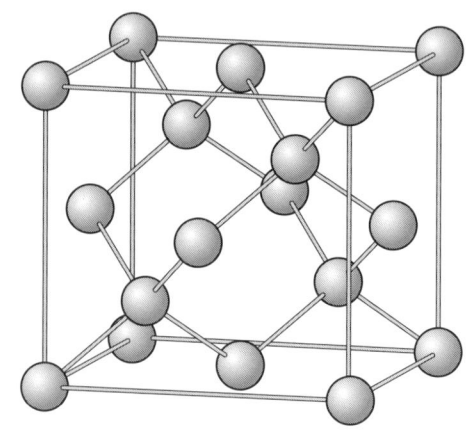

図2 シリコンの結晶構造
平面的に描くと簡単に思える4価のSi単結晶だが実際はこのように複雑である．閃亜鉛鉱型構造．ダイヤモンド構造とも言い，正四面体の集まりになっている．それぞれの原子間は共有結合である

はシングルクリスタルではなく，モノクリスタルという呼称が用いられる場合がある)．無垢材の一枚板である単結晶に引き上げるのでなく，つぎはぎのある多結晶体で何とか性能を出そうというものですから，ある程度，性能的に下がってしまうのはやむを得ません．それでも変換効率と価格の両方がそこそこ受け入れられる程度になったため，これまで最も多く生産され利用されていたのがこの多結晶シリコン系の太陽電池でした．当然，多くのメーカが多結晶系太陽電池の量産に参入してきており，製品の種類や発電効率の程度もさまざまです．

単結晶も多結晶も，まず大きな塊(インゴット)として作られますので，太陽電池セルに加工するためには，これをワイヤ・ソーで薄く切り出す必要があります．切り出された厚さが200μm前後の厚さの薄板状のものをウェハと呼びます．ただし，切り出すといっても，実質的には削ることにより分離しているため，この削

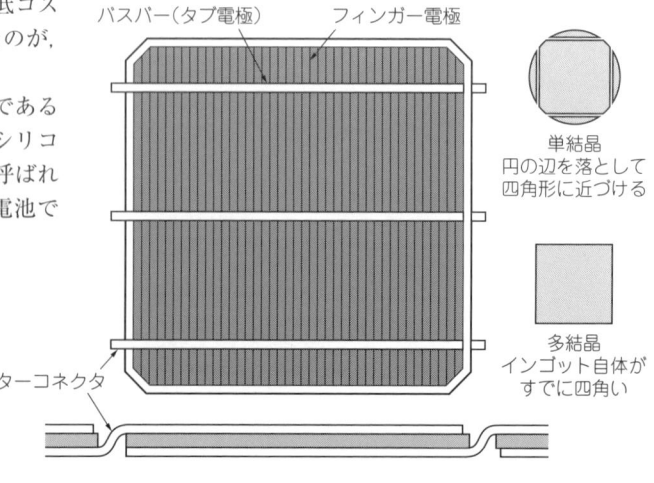

図3 結晶シリコン系太陽電池のセル構造
モジュールの面積効率を上げるためにカットして四角形に近づけてある．発生した電流を集めるために表面に細い電極が付けてある．この電極は光を妨げるので影になり，その分取り出せる電流が減ってしまう．しかし，電極の本数が少ないと取り出し経路の抵抗分が大きくなる．各太陽電池セルにとって最適な太さや本数がある

単結晶 円の辺を落として四角形に近づける

多結晶 インゴット自体がすでに四角い

り代としてウェハの厚さに近い厚さが失われます．また，削りだされたウェハ表面には機械的ダメージを受けた層が残ってしまっていますので，この層を化学的に溶かして除去する必要があります．これらにより失われる厚さ分をまとめてカーフロスと呼ばれます．カーフロスが生じる点は単結晶も多結晶も同じですが，不均一な多結晶より均一な単結晶の方が切削はやりやすくなります．単結晶体は回転させながら結晶引き上げを行うため，インゴットが円柱状であり，そのまま切り出されればウェハも円盤状になります．多結晶体は直方体の大型容器に入れて高温で溶かした後，冷やして固めるというキャスト法と呼ばれる手法で作られますので，インゴットも直方体状であり，これを切り出したウェハは四角（通常は正方形）になります．

▶ 製造上の無駄を減らした

なおカーフロスとしてインゴットの約半分が無駄になることを避けようと，溶かしたシリコンの固化の過程で直接，薄板を製造してしまうリボン法と総称される方法，あるいは溶融シリコン液滴を落下させ球状にするというような方法が考案されました．それらのうちいくつかの手法は実用化されましたが，固化させる時間が短くなるため，結晶性に劣ることが多いようで，おしなべて変換効率に課題があるように思われます．太陽電池用のシリコン原料が高騰していた2008年頃までは，高純度シリコン原料の有効利用という点でリボン法にも存在感があったのですが，その後の原料の暴落により，最後まで残っていたエバーグリーンソーラー社が2011年に倒産するに至り，商用生産が絶たれました．

■ 構造

● 1セルの構造

このようにして作られた太陽電池用のウェハは，いわば台が地面に水平に置かれているだけの平板なので，先ほどのすべり台にするには滑れるように斜めに傾ける加工を施さなければなりません．そのための作業が高温での不純物拡散によるpn接合形成なのですが，その紹介は別の機会に譲ります（ワンポイント・セミナ参照）．そして，電気を外部へ取り出すための金属電極などを取り付けることにより，光照射で発電する太陽電池セルの出来上がりと言うことになります．このようにして作られたシリコン結晶系太陽電池セルの構造例を図3に示しました．なお単結晶系は丸いままだと敷き詰めた際の面積占有率が悪いため，モジュール効率が低下して高効率である利点が失われてしまいますから，四辺を落とし角の丸い四角形に近い形にして敷き詰めるのが一般的です．

● セルをつないでモジュール化

しかし，このような一個の太陽電池セルが発生させ

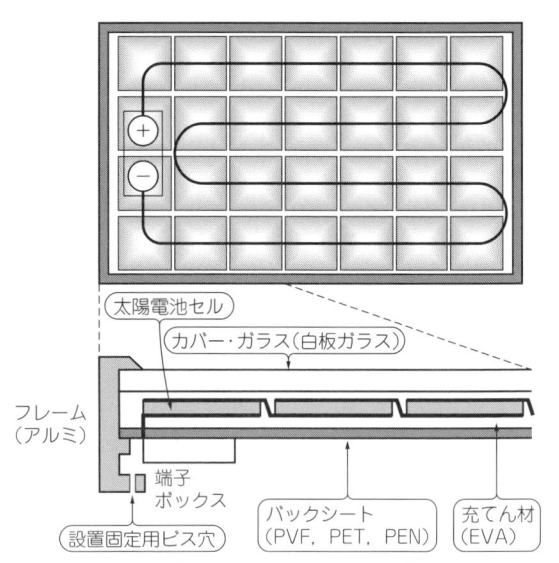

図4 シリコン結晶系太陽電池モジュールの基本構造
結晶系太陽電池は1セルの出力電圧が小さいのでモジュール内で直列接続されている．端子BOXは一つなのでこのように接続されている．バックシートの材料は，PVF；ポリフッ化ビニル，PET；ポリエチレンテレフタレート，PEN；ポリエチレンナフタレートなどが耐候性やコストとの兼ね合いで選ばれる．充填材は耐候性に優れかつラミネートに適した材料が使われる．EVA；エチレンと酢酸ビニルの共重合体がよく使われている

られる電圧はせいぜい0.6～0.7V程度で，普通の乾電池の半分にも届きません．こんなに低い電圧では大変使いにくいので，セルをたくさん直列に並べ，より高くて使いやすい電圧が発生できるようにします．このようにセルを直列接続したものはモジュールと呼ばれ，おもて面はガラス板で，裏面はバックシートと呼ばれるポリマ・シートを主体とする保護膜で，周囲はアルミ製のフレームで囲まれ，屋外の雨風などに耐えられるような構造になっています．さらに裏面には電気を取り出すための電線とそれを引き出す端子ボックスと呼ばれる部品が取り付けられています．また，すべてのセルを直列に接続するために，図4に太い線で示したように端子ボックスから始まって，最後はまた端子ボックスに戻るような一筆書きでつなげられるように並べられますので，セル列の数は偶数になります（図では4列）．奇数列だとモジュールの両端に端子ボックスが必要になり，不経済です．

薄膜シリコン系

● 発電層の代表的な材料「アモルファス」

薄膜シリコン系太陽電池の発電層に用いられるアモルファスシリコンは，原料となるモノシラン（SiH_4）ガスを気密の反応槽内で減圧した状態にし，そこで放電プラズマを用いて分解させることにより製造されます．

アモルファスというのは，結晶とは異なり，構成する原

子の並び方に周期性がなく乱れた構造のものを言います。

● 大面積化しやすい

この効果として結晶シリコンに比べ光吸収が強く、太陽電池として用いる場合に必要な厚みが薄くてよいため、ガラスなどの透明な基板上に薄膜を形成することにより太陽電池構造とすることができます。その際、原料ガス中に微量の添加ガスを加えるという単純な手法で、薄膜形成の際に同時にすべり台構造を作り込むことができるというのも大きな利点です。結晶系と異なり、すべり台構造の形成に不純物拡散のための高温処理が必要ないため、耐熱温度が500℃ぐらいしかないガラス基板上に一体で形成できるのです。この他、単結晶シリコンなどに比べ大面積化が容易であり、さらに薄膜系に特有な集積構造と呼ばれる直列接続構造（図5）の利用により容易にモジュール化ができます。

● 解決しにくい寿命の問題

これらの利点があるため、以前は非常に注目され、研究開発も世界規模で盛んでした。しかし、残念なことにアモルファスシリコンには、太陽光などに当たると性能がどんどん低下して、変換効率が落ち込んでしまう光劣化という現象が生じるのです。結晶とは違い、アモルファスが熱力学的な安定状態ではないことに由来している、と言ってしまうとその通りなのですが、太陽電池としての用途でこの現象は致命的です。

二層タンデム化や結晶系薄膜とのハイブリッド化などの劣化低減や高効率化の手法が開発されてきましたが、未だにこの欠点の原因が解明されていないため根本的な解決には至っていません。

それでも、原料のシラン・ガスが比較的容易に入手できることや、発電層として必要な半導体層の厚さが$1\mu m$以下であるなど、原料供給の問題が軽微であるため、結晶系シリコン原料が不足した最近の一時期に注目を集めたことがありました。ターンキーシステムと呼ばれる製造ライン一式を丸ごと販売する、というビジネスが活況を呈したのもその頃です。しかし現在では、次に紹介する化合物系の薄膜太陽電池に製造コストや変換効率で見劣りするため、かなり厳しい状況におかれています。

大量生産することによりコスト低減は可能であると言われていますが、その反面、シラン・ガスは空気に触れると発火するため、真空排気が可能な製造装置が必須など、製造ライン構築の初期コストが著しく高価であるという欠点があります。

アモルファスシリコン太陽電池は、結晶シリコン系のようなおもて面に集電用に張り巡らされた金属電極がなく、その代わりに光と電気の両方を通すことのできる透明導電膜が集電用の電極として用いられます。その具体的な材料としては、フッ素を添加した錫の酸化物（FTOと略されます）が一般的です。透明導電膜を用いるという点は、集積構造と同様に（アモルファスシリコン以外も含め）薄膜系の太陽電池におおむね共通していますが、要求される特性や製造工程上の理由などで、用いられる材料は異なります。

シリコンを使わない化合物薄膜系（CIGS・CdTeなど）

● 光吸収性がシリコンより良い

数年前、太陽電池の需要が急激に増大し、結晶シリコン系太陽電池の高純度シリコン原料供給が不足するという事態が発生しました。その結果、シリコンを用いない太陽電池が注目を浴びましたが、そのような太陽電池の本当の価値は、シリコンに比べ光吸収特性が決定的に優れている点にあります。ここのところは誤解しないよう注意してください。

■ 発電層の材料

● CIS系

発電層の組成式は$CuInSe_2$（銅とインジウムとセレン

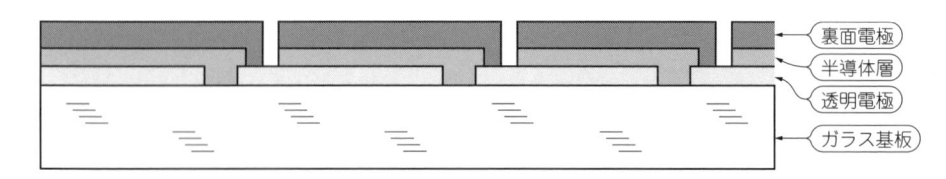

図5　薄膜系太陽電池の集積構造（スーパーストレート型）
結晶系のように個別に作られたセルを配線でつなぐのではなく、ガラス基板上に半導体層（発電層）を二つの電極でサンドイッチした構造を製造工程で短冊状に区切り、それらを隣同士直列につないだ構造になっている。裏面電極はとなりの短冊状セルの透明電極（表面電極）につながっていて直列になっていることがわかる。透明電極には、ITO(Indium Tin Oxide)やSnO$_2$（酸化スズ）、ZnO（酸化亜鉛）などで作られた透明導電膜が使われる。薄膜系の太陽電池はこのように光の入射面のガラス上に（下側に）作成され、集積化という直列接続が同時に行われる構造が一般的

の化合物，これらの構成元素記号の頭文字をとってCISと略します)であり，光吸収が強いという特徴から，かなり以前から太陽電池材料として注目されていました．

▶大面積化が難しい

発生できる電圧が低いため，これを改善しようと，Ga(ガリウム)を加えInの一部を置き換えることが行われます(このときは，ガリウムのGを追加しCIGSと略す)．例えば1mm角というような小面積で20％程度の高効率を実験室レベルで出していながら，生産レベルの大面積モジュールでは10～12％程度と面積により変換効率に大きな差が出てしまっています．この原因は小面積と大面積とで製造方法が異なることにあるとされていますが，その根幹にはこの材料が4種類の元素から構成される化合物であるため，大面積全体にわたり均一な組成を実現するのが容易でないという課題があります．しかし，将来的には生産技術の向上などにより，大面積においても小面積に近い高効率化が実現できるのではないかと期待されます．単結晶を用いないで20％を越える発電効率を実現しているのは，このCIGS太陽電池だけであるという点に注目すべきです．

この材料における潜在的不安要因は，透明導電膜などで多用されているインジウムを構成元素として含む点です．供給源が限られているため，今後の状況次第では原料価格の高騰あるいは入手困難となる懸念があります．また，最近まであまり知られていなかったことですが，インジウムは元素として生体に有毒であり，この観点から使用に制限がかけられる可能性について

も要注意でしょう．なおインジウムの元素としての毒性については，厚生労働省のウェブ・ページで検索すれば公式情報が得られます．

なお，これらCI(G)S系の太陽電池材料は，これらの属する結晶学的構造の名称からカルコパイライト(chalcopyrite，鉱物名としての和名は黄銅鉱)系と呼ばれることがあります．

● CdTe系

カドミウムとテルルの1：1の化合物半導体であり，光吸収が強いなど半導体としての性質が単接合の太陽電池用としてほぼ最適であるため，以前から有望な材料とされていました．

しかしながらカドミウムの毒性のため，これまでは商品化がちゅうちょされていました．近年，米国First Solar社が量産を開始して以後，11％程度の変換効率から徐々に向上させると共に，定格出力1Wあたりの製造コストが1ドルを切るという低価格を早い時期に実現させたために市場が急伸しました．同社は2009年に世界初の年産1GW超を記録しました．カドミウムの有害性に配慮し，使用後は全品を完全回収するなどの処置が徹底されています．

低コスト生産ができる理由は，シリコン系の薄膜材料と異なり，製造工程に高真空プロセスを必要としないという点が大きいとされています．ただ半導体としての基本特性から，CIS太陽電池に比べて高い電圧の発生と，それに伴う発電効率の向上が期待されるので

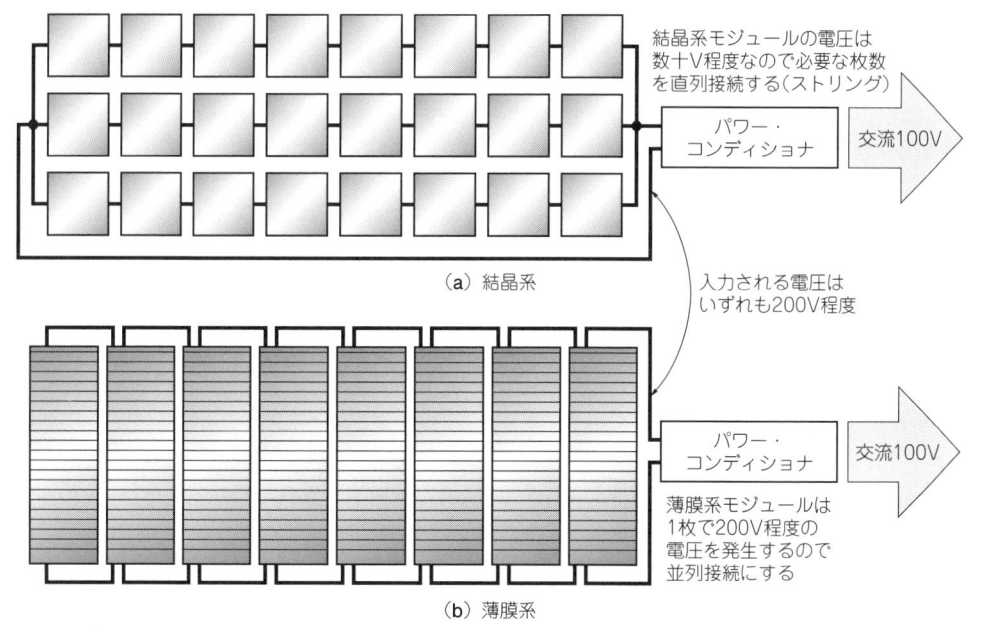

図6 モジュール接続の例
結晶系と薄膜系ではモジュール一つの出力電圧が大きく異なるためパワー・コンディショナ(インバータ)への適切な入力電圧を得るために接続方法が異なる点に注意する．モジュールの特性に合った直列段数や並列段数が選ばれる．また実際には，結晶系はストリングごとに，薄膜系はモジュールごとにそれぞれ逆流防止のダイオードが必要だがここでは省略している

図7　家庭用太陽光発電システム
ここでは系統連系する場合の概念的なブロックを示す．太陽電池のほかに交流を作るインバータや，接続や安全管理のための分電盤，売り買いする電力量の計測のための二つの積算電力量計などから構成されている．これらのいくつかがパワー・コンディショナというモニタができる設備に統合されていることもある．系統連系で売電しない場合の余剰電力活用には蓄電するシステムが必要

表2(1)　世界各社の太陽電池生産量（2010年）
ファーストソーラー社はCdTeのみ，その他のメーカは多結晶シリコンが主力製品
参考：11位 京セラ（600, 400,（7）, 50.0 %），12位 サンパワー（米, 584, 398,（10）, 46.7 %）
出典：半導体産業新聞2011年3月2日付1面トップ記事より

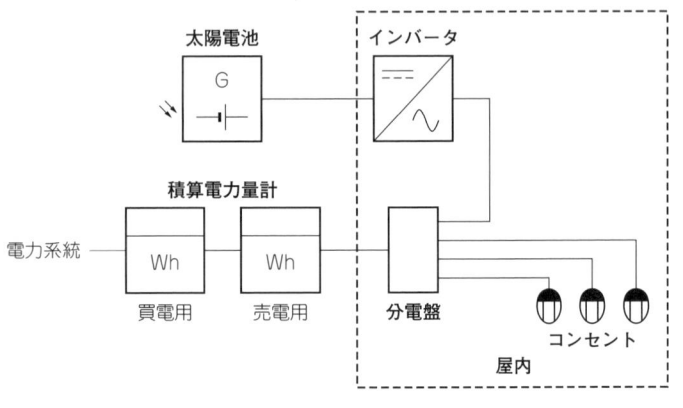

順位	メーカ名（国）	生産量(MW)	前年(MW)	前年順位	増加率(%)
1	サンテック（中国）	1500	704	(2)	113.1
2	JAソーラー（中国）	1460	509	(6)	186.8
3	ファーストソーラー（米）	1400	1113	(1)	25.8
4	シャープ	1174	635	(3)	84.9
5	インリーグリーンエナジー（中国）	1062	525	(5)	102.1
6	トリナソーラー（中国）	1057	399	(9)	164.9
7	Qセルズ（独）	1014	551	(4)	84.0
8	モーテック（台湾）	850	360	(?)	136.1
9	ソーラーワールド（独）	819	400	(7)	104.8
10	カナディアンソーラー（カナダ）	796	326	(?)	144.2
	上位10社合計	11132	(5522)		(101.6)

すが，発電効率はむしろ低く，この点の改善が今後の大きな課題です．カドミウムが嫌われるわが国では販売されていませんが，効率・製造コストの両面で，従来の薄膜シリコン系を脅かす存在であり，その後の動向が非常に注目されていました．この生産拡大の勢いはいつまでも続くかのように思われ，テルルの資源供給量がほぼ唯一の懸念材料という印象があったのですが，最近のシリコン単結晶系モジュールの急激な価格低下に伴い，発電効率の低さが大きなマイナス要因となってしまい，かっての勢いは見る影もなくなっています．

■ 今後の展開

● 化合物半導体の注意点
なお，これら化合物薄膜系の太陽電池材料は，それらの物質が本来有する不定比性（ノンストイキオメトリー）に由来してp型かn型のいずれかの半導体型しか示さない場合がほとんどのため，すべり台構造を作り込むために他の種類の半導体薄膜材料を必要とします．ここで紹介したCIGSもCdTeも共にp型であるため，n型のCdSやZnSなどと積層することにより，太陽電池として動作させることができるようになります．

● 高効率化の試み
これらの他に，化合物半導体の混晶を用いた変換効率が40 %前後という超高効率な太陽電池が，宇宙用やレース用ソーラーカーなどの特殊用途に用いられることがあります．製造コストが極端に高いことを補うために，地上で用いるためには集光追尾システムが必須とされていますが，技術的課題が多く残されていて，いまだに開発レベルの試験的なシステム設置に留まっているようです．

● その他の太陽電池とまとめ
また，近年，色素増感系（いわゆるグレッツェル・セル）や有機半導体を用いた太陽電池の研究開発が盛んに行われています．
既に量産化されているものを含めた各種類の太陽電池とそのおおよその発電効率は既出の表1を見てください．表2に世界各社の生産量の近年の動向をまとめておきます．研究開発段階の小面積セルにおける認証済の発電効率の最高値については，NREL（米国再生可能エネルギー研究所）のウェブ・ページに過去約40年にわたる各タイプ別の変遷が折れ線グラフとしてまとめられています（http://www.nrel.gov/ncpv/images/efficiency_chart.jpg）．

◆引用文献◆
(1) 半導体産業新聞2011年3月2日1928号より，産業タイムズ社．

ワンポイント・セミナ

半導体物性の視点で考えてみよう
太陽電池に光を当てると電気が生まれるしくみ

トランジスタのような半導体素子は外部からの信号でその抵抗を大きく変化させることができますが，それを可能とするために，バンド構造と呼ばれる電子構造，特に禁制帯あるいはバンドギャップ(bandgap)と呼ばれるものが重要な役目を担っています．

禁制帯とは，その中には電子が存在できる"席"(これを電子の準位と呼びます)がありません．禁制帯の下側には価電子帯(valence band)と呼ばれる電子が詰まった準位が密集して帯のようにつながっている部分があり，禁制帯の上側には伝導帯(conduction band)と呼ばれる空の準位の帯があります(図A)．半導体の中を電流が流れるためには，この空っぽの伝導帯の中に電子を入れて動き回れるようにするか(自由電子, free electron)，価電子帯の中に充満した電子を取り去って隙間を作ってやり，その隙間があたかも水中の泡のようにプラスの電荷をもって動き回れるようにする(正孔, hole)必要があります．

誤解を招かないよう注意しておくと，水で満たされていても水道管の中を水は流れますが，価電子帯の中の電子は，パチンコ玉がぎっしり詰まったようなイメージで，すき間がないと動けないのです．

価電子帯の中の電子にこの禁制帯を飛び越えて伝導帯に飛び移るのに十分なエネルギーを与えてやれば，自由電子と正孔(この二つをキャリア, carrior と呼ぶ)を同時に生成(generation)させることができます．シリコンの場合，この禁制帯幅は1.12エレクトロンボルト(electron volt：eVと略されるエネルギーの単位．一個の電子が電位差1Vの間に加速あるいは減速されて変化する運動エネルギーに等しい)であり，室温での熱エネルギーの平均値である約25 meV(ミリエレク

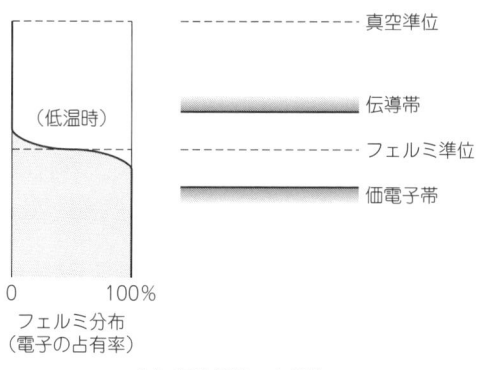

(a) 真性(i型)…高抵抗

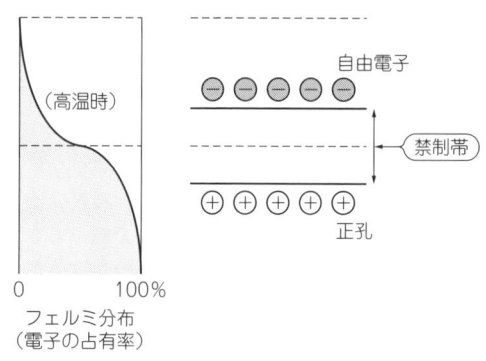

(b) 真性(i型)…低抵抗

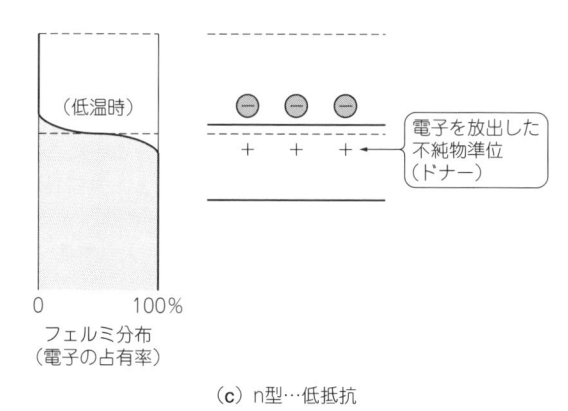

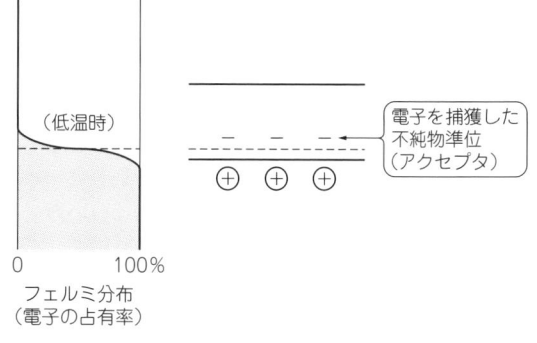

(c) n型…低抵抗

(d) p型…低抵抗

図A　半導体のバンド構造
i型に対して不純物を含むp型とn型がある．禁制帯幅はほとんど変わらないが，フェルミ準位が異なる．それぞれ左側のグラフは，電子の占有率を表す

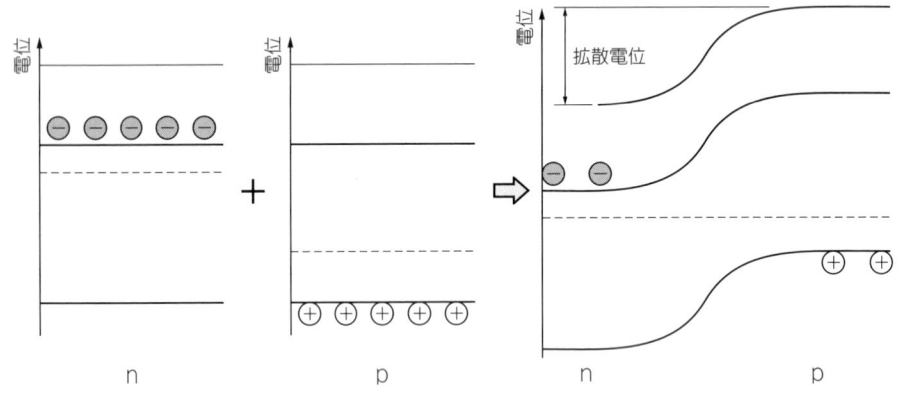

図B　pn接合のようす
p型半導体とn型半導体をつなげるとバンドギャップを曲げることができて，本文図1のミクロのすべり台になる．電子の移動によって生じる拡散電位が発生するため

トロンボルト）ではこの幅を飛び越えて生成するキャリアはわずかですが，温度を上昇させることや，光や放射線などでエネルギーを与えてやることによってもキャリアを生成させることができます．

キャリアの動きやすさは半導体の物質により，また同じ物質でも自由電子と正孔により異なります．なお，キャリアの動きやすさは，速度[cm/s]を加速電場[V/cm]で割り算した易動度という値（単位は[cm^2/Vs]）で表されます．

太陽電池との関係で，光がキャリアを生成させることのできるエネルギーの一種であることは重要です．電（磁）波が情報や電力を運ぶことは携帯電話やワイヤレス給電でおなじみだと思いますが，これらが交流を電磁誘導しているのに対し，同じ電磁波であっても光が半導体に吸収されるときのエネルギーの受け渡しの機構はかなり異なります．光が半導体に吸収されるとき，そのエネルギーは半導体内の電子に直接，渡されます．そして，その際のエネルギーの値は量子化されていて（つまり連続ではなく飛び飛びの値しか渡せない）その場合の最小値が光の波長により決まっています．その際の光の波長 λ（単位[nm]）と電子が受け取るエネルギー U（単位[eV]）の関係が，

$$\lambda U = 1239.85$$

となります．波である光が，あたかもこの波長で決まるエネルギーを持った粒子のように振る舞うことから，この最小単位の光は"光子"と呼ばれます．

ところで波と粒子とはどこで区別すればいいのでしょうか．答えは重ね合わせることができれば波，できなければ粒子です．物理学の言葉では「従う統計が異なる」という言い方になり，量子化されると波はボーズ粒子（boson）に，粒子はフェルミ粒子（fermion）になります．

● ミクロな電子のすべり台

図Aのp型半導体とn型半導体をつなげてみます（図B）．pn接合という構造を作ります．実際には，半導体の製造工程で作られます．

さて，このときくっつけた半導体はお互いのフェルミ順位が等しくなるように働きます．その結果，図Bのような曲がったバンドギャップを作ることができます．これが本文中の図1のミクロのすべり台に当たります．上のすべり台が電子用．下のすべり台状の天井はホール用です．ホール（正孔）はあたかも水中の泡のようにこのすべり台状の天井に乗っかって，上下逆に考えてください．そして，電子とは逆向きに移動します．真ん中のバンドギャップには行かれないからです．

電子とホールは本文中で説明したように光のエネルギーで作ることができます．光で作られる電子とホールの数は同じですから，光が十分に強ければ電子とホールの数がほぼ同じになるので，実効的なフェルミ準位の位置（これを擬(quasi)フェルミ準位と呼びます）がバンドギャップのほぼ中央にシフトします．そしてこの擬フェルミ準位を一致させる方向，つまり電子はp側からn側へ，ホールはその逆へと移動しますので，その結果n側にマイナス，p側にプラスの電圧が発生します．このとき発生する電圧は，基準点（真空準位）からのn側とp側の準位の差（すべり台の高さ）が最大で，光の強さに依存して変化するとともに，接合の両端が外部で負荷によりつながれていれば，その流れる電流量に応じて減少します．これが太陽電池の I-V 特性になります．光をあてないときはキャリアが発生しませんので，ダイオード特性と同じになります．

（初出：「トランジスタ技術」2013年1月号）

解 説

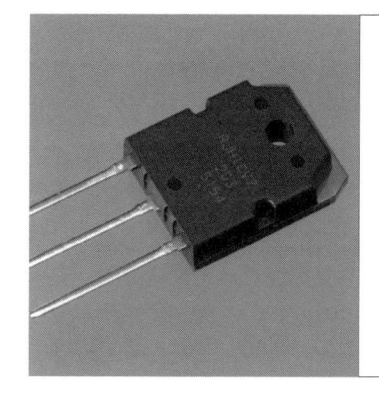

数十kWの巨大電力を小さな回路でスムーズに！

クールにパワー制御！三つのキー・テクノロジをチェック

田久保 拡
Hiromu Takubo

　みなさんの家庭にあるACコンセントからは，100V_{RMS}の交流電圧が出ています．ここから取り出せる最大電力は，20A契約なら2kWですが，EVや電車，エレベータなどのパワー・エレクトロニクス装置のモータに供給され制御されているのは10kW超の大電力です．さぞかし巨大な冷却器や電子部品が使われていて図体の大きいものなんだろうと想像します．しかし，今時のパワー・エレクトロニクスは，想像以上に小型でスマートです．

　本稿では，小型な電子回路で数kW超の巨大パワーの出力を制御できるON/OFFスイッチング技術とこの技術を理想的なものにするために必要なパワー・トランジスタの性能について解説します． 〈編集部〉

キー・テクノロジその1… ON/OFFスイッチング

● 飯を食わずに働いてくれるON/OFFスイッチング回路

　パワー・デバイスによって電力を自由にコントロールするパワー・エレクトロニクス機器のイメージを図1に示します．図1の回路は，バッテリなどの直流電圧源から負荷（ここではヒータ）へ供給する電力を調整するイメージを表しています．仮に，直流電源の電圧がV_{CC} = 100V，ヒータがR_L = 1Ωだったとしましょう．ここでスイッチをONにするとヒータに与えられる電力P[W]は，次式から10kWです．

$$P = V_{CC}^2/R_L \cdots\cdots\cdots\cdots\cdots\cdots\cdots (1)$$

　スイッチをONさせっぱなしではなく，例えばONとOFFを半分ずつ繰り返したとすると（デューティ比50%という），ヒータに与えられる電力は平均的に見ると，10kWの半分で5kWです．このスイッチのONとOFFの時間の比率をコントローラによって調整し，パワー・デバイスをスイッチングさせることで0〜10kWまでヒータの電力を自由に調整しています．ポイントは，ON/OFFしながら出力電力の大きさを調整するという働きをしているにも関わらず，パワ

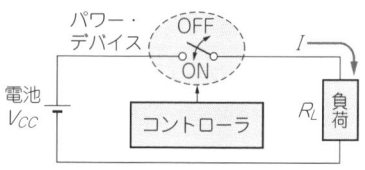

図1　パワー・デバイスによる大電力コントロールのイメージ

ー・トランジスタはほとんどエネルギを食わないことです．ONのときオン抵抗が0Ω，OFFのときのオン抵抗が∞Ωの理想的なパワー・トランジスタなら，ONのときもOFFのときも全動作において消費する電力は0Wです．

● 電力制御のしくみ

　必要があるなら，ヒータに温度センサを取り付けて，温度情報をコントローラにフィードバックしてやれば，ヒータの温度は周囲の影響を受けずに，一定値に保たれます．これがパワー・エレクトロニクス機器による電力調整の原理です．

　スイッチとなるパワー・デバイスとコンデンサ・リアクトルなどのエネルギ蓄積要素，さらにそれら回路要素の構成を用途・目的に応じて組み合わせ，ON/OFFを操ることで負荷に与える電圧や周波数などを調整できます．

● パワー・トランジスタは必須

　パワー・エレクトロニクス機器の中で，重要な役目を果たすスイッチとして使われるのは，リレーなどの機械スイッチではなく，MOSFET（Metal-Oxide-Semiconductor Field Effect Transistor）やIGBT（Insurated Gate Bipolar Transistor）と呼ばれるパワー半導体デバイスです．電力を精密に調整するために，パワー・エレクトロニクス機器ではスイッチを数k〜数百kHzで高速にスイッチングさせているので，機械スイッチでは対応できません．

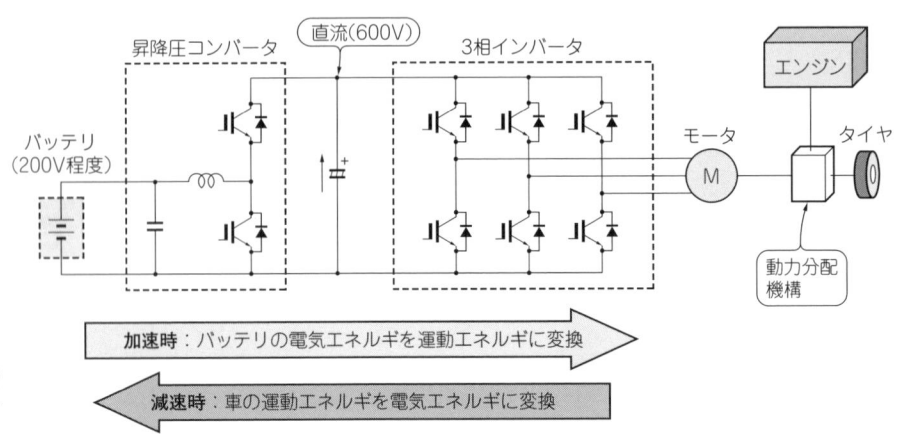

図2 ハイブリッド電気自動車は，高圧化と小電流化で配電用のケーブルを小型軽量化している

キー・テクノロジその2…直流の高圧化と小電流化

● 細い軽量ケーブルで大電力を運べる

図1の例で，ヒータとスイッチに流れる電流Iを計算してみましょう．

オン・デューティ100 %の場合，理想的には，$I = V_{CC}/R_L$で100 Aになります．100 Aを連続して流そうとすると，14〜22 mm^{2}の断面を持った太いケーブルが必要です．そこで，同じ電力を供給するために電源の電圧を2倍に上げると，スイッチに加わる電圧は2倍になります．しかし必要な電流は半分になるので，ケーブルの断面積も半分で済みます．

つまり，銅という資源でできているケーブルの使用量が減らせるので装置の軽量化や省資源化につながります．また，ケーブルが細くなれば取り回しも楽になり，配線用のスペースも減らすことができます．

▶高圧化の例①…ハイブリッド自動車のパワー回路

高圧化の例として，自動車の中で現在最も注目されているハイブリッド自動車のパワー回路例を図2に示します．200 V程度のニッケル水素蓄電池やリチウム・イオン蓄電池を電源として，昇降圧機能を持たせたコンバータ回路で直流600 V以上の高圧を作り出します．電圧を昇圧することで，同じ電流でもより大きなパワーをモータに出力できます．

この高圧の直流電圧源を3相インバータで交流に変換してモータを回します．加速するときは，バッテリの電気エネルギはインバータとモータを介して自動車の運動エネルギに変換されています．逆に，減速，停止するときには，車体の運動エネルギはインバータや昇降圧チョッパ回路を介してバッテリへ戻されることで，回収されたエネルギが次の加速に再利用されます．

▶高圧化の例②…サーバへ電力を供給する電源システム

携帯電話に代表される通信分野の発展に伴って，インターネット・データ・センタ(IDC，Internet-Data-Center)市場が急成長しています．この分野でも高圧化の動向が見られます．IDCの中ではたくさんのサーバが稼動していますが，サーバへ電力を供給する電源システムを見直すことで変換効率を向上させ，熱として無駄に消費される電力を削減しようという機運が高まってきました．

▶IDCの配電系統の例

図3に一般的なIDCの配電系統の例を示します．AC3.3 kV系統から給電されるAC200 V電源は，一旦UPS(無停電電源装置)を介して屋内の配線もAC200 Vでサーバ・ラックへ供給されています．サーバ・ラックの中では，受電したAC200 Vの電源をフロントエンド電源によりDC48 Vへ変換し，さらにサーバ本体やCPUの側に置かれたVRM(Voltage Regulator Module)などによりCPUが必要とする1 V前後まで電圧を落としていきます．DC48 Vの低圧大電流な屋内配線を構成し，機器に電源を供給する場合もあります．

系統から最終的なCPUまでの間にいくつもの変換回路が存在するため，その変換回路での損失が問題になります．例えば，UPS，フロントエンド電源の効率をそれぞれ90 %と仮定すると，この部分での効率は80 %程度まで低下します．電源での損失は熱となってしまうため，これを冷却するための空調設備の規模も大きくなってしまいます．

▶高圧の直流配電システム(HV-DC)

これを改善するために，現在高圧の直流配電システム(HV-DC；High Voltage Direct Current)が注目され，実用化が研究されています．直流配電システムの構成例を図4に示します．

系統から給電されたAC200 VはPWMコンバータなどの整流装置によって高圧のDC400 Vに変換されます．これをそのまま屋内配線を通してサーバへ供給する構成として，従来いくつものAC-DCコンバータやDC-ACコンバータを通過していましたが，これらが少なくなり，変換ロスがその分減少します．効率は10 %以上良くなります．

高圧の直流給電により，先に説明したように高圧化

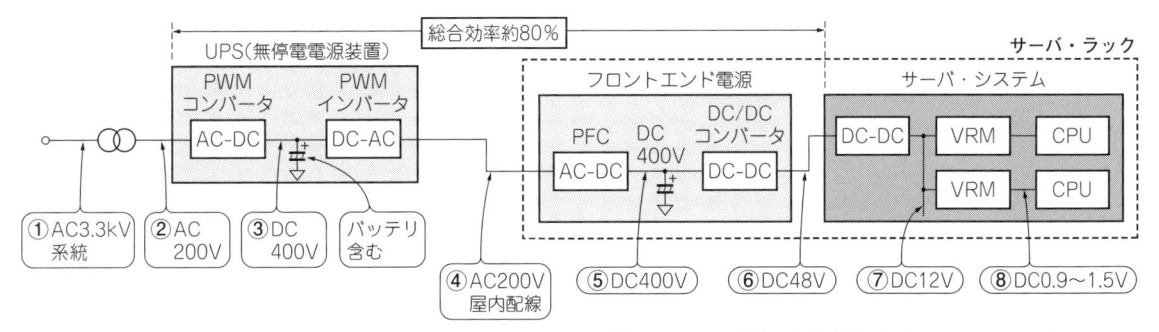

図3 電力消費の大きいサーバ・センタの電源供給システムはAC-DC変換とDC-AC変換が何度も繰り返されていてロスが大きい

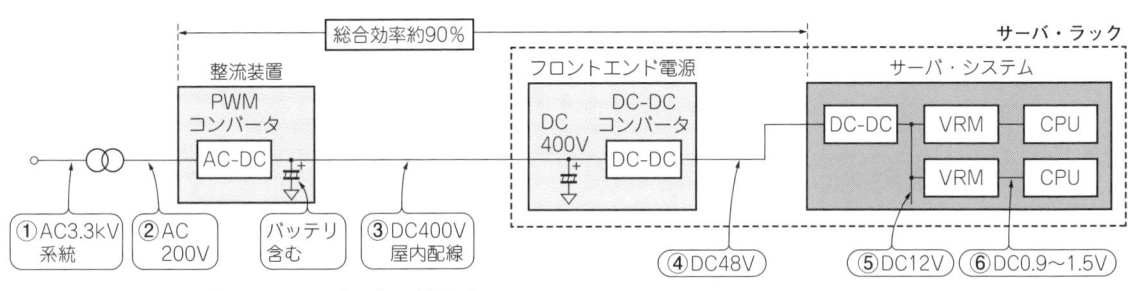

図4 サーバ・センタの電源システムも高圧化・小電流化されつつある

に伴い，同じ電力であれば電流を減らすことができるので，屋内配線が細くでき，配電用スペースの削減や作業性の向上，省資源化が実現できます．

　　　　＊　　　＊　　　＊

今後は，直流給電システムに最適化されたパワー・エレクトロニクス機器の研究開発も活発化すると共に，直流給電の実用化に向け安全性や標準化といった課題についての積極的な取り組みが期待されています．

キー・テクノロジその3…高速スイッチングできる発熱しにくいパワー・トランジスタ

● 発熱の素は二つ「スイッチング損失と導通損失」

図5に示すように，パワー・デバイスがONからOFF，OFFからONに切り替わる瞬間を拡大して見ると，デバイスに電圧と電流が同時に加わっています．これは，切り替わる瞬間に(電流)×(電圧)分の損失が発生するということを意味しています．この損失は「スイッチング損失」と呼ばれます．

ONして電流を流している期間でもデバイスの両端には流す電流に応じたON電圧が発生して「導通損失」と呼ばれる損失も発生します．

● スイッチング周波数を高めれば周辺部品を小型化できる

装置の変換効率を改善したり小型軽量化を進めるためには，先に説明したような損失をできる限り減らさなければならないことは明らかです．また，高速にスイッチングできれば，動作周波数を高くできるので，トランスやリアクトルの小型化も図れます．

例えば，絶縁型DC-DCコンバータでは，内部に絶縁トランスを持っているので，機器のスイッチング周波数を高周波にするほどトランスの大きさを小さくできます．

● 理想的なパワー・トランジスタのスイッチング性能

▶オン抵抗が0Ωで導通損失が0W

パワー・デバイスをONさせて電流を流すと，デバイスが持っている抵抗分によってオン電圧が発生します．

> コレクタに流れる電流×(オン電圧)＝導通損失(定常損失やオン損失とも呼ばれる)・・・・・・・・・・・・(2)

という式で表されます．つまり，オン電圧が低くて導通損失が小さいほど性能の良いデバイスです．

この性能は，MOSFETでは「オン抵抗($R_{DS(on)}$)」，IGBTでは「オン電圧($V_{CE(sat)}$)」という項目で表記されています．

▶スイッチング時間が0秒で損失が0W

スイッチとしてパワー・デバイスを動かしたとき，0秒でON/OFFできることが理想です．しかし，実際には信号を与えてからデバイスが動作を始めるまで，さらに電圧の降下や電流が上昇するのには一定の時間がかかります．この時間は数十ns～100nsですが，この電圧と電流が交差しているスイッチングの短期間でも，導通損失と同じように，(電流)×(電圧)分の損失が発生します．この損失は，スイッチング期間で損失を積分したエネルギ(ジュール)値を1回当たりのスイッチング損失と称しています．

スイッチングの回数(スイッチング周波数)に比例してスイッチング損失は増えるので，高周波でスイッチングさせたい場合には高速なスイッチング特性を持っ

たデバイスが必要です．

　スイッチング周波数が低い（一般的には5 kHz以下）ときは，スイッチング損失よりも導通損失のほうが大きくなるので，できるだけオン電圧が低いデバイスが望ましいです．

▶ゲートの入力容量が小さく駆動電力が0 W

　パワー・デバイスを駆動するために必要なパワーも無視できない場合があります．MOSFETなど電圧駆動型のデバイスが一般的になり，バイポーラ・トランジスタなど電流駆動型のデバイスに比べ格段に駆動電力は小さくなりました．しかし，電圧駆動型デバイスでも，スイッチングさせるためにはゲートの入力容量を充放電させる必要があります．この入力容量の充放電が損失になり，スイッチング周波数に比例して駆動電力が増加します．

　特に，駆動電力は負荷の大小に関わらず，スイッチング周波数が決まれば一定値なので，軽負荷の効率に影響を及ぼします．スイッチング電源用途など数十k～100 kHz以上で使われることが多いMOSFETでは，入力容量の大きさ（容量が小さいほど駆動損失も小さい）も重要な検討項目の一つです．

▶高温で使い続けることができる

　パワー・デバイスには使える電圧や電流について制限があります．これは，各パワー・デバイスの定格電圧，定格電流という形でカタログに表記されています．これは，スイッチを切ったときに，その両端に何Vまで加えてよいか，スイッチをONさせたときに何Aまで流すことができるのかを表しています．

　使用できる温度にも制約があります．上で説明したように，デバイスには損失が発生するので，動作中には自己発熱によりデバイスの温度が上昇します．一般的に使用されている半導体材料はシリコンですが，このシリコンの物性的に使用できる最高許容温度は150～175 ℃です．したがって，パワー・デバイスを使用する際には発生損失を見積もった上で，それを冷却するための熱設計が必要です．

● 求められるそのほかの性能

▶たくさん作っても設計どおりの安定した性能が得られる

　一般的に半導体製品には特性のバラツキがあります．デバイス・メーカは設計での配慮や製造プロセスの管理などいろいろな手を打って特性バラツキを小さくする努力はしていますが，なかなかバラツキなしというわけにはいきません．

　設計的に考えると，標準（typical）の特性がいかに良くても特性バラツキの幅が大きくて，最大または最小値（maxまたはmin）が悪い特性のデバイスは非常に使いにくいものになります．これは，最大または最小特性のデバイスでもきちんと装置の仕様を満足するよ

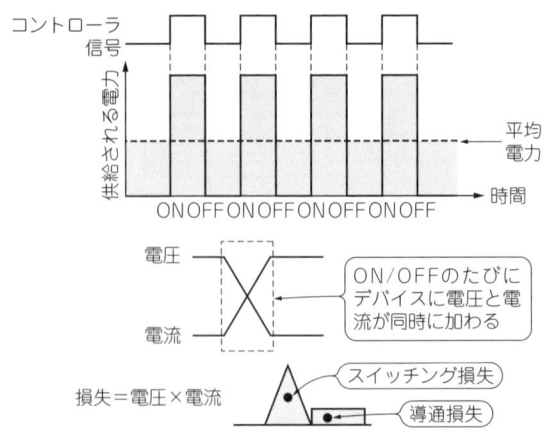

図5　実際のパワー・トランジスタはON/OFFスイッチングしながら，二つの損失を出して発熱する

うに設計しなければならないからです．つまり，使う上ではデバイスのバラツキも十分な検討が必要になってきます．

▶代替え品がありいざというときでも安心

　電気的な性能やパッケージ外形，端子配列などで互換性があると，デバイスの選択肢の幅が広がり，置き換えが簡単です．

　ディスクリートの半導体製品はその歴史も長く，外形寸法は大半は「TO-247」や「TO-220」と呼ばれるJEDECやJEITA規格に準拠したもので，同等の特性を持つ互換品を容易に探せます．

　端子の配置も3端子のMOSFETの場合は，パッケージを正面から見て左からゲート（G），ドレイン（D），ソース（S）となっているものがほとんどなので，デバイスを変更するためにプリント基板を設計しなおすようなことはありません．

　モジュール製品は明確な外形，端子配列に関する規格というものがありません．各メーカのモジュールを見比べてみると，ある定格電圧，電流のモジュールでパッケージ全体の大きさは同じでも，細かく見ると端子の位置が違っていたりして，それぞれのメーカの独自性を主張しているようです．しかし，製品が廃型になってしまった場合，ほかメーカのものに置き換えようと思っても互換性がないので，プリント板や配線金具を設計変更する必要が生じます．カタログを見比べて他メーカと互換性のある製品を選択することも考慮したほうが安全でしょう．使う側にとってはパッケージの規格化が望まれるところです．

◆参考文献◆

(1) 稲葉 保；パワーMOS FET活用の基礎と実際，CQ出版社，2004．
(2) 高橋他；IGBTモジュール「Vシリーズ」の系列化，富士時報Vol.82，No.6，2009．

（初出：「トランジスタ技術」2013年10月号）

デバイス

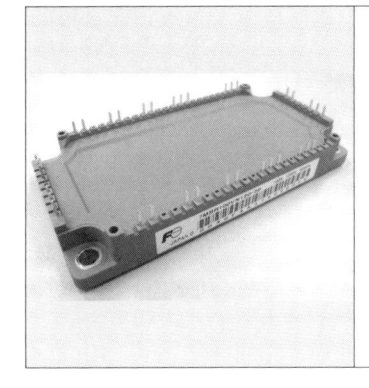

スイッチング電源向きのMOSFETと比べて早わかり

高耐圧・大電流をON/OFFするなら！ パワー・トランジスタ IGBTの基礎

田久保 拡
Hiromu Takubo

　EVをはじめとするパワー・エレクトロニクス機器の電力スイッチに使われているのは，MOSFET（Metal - Oxide - Semiconductor Field - Effect Transistor）とIGBT（Insulated Gate Bipolar Transistor）と呼ばれる電圧駆動型のパワー半導体です．以前は電流駆動型のバイポーラ・トランジスタ（BJT）がパワー・デバイスの主流でしたが，駆動電力が大きい，スイッチング・スピードが遅い，デバイスの動作領域に制限があるといった課題がありました．MOSFETとIGBTは，これらBJTの欠点を解決したより理想スイッチに近いパワー・デバイスです．

2大パワー・トランジスタ IGBTとMOSFETの得意・不得意

● MOSFETはドレイン-ソース間が抵抗器のようにふるまう

　MOSFETとIGBTのチップ構造を比較した断面図を図1に示します．よく似た構造をしています．IGBTはMOSFETのドレイン側にp層が追加されています．これだけの差がMOSFETとIGBTの特性やそのアプリケーションに大きな違いを生じさせています．

　MOSFETではゲート-ソース間に正の電圧を加えると，pベース層が反転してチャネル，すなわち電流の経路が形成されます．その結果，ドレイン電極からソース電極までの間がすべて同一のn型半導体になって，ほぼ抵抗と同じ性質を示します．このとき電流となる電荷（キャリアとも呼ぶ）は電子だけなのでMOSFETは「ユニポーラ・デバイス」と呼ばれ，高速にスイッチングできるという特性を持っています．

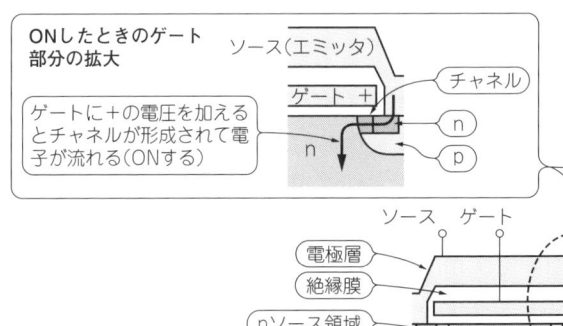

図1　MOSFETとIGBTのチップ断面図

● MOSFETは耐圧を高めるほどオン抵抗が増大する

　MOSFETはドレイン-ソース間を高耐圧化しようとするとnベース層を厚くする必要があるので，ドレイン-ソース間の抵抗，つまりオン抵抗が増します．つまり，MOSFETは高耐圧化するほどオン抵抗も高くなるため，高圧大容量化が困難です．

● IGBTは耐圧を上げてもオン抵抗が増えない

　IGBTもMOSFETと同様にゲートに電圧を加えることによりpベース層が反転してチャネルが形成されてONします．コレクタ電極側にp層が追加されているために，p層からもホールと呼ばれる電荷が発生し，電子とホールによる伝導度変調が起こります．伝導度変調が起こると，見かけ上の電荷(キャリア)が増加する現象によってnベース層の抵抗は1/10以下まで低下します．コレクタ側のp層のおかげでMOSFETに比べてIGBTはコレクタ-エミッタ間を高耐圧化してもオン抵抗の増加がありません．

　このように，電子とホールという2種類の電荷により電流を流すIGBTは「バイポーラ・デバイス」と呼ばれ，MOSFETに比べ高耐圧化してもオン抵抗が低いまま，大容量化できます．

● IGBTのスイッチング速度はMOSFETの1/10と遅い

　ターン・オフするときには，電荷が電子だけのMOSFETに比べると電子・ホールの2種類で電流を流しているIGBTは，キャリアの消滅に時間がかかるという欠点があります．この特性により，スイッチング・スピードがMOSFETより1桁ほど遅いです．

● IGBTは大電流でもオン抵抗が小さい

　出力特性の傾向を比較したのが図2です．図2は，ほぼ同一の電流定格(13～15 A)でMOSFETとIGBTのドレイン-ソース間，コレクタ-エミッタ間の耐圧クラスで比較しました．MOSFETの出力特性は抵抗特性と考えることができ，0 V/0 Aの原点からほぼ直線的に電流と電圧が上昇します．ドレイン-ソース間の耐圧が高くなるほど，デバイスの厚さを厚くしていかなくてはならないため，オン抵抗が高くなります．

　10 Aを流したときに250 V耐圧の2SK3610では2.2 V位ですが，600 V耐圧品2SK3450では5 Vを越えるような特性になっています．また，0 V/0 Aからすぐに出力特性が立ち上がる抵抗特性なので，耐圧の高いIGBTの特性と比べると小さい電流範囲では低耐圧MOSFETの方がオン電圧は低くなっています．

　IGBTでは，コレクタ-エミッタ間電圧が0.7 V付近から急激に電流が立ち上がっています．この0.7 Vというのは，コレクタ側に追加されたp層とnベース層で構成されるpnダイオードの順方向電圧に相当します．MOSFETに比べるとオン抵抗が低く(グラフの傾きが立っている)，大電流領域ではIGBTの方がオン電圧が低くなっています．

● IGBTは大電力インバータに，MOSFETはスイッチング電源にGOOD

　以上から，MOSFETとIGBTは次のように使い分けるのが良さそうです．

- MOSFET：低圧，小容量，高周波
- IGBT　　：高圧，中大容量，低周波

　主なアプリケーションとスイッチング周波数，容量でまとめてみると，図3のように表すことができます．IGBTが対応できるスイッチング周波数の限界は一般的に20 kHz程度です．これを境に，産業用のインバータやエアコンなどの家電製品，電気自動車のパワ

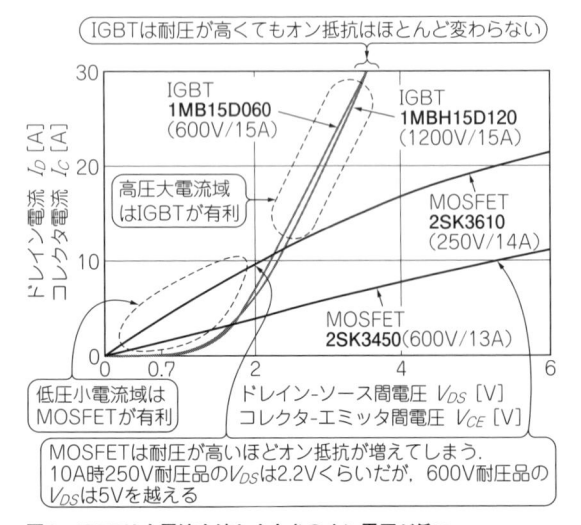

図2　IGBTは大電流を流したときのオン電圧が低い

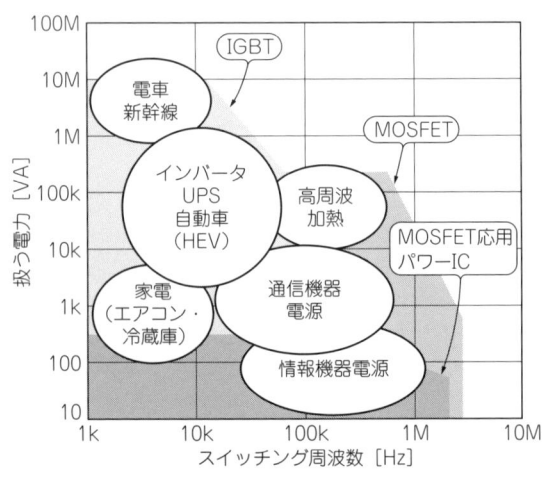

図3　MOSFETとIGBTの得意なアプリケーション

ー・トレインに使われるインバータなど数k～10 kHz程度の範囲ではIGBTが，パソコンやサーバなどの情報・通信機器の電源などにはMOSFETが主に使われています．スイッチング電源ではMOSFETを100 kHz以上の高周波で動作させることによって，絶縁トランスを小さくし電源装置全体が小形化できるメリットがあります．

電源用途に限らず，300 V以下の耐圧で済むようなスイッチング・アプリケーションでも図2に示したような出力特性の差からMOSFETが主に使われています．

3相インバータをすぐに作れる オールインワンIGBTモジュール

■ 実際のモジュール

データシートを参照しながら，パワー・デバイスの特性の理解を深めます．

富士電機製の第6世代IGBTモジュール「7MBR100VN-120-50」（1200 V/100 A整流回路，ブレーキ回路入り，3相インバータ用）を例に説明します．MOSFETでもIGBTとほぼ同様の項目が定義されているので，IGBTの「コレクタ」を「ドレイン」，「エミッタ」を「ソース」に読み替えれば特性を理解できるでしょう．

製品の外観を写真1に，内部の等価回路を図4に示します．本モジュールはプリント基板に実装できるようにピン端子型のパッケージになっています．10年ほど前までは，100 Aクラスの製品はM5程度のネジで配線するパッケージ（ネジ端子型）が主流でしたが，最近ではピン端子で基板に直接実装できるタイプのものが多くなってきており，パワー回路の小形化や実装コストの低減が図れるようになりました．また，3相交流入力を前提として，コンバータ用の整流ダイオードと制動回路のブレーキ用IGBTも内蔵しているので，直流平滑用のコンデンサを接続すればこのモジュール一つで3相インバータが構成できます．過熱検出用の温度センサ（サーミスタ）も内蔵されています．

スイッチング・デバイスのカタログには大きく分けて①絶対最大定格，②電気的特性，③そのほか（放熱，外形など）が記載されており，この内容を元に素子を選定して具体的な設計を進めていくことになります．

初めの一歩…使う前に データシートをチェック

■ 守らないと壊れる！絶対最大定格

絶対最大定格には，IGBTの各端子に印加できる電圧や電流，温度など，いかなる場合も絶対に越えてはいけない重要な特性値が記載されています．先に説明した理想のデバイス要件からすると，絶対最大定格は「使用制限」を表しています．表1に7MBR100VN-120-50の絶対定格を示します．

いずれの特性も装置仕様と適合するかどうかが決まる重要なものです．装置の仕様に対し十分に余裕のある製品を選定し，いかなる場合，動作条件でもデバイスの絶対最大定格を超えないような設計をしなくてはいけません．

これらの中で，デバイスを選定する上でまずチェックする項目としては，コレクタ-エミッタ間電圧とコレクタ電流の定格です．

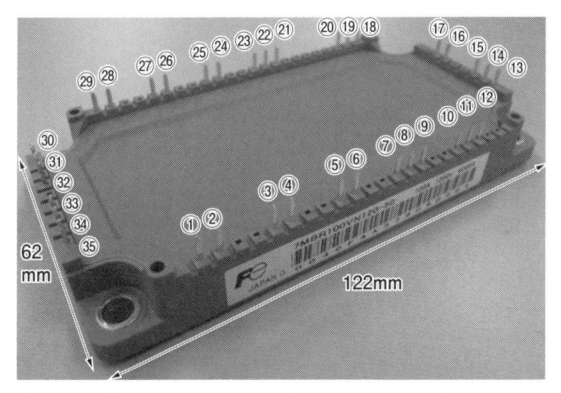

写真1　実際のIGBTモジュール「7MBR100VN-120-50」
3相インバータ用，1200 V/100 A整流回路とブレーキ回路付き

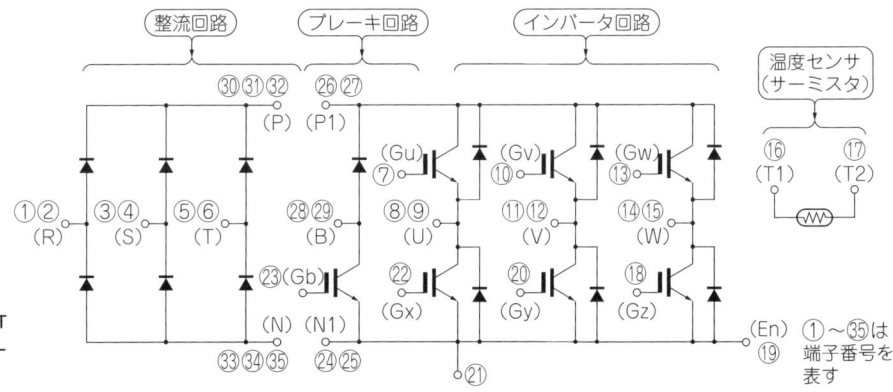

図4　オールインワンIGBTモジュール7MBR100VN-120-50の内部回路

①～㉟は端子番号を表す

(1) コレクタ-エミッタ間の電圧定格

IGBTの電圧定格は，装置の入力電源(一般的には商用電源)電圧と密接な関係があります．デバイスがOFFしているときに定常的に加わる電圧(＝電源電圧)は素子電圧定格の1/2から2/3となるように選定します．これは，電源の変動やスイッチングのスパイク分も考慮しなければならないためです．

例えば，入力電源がAC200 Vの場合，整流された直流電源の電圧は300 V程度になるので，600 V耐圧の製品を選定します．AC400 Vの電源電圧では，直流電圧は600 Vになりますから，1200 V耐圧のものを選定します．

(2) コレクタ電流の定格

IGBTの電流定格は，装置の出力電流を目安にしますが，装置の最大電流＝コレクタ電流定格とはならないので注意が必要です．装置の出力電流が大きくなる，すなわちIGBTのコレクタ電流が大きくなると，IGBTのオン電圧($V_{CE(sat)}$)が上昇し，同時にスイッチング損失も増加しますので，IGBTで発生する損失が大きくなります．したがって，IGBTの発生損失と使用する冷却フィンの性能から，IGBT接合部温度(T_J)を見積もった上で，T_Jが動作温度上限(T_{Jop})の150 ℃以下(通常は余裕をみて125 ℃以下)となるような電流定格の製品を選定しなければなりません．

定格電流の目安としては，変換装置の最大出力電流(ピーク値)の1.5倍〜2倍以上の定格の製品を選定するのが一般的です．十分な冷却設計を施さないまま定格電流ぎりぎりまで出力電流を流したりすると，IGBTチップが過熱して破壊したり，破壊しないまでも長期的な信頼性が低下することがあります．IGBTの損失はドライブ条件やスイッチング周波数などいろいろなパラメータに依存して変化します．したがって，損失や放熱など装置全体の設計まで含めて必要なデバイス電流定格を検討することが必要です．

■ 電気的特性

スイッチング・デバイスの電気的な特性，具体的にはオン電圧，ゲートしきい値などの静特性やスイッチング特性といった動特性，さらにはそのばらつきが記載されています．これらの数値や掲載されている特性グラフを読み取って具体的な設計を進めていきます．表2に7MBR100VN-120-50の電気的特性一覧表を示します．

この表をチェックするポイントは，先に述べた「理想のスイッチング・デバイス」の要件である，

- 導通損失が出ない
- スイッチング時間が短く損失が出ない
- 特性のバラツキがない

という観点から，どの程度理想に近い特性を持っているのか？ということになります．

● 静特性

IGBTがONまたはOFFが継続しているときの，静的な特性を表しています．特にコレクタ-エミッタ間電圧V_{CE}(オン電圧)とコレクタ電流I_Cとの関係(出力特性)はデバイスの通電能力を示す特性で，損失を見積もる上でも重要な項目です．

出力特性を図5に示します．オン電圧は駆動電圧(ゲート-エミッタ間電圧V_{GE})によって変化し，図ではV_{GE}が12 V程度以上でほぼ飽和状態です．一方，活性領域(ゲート電圧が低く，IGBTに高い電圧と電流が印加されている領域)では，IGBTで発生する損失は非常に大きくなります．スイッチング用のデバイスでは，スイッチング動作の過渡状態を除き，活性領域で使用することは好ましくありません．

図5では，定格の100 A時にはゲート電圧15 Vでオン電圧($V_{CE(sat)}$)が約2.1 Vであることが読み取れます．理想スイッチの観点からは，ゲート電圧を高く設定して，オン電圧をできるだけ低くしたほうが導通損失を減らすことができます．しかし，スイッチング特性などほかの特性とバランスをとる必要もあるので，IGBTでのゲート駆動電圧は15 V程度で使うのが無難です．

MOSFETではゲート電圧が10 V程度でも十分にオン抵抗が飽和する特性が一般的です．いずれにしても，カタログに掲載されているデバイスの出力特性を確認して，何Vのゲート順バイアスで十分に低い飽和電圧

表1 絶対最大定格(整流ダイオード，ブレーキ回路を除く，特記事項がない限りケース温度T_Cは25 ℃)

	項目	記号	条件		定格値
インバータ	コレクタ-エミッタ間電圧 [V]	V_{CES}	-		1200
	ゲート-エミッタ間電圧 [V]	V_{GES}	-		±20
	コレクタ電流 [A]	I_c	連続	T_C = 80 ℃	100
		I_{cp}	1 ms	T_C = 80 ℃	200
		$-I_c$	-		100
		$-I_{cpulse}$	1 ms		200
	コレクタ許容損失 [W]	P_c	1素子当たり		520
	接合温度 [℃]	T_J	インバータ		175
	動作温度 [℃]	T_{Jop}	インバータ		150
	ケース温度 [℃]	T_C	-		125
	保存温度 [℃]	T_{stg}	-		-40〜+125
	端子・銅ベース間絶縁耐圧 [V_{AC}]	V_{ISO}	AC1分間		2500
	締め付けトルク [Nm]	-	M5ネジ		3.5

表2 電気的特性(整流ダイオード,ブレーキ回路を除く,特記事項がない限り接地温度T_Cは25℃)

項目		記号	条件		特性値 最小	特性値 標準	特性値 最大	単位
インバータ	コレクタ遮断電流	I_{CES}	$V_{GE} = 0$ V, $V_{CE} = 1200$ V		-	-	1.0	mA
	ゲート漏れ電流	I_{GES}	$V_{GE} = 0$ V, $V_{CE} = \pm 20$ V		-	-	200	nA
	ゲートしきい値電圧	$V_{GE(th)}$	$V_{CE} = 20$ V, $I_C = 100$ mA		6.0	6.5	7.0	V
	コレクタ-エミッタ間飽和電圧	$V_{CE(sat)}$ (ターミナル注1)	$V_{GE} = 15$ V, $I_C = 100$ A	$T_J = 25$℃	-	2.20	2.65	V
				$T_J = 125$℃	-	2.50	-	
				$T_J = 150$℃	-	2.55	-	
		$V_{CE(sat)}$ (チップ注2)	$V_{GE} = 15$ V, $I_C = 100$ A	$T_J = 25$℃	-	1.75	2.20	
				$T_J = 125$℃	-	2.05	-	
				$T_J = 150$℃	-	2.10	-	
	入力容量	C_{ies}	$V_{CE} = 10$ V, $V_{GE} = 0$ V, $f = 1$ MHz		-	9.1	-	nF
	ターン・オン時間	t_{on}	$V_{CC} = 600$ V, $I_C = 100$ A, $V_{GE} = +15/-15$ V, $R_G = 1.6$ Ω		-	0.39	1.20	μs
		t_r			-	0.09	0.60	
		$t_{r(i)}$			-	0.03	-	
	ターン・オフ時間	t_{off}			-	0.53	1.00	
		t_f			-	0.06	0.30	
	ダイオード順電圧	V_F (ターミナル注1)	$I_F = 100$ A	$T_J = 25$℃	-	2.15	2.60	V
				$T_J = 125$℃	-	2.30	-	
				$T_J = 150$℃	-	2.25	-	
		V_F (チップ注2)	$I_F = 100$ A	$T_J = 25$℃	-	1.70	2.15	
				$T_J = 125$℃	-	1.85	-	
				$T_J = 150$℃	-	1.80	-	
	逆回復時間	t_{rr}	$I_F = 100$ A		-	-	0.1	μs

注1:パッケージの端子部での特性を示す 注2:半導体チップ単体の特性を示す

となるのかをチェックしましょう.

特性表にはコレクタ遮断電流(OFFしているときにコレクタに流れる漏れ電流)とゲート漏れ電流が記載されています.これらは無視できるほどに小さいので,通常の設計では問題にならないでしょう.

内蔵されているダイオードについても,IGBTと同様に出力特性があり,これもカタログに掲載されています.

● スイッチング特性

スイッチング・デバイスを使った高圧大容量装置のアプリケーションにおいては,デバイスのスイッチング特性を十分に理解しておくことが重要です.また,スイッチング特性はいろいろなパラメータ(温度,電流,駆動条件,回路の配線状態など)によって変化するため,これらも考慮して装置の設計を行わなくてはなりません.しかし,データシートには条件が変わったときの特性までは記載されていません.実際にデバイスのスイッチング波形をチェックして,期待通りの動作を行っているかどうかを確認する必要があります.

スイッチング特性は,①スイッチング時間と②スイッチング損失に大別できます.図6は,7MBR100VN-120-50のスイッチング時間特性(コレクタ電流依存性)を表しています.ターン・オン時間(t_{on}),ターン・オフ時間(t_{off})ともにスイッチング電流にかかわらずほぼ400 nsから800 ns程度のスピードであることが分かります.電流に関わらず,スイッチング時間が一定と言うことは,電流が大きくなるほど電流の変化率

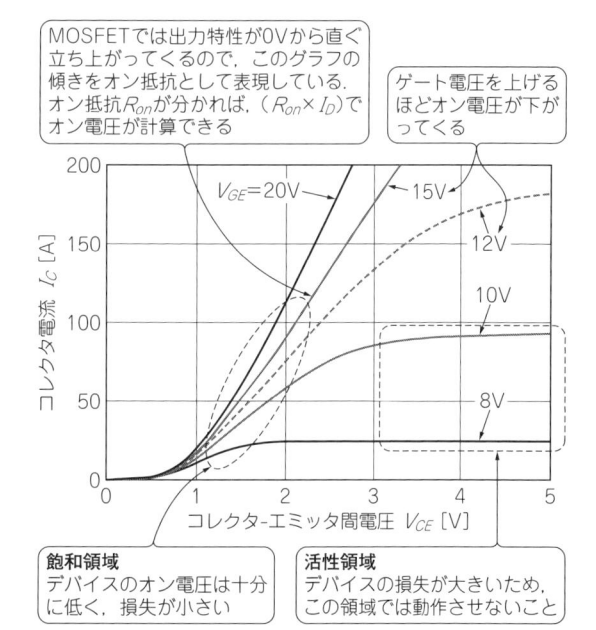

図5 オールインワンIGBTモジュール(7MBR100VN-120-50)のコレクター-エミッタ間電圧V_{CE}(オン電圧)とコレクタ電流I_Cとの出力特性($T_J = 150$℃/チップ)

(di/dt)も大きくなるということです．

配線の浮遊インダクタンス(L_s)によるスパイク電圧($L_s di/dt$)も電流が大きくなるほど高くなります．このグラフから，100 A時のターン・オフの下降時間(t_f)はおよそ80 nsですから，ターン・オフの電流変化率($-di/dt$)は，100 A/80 ns＝1,250 A/μsと見積もることができます．このdi/dtが発生してもスパイク電圧が素子定格を上回ることのないように，配線を短くして浮遊インダクタンスを小さくしなければなりません．

MOSFETでは，IGBTよりも1桁速いスイッチングができます．IGBTの標準的なスイッチング周波数10 kHz程度に対し100 kHzを越える周波数で動作させることができます．また，IGBTに比べ電流が小さいとはいえ，スイッチング・スピードはより速くなりますので，IGBTと同様にスパイク電圧には注意が必要です．

上下に直列接続されたデバイスを交互にON/OFFさせるブリッジ回路では，上下のデバイス間の待ち時間が必要で，これをデッドタイムと呼んでいます．デバイスのスイッチング特性のターン・オフ時間(t_{off})からターン・オン時間(t_{on})を差し引いた分の時間が設定できる最小のデッドタイムになります．さらには駆動回路の信号伝達遅れやばらつき分も考慮した上でマイコンなど制御回路でのデッドタイムを設定します．スイッチング時間よりもデッドタイムを短くすると，ブリッジ回路をIGBTでショートして(アーム短絡)，モジュールが過熱・破壊することがあります．

図7は，7MBR100VN-120-50のスイッチング損失(スイッチング1回当たりに発生するエネルギ)をターン・オン(E_{on})，ターン・オフ(E_{off})，内蔵ダイオードの逆回復損失(E_{rr})別にコレクタ電流への依存性を示しています．スイッチングする電流が大きくなるほど各損失ともほぼ比例して損失が増えます．

図6，**図7**で示したスイッチング時間やスイッチング損失は，接合部温度(T_J)やコレクタ電流，ゲート抵抗と密接な関係があります．温度が高くなるほどスイッチング時間，損失共に増大する傾向になりますから，高温のデータを使用して設計しなければいけません．

● **容量特性**

MOSFETとIGBTの各端子間にはコンデンサがあると見なすことができます．このコンデンサの容量の特性を表したものが容量特性(C_{ies}, C_{oes}, C_{res})です．この特性を**図8**に示します．スイッチングの際にはこれらのコンデンサの充放電が行われるので，一定の容量Cであれば1回の充放電で，

$$E = 2 \times 1/2 \times C \times \Delta V^2$$
(ΔVはコンデンサの電圧変化分)

のエネルギが必要です．

図7のように，各端子間の容量はコレクタ-エミッタ間電圧V_{CE}に依存して大きく変化しています．スイッチング動作では，コレクタ-エミッタ間電圧は2 V程度(ON電圧)～電源電圧(数100 V)まで大きく変化するため，容量も一定ではありません．上で述べたような計算では誤差が大きくなってしまいます．

端子間の容量の特性はシンプルではないので，充(放)電に必要な電荷量Qで考えます．低損失化のためには，これらの容量が小さいデバイスのほうが容量の充放電損失が小さくなるので，特にMOSFETのようにスイッチング周波数が高い，すなわち充放電回数が多いアプリケーションでは容量にも着目します．

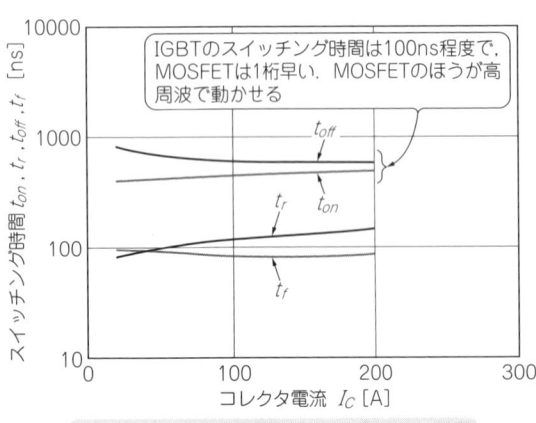

図6 オールインワンIGBTモジュール7MBR100VN-120-50のスイッチング時間特性(コレクタ電流依存性)
V_{CC}＝600 V, V_{GE}＝±15 V, R_g＝1.6 Ω, T_J＝150 ℃

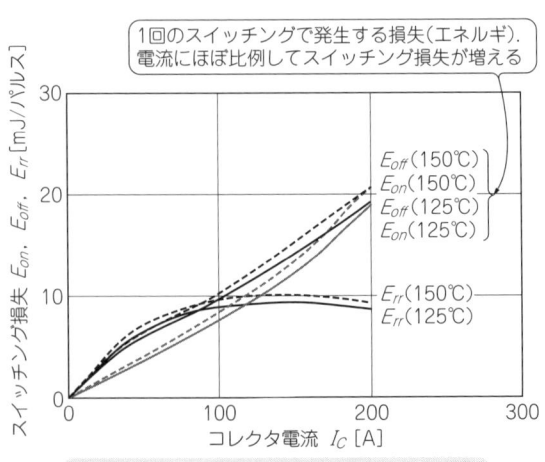

t_{off}：ターン・オフ時間　t_{on}：ターン・オン時間
t_r：上昇時間　t_f：下降時間

図7 オールインワンIGBTモジュール7MBR100VN-120-50のスイッチング損失特性
V_{CC}＝600 V, V_{GE}＝＋15 V, R_g＝1.6 Ω

E_{off}：ターン・オフ損失　E_{on}：ターン・オン損失
E_{rr}：ダイオードの逆回復損失

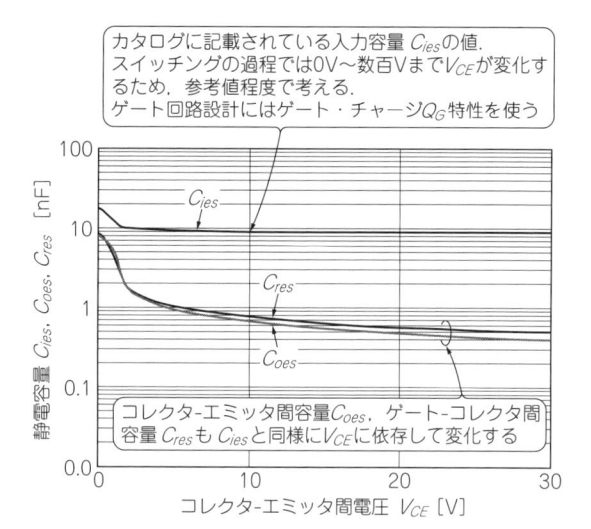

図8 IGBTモジュール7MBR100VN-120-50のコンデンサの容量の特性
$V_{GE}=0\,\text{V}$, $f=1\,\text{MHz}$, $T_J=25\,℃$

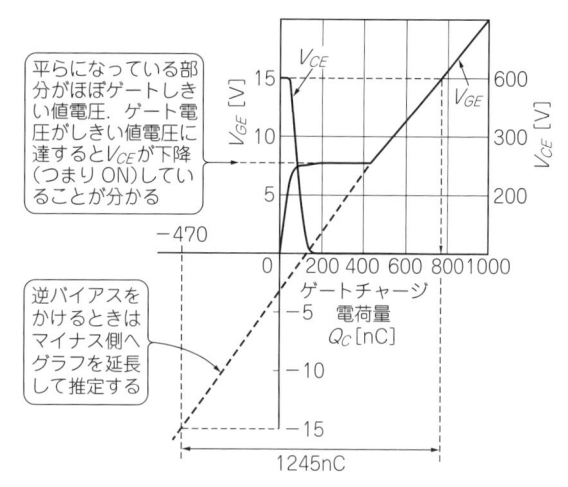

図9 IGBTモジュール7MBR100VN-120-50のゲート・チャージ特性

容量の充放電損失は，負荷電流の大小とは関係なく，スイッチングごとに必ず発生する固定的な損失です．定格負荷時の効率だけではなく1/2定格時の効率も重視されますので，固定損は小さいほど望ましいです．

デバイスを駆動するとき，ゲート電圧を上げるために必要な電荷が駆動回路から充電されます．この電荷量をゲート・チャージ（Q_G）特性と呼びます．ゲート・チャージ特性を**図9**に示します．この特性は，ゲートにチャージした電荷量に対するV_{CE}とV_{GE}の変化を示したもので，ゲートを所望の電圧まで上げるための電荷量が読み取れます．

例えば，**図9**のグラフからV_{GE}を0Vから15Vまで充電するためには775 nCの電荷量が必要です．

逆バイアスを加える場合には，縦のV_{GE}軸をマイナス側に延長して電荷量を推定します．例えば−15V〜＋15Vまでゲートを充電するためには1245 nCの電荷が必要です．この電荷量Q_Gから駆動回路の電源容量を以下の式により計算できます．

$$P_{don}+P_{doff}=fQ_G(+V_{GE}+|-V_{GE}|)$$
ただし，P_{don}：オンさせる駆動電力 [W]，P_{doff}：オフさせる駆動電力 [W]，f：スイッチング周波数 [Hz]，$+V_{GE}$：順バイアス電圧 [V]，$-V_{GE}$：逆バイアス電圧 [V]

計算したゲートの充放電容量（損失）は，ほぼすべてがゲート抵抗で熱になります．

● 安全動作領域

IGBTのターン・オフ動作において，コレクタ電圧V_{CE}とコレクタ電流I_Cの動作軌跡範囲を逆バイアス安全動作領域RBSOA（Reverse-Bias-Safe-Operating-Area）といいます．RBSOAの例を**図10**に示します．電圧方向の範囲は定格電圧（1200 V）まで，電流方向は定格電流100 Aの2倍までの範囲に動作軌跡が収まるようにします．IGBTのスイッチング動作がRBSOA内であるかどうかは，実験で確認する必要があります．

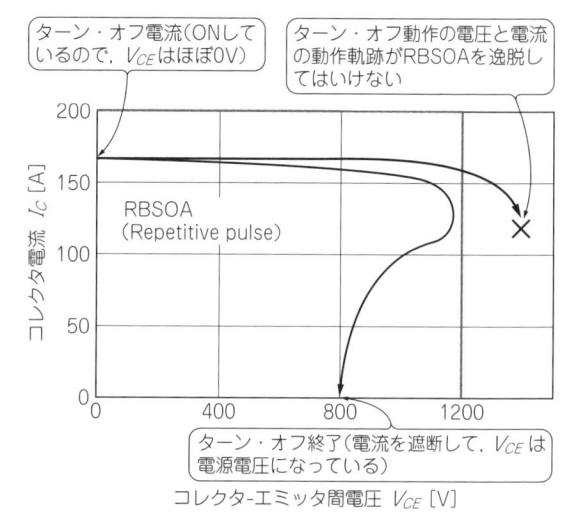

図10 IGBTモジュール7MBR100VN-120-50のRBSOA特性とターン・オフの電圧・電流軌跡
$+V_{GE}=15\,\text{V}$, $-V_{GE}\leq=15\,\text{V}$, $R_G\geq=1.6\,\Omega$, $T_J\leq=125\,℃$

◆参考文献◆
(1) 稲葉 保：パワーMOSFET活用の基礎と実際，CQ出版社，2004．
(2) 高橋 他：IGBTモジュール「Vシリーズ」の系列化，富士時報 Vol.82, No.6, 2009．

（初出：「トランジスタ技術」2013年10月号）

- ●本書記載の社名，製品名について ── 本書に記載されている社名および製品名は，一般に開発メーカーの登録商標です．なお，本文中では ™，®，© の各表示を明記していません．
- ●本書掲載記事の利用についてのご注意 ── 本書掲載記事は著作権法により保護され，また産業財産権が確立されている場合があります．したがって，記事として掲載された技術情報をもとに製品化をするには，著作権者および産業財産権者の許可が必要です．また，掲載された技術情報を利用することにより発生した損害などに関して，CQ出版社および著作権者ならびに産業財産権者は責任を負いかねますのでご了承ください．
- ●本書に関するご質問について ── 文章，数式などの記述上の不明点についてのご質問は，必ず往復はがきか返信用封筒を同封した封書でお願いいたします．勝手ながら，電話での質問にはお答えできません．ご質問は著者に回送し直接回答していただきますので，多少時間がかかります．また，本書の記載範囲を越えるご質問には応じられませんので，ご了承ください．
- ●本書の複製等について ── 本書のコピー，スキャン，デジタル化等の無断複製は著作権法上での例外を除き禁じられています．本書を代行業者等の第三者に依頼してスキャンやデジタル化することは，たとえ個人や家庭内の利用でも認められておりません．

JCOPY 〈(社)出版者著作権管理機構委託出版物〉
本書の全部または一部を無断で複写複製（コピー）することは，著作権法上での例外を除き，禁じられています．本書からの複製を希望される場合は，(社)出版者著作権管理機構（TEL：03-3513-6969）にご連絡ください．

グリーン・エレクトロニクス No.15

太陽光インバータとLiイオン電池の電源技術

2014年5月1日　初版発行
2014年8月1日　第2版発行

©CQ出版㈱ 2014
（無断転載を禁じます）

編　集	トランジスタ技術SPECIAL編集部
発行人	寺前　裕司
発行所	ＣＱ出版株式会社
	〒170-8461　東京都豊島区巣鴨 1-14-2
電話 編集	03-5395-2123
販売	03-5395-2141
振替	00100-7-10665

ISBN978-4-7898-4845-9

定価は裏表紙に表示してあります
乱丁，落丁本はお取り替えします

編集担当　清水　当
DTP・印刷・製本　三晃印刷株式会社／DTP　有限会社 新生社
Printed in Japan